智慧财经创新型人才培养系列教材

JIATING LICAI GUIHUA

家庭理财规划

苏 飐 黄 珍 主 编
杨子荀 谢美婧 副主编

东北财经大学出版社
Dongbei University of Finance & Economics Press

智慧财经创新型人才培养系列教材

JIATING LICAI GUIHUA

家庭理财规划

苏　飔　黄　珍　主编

杨子荀　谢美婧　副主编

东北财经大学出版社　大连

Dongbei University of Finance & Economics Press

图书在版编目（CIP）数据

家庭理财规划 / 苏飔，黄珍主编．—大连：东北财经大学出版社，
2025.5．—（智慧财经创新型人才培养系列教材）．—ISBN 978-7-
5654-5583-4

Ⅰ. TS976.15

中国国家版本馆 CIP 数据核字第 2025UP0808 号

家庭理财规划

JIATING LICAI GUIHUA

东北财经大学出版社出版

（大连市黑石礁尖山街 217 号　邮政编码　116025）

网　　址：http://www.dufep.cn

读者信箱：dufep@dufe.edu.cn

大连天骄彩色印刷有限公司印刷　　东北财经大学出版社发行

幅面尺寸：185mm×260mm　　　字数：345千字　　　印张：16.25

2025 年 5 月第 1 版　　　　　　　2025 年 5 月第 1 次印刷

责任编辑：李　栋　孙晓梅　徐　群　　　责任校对：何　群

封面设计：原　皓　　　　　　　　　　　版式设计：原　皓

书号：ISBN 978-7-5654-5583-4　　　　定价：45.00 元

前　言

《2023中国私人财富报告》显示，2022年中国个人可投资资产总额达到278万亿元人民币，2020—2022年年均复合增长率达到7%。居民整体财富水平奠定了理财服务的市场基础，目前人们对于家庭财富管理领域专业化、素质化的理财规划师的需求较大！高等院校也开设了相应专业及课程。本教材正是为了适应目前我国理财教育发展的特点和趋势，根据理财教育发展要求编写，教材的主要创新之处在于：

1. 校企双元合作开发新型活页式教材

本教材系广东财贸职业学院与深圳市天择教育科技有限公司、清远市德财家办咨询服务有限公司合作，编写团队由高校教师及企业导师共同构成。在对个人理财相关岗位需求进行调研的基础上，进行职业能力分析，将个人理财岗位典型工作任务按照工作程序、操作规范形成工作手册式教材，同时以学习成果为导向设计教材内容，合作企业为本书提供了大量真实案例，经编者改编后，它们成为了本书的实训项目。

2. 以"岗课赛证"为导向重构教学内容

本教材依据理财经理岗位从"开拓客户—挖掘需求—提供个性化理财服务—促成交易"的典型工作流程，将课程内容重构为4大模块、12个学习任务、25个学习活动，其中融入"家庭理财规划"1+X证书及金融机构认可度较高的、由国际金融理财标准委员会颁发的金融理财师（AFP）证书的相关测试内容，同时加入2023年全国职业院校学生技能大赛（智慧金融赛项）技能竞赛平台进行实训演练，实现了岗、课、赛、证融通。

3. 贯彻课程思政，提升金融职业素养

本教材坚持以立德树人为引领，将合作意识、工匠精神、职业道德等元素融入教学，创设情感、人格、职业三大维度，依托教学环境、教学资源、课堂教学、技能竞赛四大载体，精选理财规划案例，系统化培养学生认同社会主义制度的情感素养、善于沟通团结协作的人格素养、

客户至上专业胜任的职业素养。

本教材的具体编写分工如下：项目一由苏飏编写，项目二由韩曌编写，项目三由肖蔚编写，项目四及项目五由黄珍编写，项目六由聂滟苏编写，项目七由杨子荀和黄珍合作编写，项目八由谢美婧和黄珍合作编写，项目九由杨子荀编写，项目十由董蕊编写，项目十一由谢美婧编写，项目十二由曹悦编写，张云负责部分内容的审校。本教材既适合作为高职高专、高等职业本科学校相关专业的教材，也适合作为金融企业员工考取理财相关证书的培训材料，还可供对投资理财感兴趣的人士参考和学习。

由于时间仓促，加之编者水平有限，书中难免有疏漏和不当之处，敬请广大读者提出批评意见！

编　者

2025年1月

目　录

项目一　初识家庭理财规划

项目导读

根据《2021中国私人财富报告》数据显示2020年中国个人可投资资产1千万元人民币以上的高净值人群规模已达到262万人，年均复合增长率达到15%；预计到2021年年底，中国高净值人群数量约296万人。2020年，中国个人可投资资产总规模达到了241万亿元人民币。

居民整体财富水平的提高和高净值人群的增加奠定了理财服务的市场基础。人们需要专业理财人士提供的理财服务。因此市场对理财师的需求将大大增加，那么理财经理岗位具体有从事什么工作内容呢，一位合格的理财经理应具备哪些素质呢？

项目目标

思政目标：

➤引导学生树立正确的职业道德观，深刻理解理财行业法律法规，培养诚信为本、客户至上的职业操守，在职业实践中坚守合规底线。

➤帮助学生建立职业认同感，明晰理财经理岗位的职责与价值，激发对家庭财富管理领域的责任感与使命感，以专业能力助力客户实现财务目标。

知识目标：

➤了解财富发展历史，具备良好的历史观。

➤正确理解金融理财的概念。

➤掌握理财行业发展现状及需求。

技能目标：

➤能够正确解析金融理财的定义。

➤了解理财行业岗位的基本要求。

➤能够描述理财经理等岗位的职业定位。

学习任务及课时分配

表1-1　　　　　　　　　　　　学习任务及课时分配

活动序号	学习活动	课时安排
1	认知理财及理财行业岗位	1课时
2	认知理财经理职业操作准则	1课时

任务一　认知理财及理财行业岗位

一、任务导航

表1-2为认识理财和理财行业岗位工作任务单，请查看本小组任务目标、任务知识点、学时时间节点及学习资源。

表1-2　　　　　　　　　　　认识理财和理财行业岗位工作任务单

任务基本描述：认识理财和理财行业岗位				
任务目标	任务知识点	任务技能点	学习时间节点	学习资源
搜寻理财行业最新动态	·了解理财行业发展历史 ·准确理解金融理财的概念	·解读《关于规范金融机构资产管理业务的指导意见》等最新行业政策	·课前准备 ·课堂展示	·微课资源
搜寻理财行业岗位招聘需求	·掌握理财岗位职责	·了解银行机构理财序列岗位职责及能力要求表	·课前准备 ·课堂讨论	·微课资源 ·百度搜索

二、前导知识和技能测试

前导知识1.1

1.前导知识1.1
2.技能测试1.1

三、任务案例

技能测试1.1

随着金融市场的快速发展，对于专业的金融理财人才的需求日益增长。为了更好地适应市场需求，某职业技术学院金融学院与甲金融机构开展校企合作，共同培养金融理财行业人才，并成立了订单班。订单班的成立旨在通过校企合作的模式，为学生提供更加贴近实际工作的教学内容和实践机会，帮助学生更好地了解金融理财行业，掌握岗位所需的专业技能。新入选订单班的学生对于金融理财行业和相关岗位缺乏认知，老师们需要举办一场理财行业宣讲会，为学生介绍金融理财行业的基本情况、发展趋势、职业路径规划等。

四、任务知识殿堂

（一）理财行业发展概览

理财概念最早可以追溯到古希腊时期。在公元前6世纪至公元前4世纪，奴隶管家们负责管理贵族奴隶主们的财产，这可以被视为财富管理的雏形。

15世纪时，意大利的美第奇银行开始为欧洲贵族提供财产打理和世纪传承服务，标志着财富管理服务的初步发展。到了16世纪中期，法国的富裕贵族将目光投向瑞士日内瓦，促进了第一代瑞士私人银行家的形成。同时，伦敦的金匠铺也逐渐发展成为金融服务机构，为财富管理提供了新的平台。

18世纪至20世纪50年代，瑞士的私人银行成为财富管理的重要力量。到了18世纪末，瑞士的私人银行家不仅在国内发挥重要作用，而且在国际市场上活跃了起来。20世纪的两次世界大战进一步推动了瑞士金融业的发展，使其成为全球财富管理的中心。到了20世纪90年代，瑞士形成了以私人银行为主导、离岸业务为主、面向全球高净值和富裕客户的财富管理模式。

第一次世界大战之后，美国经济的繁荣为金融业的发展奠定了基础。二战后，美国确立了其经济和金融霸主地位，居民的财富不断增长，理财需求不断扩大，金融服务项目也随之丰富了起来。

20世纪60年代以来，财富管理在亚洲市场开始蓬勃发展。亚洲的四小龙和四小虎的崛起，带动了亚太地区私人财富的迅速积累。欧美的大型投行和私人银行陆续进入亚太财富管理市场拓展业务。到了20世纪末，逐渐形成了以中国香港、新加坡、日本、韩国、中国台湾、菲律宾等国家和地区为代表的区域性财富管理中心。

改革开放以来，我国国民经济快速增长强有力地带动了居民个人财富水平的提高。相关资料显示，2022年中国个人可投资资产总规模达到278万亿元人民币，2020—2022年年均复合增长率达到7%，到2024年底，可投资资产总体规模突破了327万亿元人民币。2014—2023年中国人均可支配收入如图1-1所示。

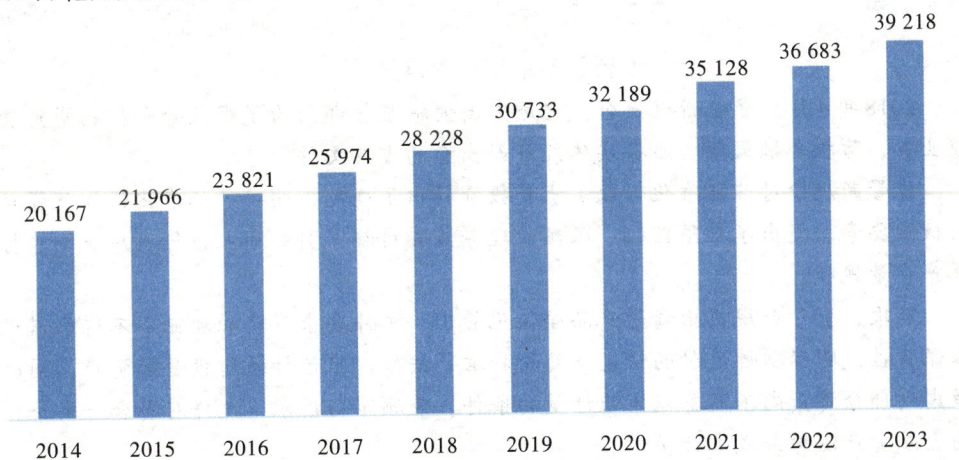

图1-1　2014—2023年中国人均可支配收入（金融单位：万亿元）

数据来源：中华人民共和国国家统计局网站

回顾我国财富发展历史，我国财富管理行业至今经历了萌芽、起步、扩张和转型四个阶段。

1.财富管理行业的萌芽阶段

在2000年以前，我国财富管理行业处于萌芽阶段。国有商业银行开始尝试个人金融理财业务，并逐步建立个人金融理财业务中心，这标志着我国财富管理行业的初步形成。

2.财富管理行业的起步阶段

进入21世纪初期，国内银行、证券、保险等专业机构相继发展出了自己的财富管理业务。同时，第三方财富管理机构也应运而生，推动了财富管理行业的多元化发展。

3.财富管理行业的扩张阶段

2013年至2018年，财富管理行业迎来了快速发展期，进入了扩张阶段。互联网平台的涌入大幅降低了基金投资费率，传统业务难以为继。投资顾问机构开始了以卖方投资咨询服务为核心的转型，为行业的发展注入了新的活力。

4.财富管理行业的转型阶段

自2018年起，财富管理行业进入转型阶段。资管新规的出台、基金投资顾问试点、养老金改革政策的落地，推动了投资顾问机构从卖方投资顾问向买方投资顾问的转型。这一转型不仅解决了行业存在的部分问题，也为行业的规范化发展奠定了基础。

2018年4月，《人民银行 银保监会 证监会 外汇局关于规范金融机构资产管理业务的指导意见》（银发〔2018〕106号，简称"资管新规"）正式发布。新规强调解决行业内存在的不规范业务、刚性兑付、多层嵌套、监管套利等问题。一系列改革措施，对中国财富管理行业产生了深远的影响，促进了行业的规范、健康发展。

理财故事

资管新规核心要点解读

2018年4月，资管新规出台，它是中国金融监管部门为了规范金融机构资产管理业务、防控金融风险、服务实体经济而出台的重要文件。

资管新规中对非标准化债权类资产投资作出了规范，明确了标准化债权类资产的核心要素，提出了期限匹配、限额管理等监管措施，引导商业银行有序压缩非标资产存量规模。

其次，资管新规提出资管产品净值化管理，文件要求资产管理业务不得承诺保本保收益，明确刚性兑付的认定及处罚标准，鼓励以市值计量所投金融资产，同时考虑到部分资产尚不具备以市值计量的条件，兼顾市场诉求，允许对符合一定条件的金融资产以摊余成本计量。

文件要求金融机构消除多层嵌套：文件统一了同类资管产品的监管标准，要求监管部门对资管业务实行平等准入，促进资管产品获得平等主体地位，从根源上消除多层嵌套的动机。同时，将嵌套层级限制为一层，禁止开展多层嵌套和通道业务。

此外，文件统一了杠杆水平：充分考虑了市场需求和承受力，根据不同产品的风险等级设置了不同的负债杠杆，参照行业监管标准，对允许分级的产品设定了不同的分级比例。并且合理设置过渡期，给予金融机构充足的调整和转型时间。对过渡期结束后仍未到期的非标存量资产也作出了妥善安排，引导金融机构将其转回资产负债表内，确保市场稳定。

2020年以来，宽松的货币政策对企业及资本市场产生了一定影响。在"房住不炒"政策的引导下，居民的大类资产配置发生了迁移。

在行业主体发展分化、参与者不断增加的市场格局中，较强的专业能力将成为从业人员的核心竞争力。财富管理从业者需要不断提升自身的专业技能和知识水平，以适应不断变化的市场环境和客户需求。

思政园地

"共同富裕"对财富管理提出新要求

中国式现代化是全体人民共同富裕的现代化。共同富裕是中国特色社会主义的本质要求，也是一个长期的历史过程。我国政府坚持把实现人民对美好生活的向往作为现代化建设的出发点和落脚点，着力维护和促进社会公平正义，着力促进全体人民共同富裕，坚决防止两极分化。

共同富裕时代对财富管理行业提出了更高的要求，中国的财富管理行业需要适应共同富裕时代在政策、市场、客户需求及竞争业态方面的新要求：

（1）进一步提升自身的专业水平和覆盖领域，提高财富管理的风险调整后的收益水平，为总体富裕提供更加多元化的、"风险—收益"结构更丰富的产品。

（2）加快战略转型和产品创新，深刻认识到全球财富管理行业面临的问题和困境，跳出财富管理行业的单一视角，站在共同富裕的大格局重塑和提升认知曲线。

（3）拓展财富管理的广度和深度，将精神文化、生态环境和社会治理等广义财富概念结合其中，不能仅限于物质财富和账面价值。

（二）"金融理财"的定义

理财的历史悠久，但什么是金融理财呢？大部分金融消费者会认为：理财就是提高投资收益，理财就是迅速致富，或者理财就是节税安排。这种认识显然是不全面的，会使消费者在接受理财服务时犯一些低级错误从而造成损失。

《商业银行个人理财业务管理暂行办法》对个人理财业务作出了如下定义：个人理财业务是指商业银行为个人客户提供的财务分析、财务规划，投资顾问、资产管理等专业化活动。中国香港财务策划师协会将个人理财服务称为个人财务策划，认为个人财务策划是一个全面的过程，需要评估客户各方面的财务需要，包括支出、税务、保险、投资、退休及遗产策划。中国台北金融研究发展基金会将个人理财服务称为理财规划，认为理财规划就是规划人们现在及未来的财务资源，使其能够满足人生不同阶段之需求，并达到预定的目标，使人们能够实现财务独立自主。

中国金融理财标准委员会（以下简称"FPSB China"）将个人理财服务称为金融理财，认为个人理财是一种综合金融服务，是指专业理财人士通过收集客户家庭状况、财务状况和生涯目标等资料，明确客户的理财目标和风险属性，分析和评估客户的财务状况，为客户量身定制合适的理财方案并及时执行、监控和调整，最终满足客户人生不同阶段的财务需求，使其最终实现财务上的自由、自主和自在。标准的金融理财服务流程如图1-2所示。

```
┌─────────────┐
│  建立和界定   │
│  客户关系     │
└──────┬──────┘
       ↓
┌─────────────┐
│  收集客户信息  │
└──────┬──────┘
       ↓
┌──────────────────┐
│  分析和评估客户的财务状况 │
└────────┬─────────┘
         ↓
┌──────────────────┐
│  制订并提供理财规划方案  │
└────────┬─────────┘
         ↓
┌──────────────────┐
│  实施理财规划方案      │
└────────┬─────────┘
         ↓
┌─────────────┐
│  监督客户理财  │
│  规划状况     │
└─────────────┘
```

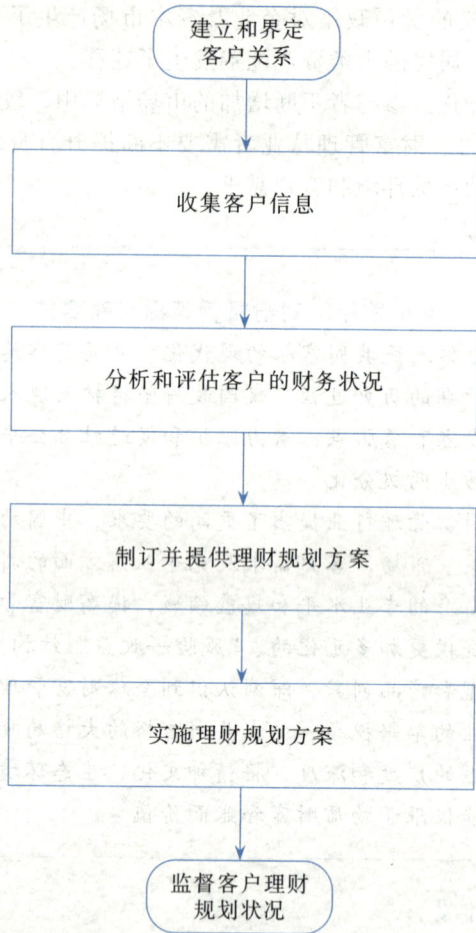

图 1-2　标准的金融理财服务流程

FPSB China 对于金融理财的定义强调了以下几点：

（1）金融理财是综合性金融服务；

（2）金融理财是由专业理财人士提供的金融服务；

（3）金融理财是针对客户一生的长期规划；

（4）金融理财是一个动态调整的过程。

由此可见，我国居民整体财富水平提高奠定了理财服务的市场基础，人们需要专业理财人士提供专业的理财服务。那么专业的理财服务人员需要具备哪些能力和素质呢？

（三）理财行业岗位认知

从广义上说，从事个人和家庭理财及财富管理工作的人员都可以成为理财从业人员，这包括了在银行机构及非银行金融机构从事理财与理财管理相关工作的岗位。但从狭义上来说，理财行业岗位主要指商业银行对应的理财序列岗位人员，他们是理财行业中金融专业知识水平最高、综合能力最强的服务者，因此我们主要以商业银行理财序列岗位为例展开介绍。

银行机构理财序列岗位职责及能力要求表见表 1-3。在表 1-3 中详细列示了银行理财序列对应的岗位职责及能力要求，这些岗位所对应的综合能力素质要求是从低到高逐级增加的。

表1-3   **银行机构理财序列岗位职责及能力要求表**

岗位序列	岗位名称	岗位职责	能力要求	能力水平
大堂经理	大堂经理助理	1.送迎、引导、分流客户，解答客户咨询，指导客户填写各类凭证及业务办理； 2.指导客户使用各种自助机、电话银行和网上银行，使用离柜服务渠道分流、疏导客户；做好网点自助设备的使用和故障报修； 3.负责接待客户，协调客户投诉，处理突发事件； 4.维护网点形象和大堂营业秩序，确保网点正常运行	1.具备良好的礼仪服务和职业道德素质； 2.普通话标准、具有良好的沟通能力和客户服务意识。	初级
	大堂经理			中级
理财经理	理财经理助理	1.建立和维护客户群体，分析挖掘客户需求； 2.根据客户需求，为客户提供个性化理财咨询、投资建议、理财规划等理财服务； 3.开拓新客户，维护存量客户	1.熟悉银行零售业务，了解各类个人客户的金融需求； 2.具有良好的职业道德准则； 3.具有良好的市场营销和开拓能力，有较强的抗压能力	初级
	理财经理			中级
	高级理财经理			高级
财富顾问	私人银行财富顾问	1.能够进行高净值客户的开发和维护，通过客户推荐、市场活动等方式，开发新的客户资源。 2.建立和维护与高净值客户的关系，了解客户的需求和目标，提供定制化的服务。 3.能够出具专业的资产配置方案和复杂的综合理财规划报告	1.具有较广泛的社会关系网络和客户资源，具有与高端客户交往沟通的能力； 2.具有较强的学习能力和工作责任心； 3.具备专业资格从业证书，如CFP、CPB、CFA或CPA等	高级
	私人银行高级财富顾问			顶级

五、任务实践

课前完成分组，小组内分配实践任务，并完成以下实践任务：

分组探究：请分别登录银行、保险公司、证券等公司网站，查找理财相关岗位的招聘信息。每一类金融机构分别查找出一条招聘信息，请对比分析不同金融行业对理财行业的岗位需求，并完成表1-4。

表 1-4　　　　　　　　　　　《理财行业岗位需求分析》

1.（银行/证券/基金/保险/其他）行业理财相关岗位需求分析 岗位职责及能力要求： _____ _____ _____ 　　2.（银行/证券/基金/保险/其他）理财相关岗位需求分析 岗位职责及能力要求： _____ _____ _____ 　　3.岗位职责与需求对比分析 _____ _____ _____ _____

六、任务完成评价

（一）自我评价

1.通过本次学习，我学到的知识点、技能点有：_____

_____

不理解的有：_____

_____

2.我认为在以下方面还需要深入学习并提升岗位能力：_____

_____

3.本次工作和学习过程中，我的表现可得到：□😎　□🙂　□🙁

（二）组员互相评价

表 1-5　　　　　　　　　　　任务完成评价表

项目	评价内容：请在对应的考核项目 □打"√"或打"×"	学生评价等级（学生互评）		
		😎	🙂	🙁
学习态度与 职业素养测评	□能够保持良好的团队沟通和合作 □工作细致、态度端正			
职业技术与 技能评价	得分（每空1分，满分100分） □75~100分，优秀 □60~74分，合格 □0~59分，不合格			

续表

项目	评价内容：请在对应的考核项目□打"√"或打"×"	学生评价等级（学生互评）		
		666	😊	😟
小组评语与建议		组长签名： 　　　　年　　月　　日		
教师评语与建议		评价等级： 教师签名： 　　　　年　　月　　日		

任务二 认知理财经理职业操作准则

一、任务导航

表1-6为认识理财经理职业操作准则工作任务单，请查看本小组任务目标、任务知识点、学时时间节点及学习资源。

表1-6　　　　　　　　认识理财经理职业操作准则工作任务单

任务基本描述：认识理财经理职业操作准则				
任务目标	任务知识点	任务技能点	学习时间节点	学习资源
认识理财经理职业操作准则	•掌握理财经理职业操作各项准则的要求	•能够分析和解读理财相关的案件	•课前准备 •课堂展示	•微课资源

二、前导知识和技能测试

1.前导知识1.2

2.技能测试1.2

前导知识1.2

技能测试1.2

三、任务案例

2023年备受瞩目的某银行某支行"假理财"案件二审宣判。判决书显示（如图1-3所示），张某担任该银行某支行行长期间，自2013年以来，以高息为诱饵，诱骗被害人签订虚假的理财产品合同，销售理财产品，涉案金额接近27.46亿元。这一案件引发了对银行业务的风险管理等式思考，从理财从业者角度来看，案例给我们带来哪些启发呢？

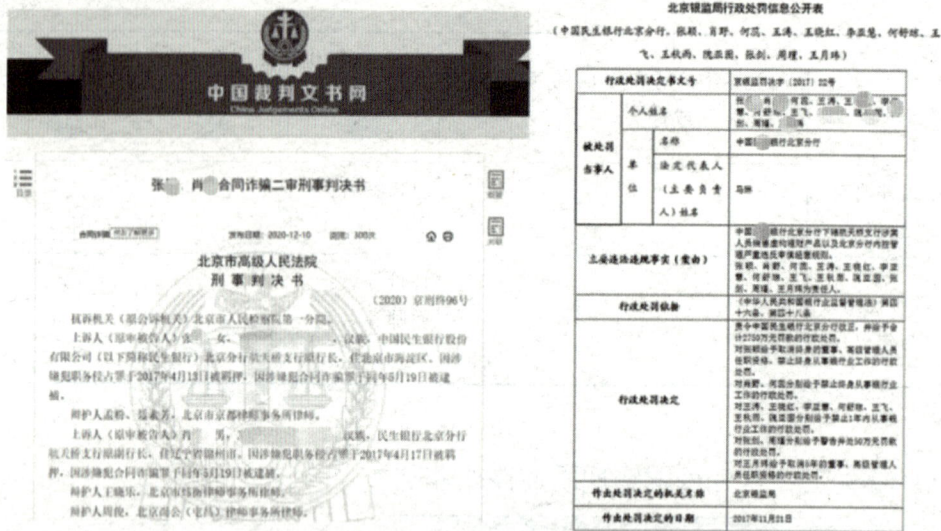

图 1-3　某银行某支行"假理财"案件二审刑事判决书

四、任务知识殿堂

（一）金融理财师的职业道德准则与行为规范的必要性

从理财行业岗位职责，我们可知金融理财服务是一个综合性强、专业素质要求高，并且直接涉及客户和公众利益的重要岗位。金融理财师在一定程度上是一个以自然客户和社会科学为基础的岗位，它专业性强，要求从业者具有银行、证券、保险、投资、税务等全方面经济金融知识和实操经验，与此同时，它直接涉及公众和个人的利益。金融理财师这一职业的特殊性，使得道德风险问题有可能进一步放大，具体来说表现在：

（1）信息不对称问题严重。金融理财师拥有的专业知识比客户丰富，掌握的信息无论从数量还是质量上来说都是客户无法企及的，因此客户很难监督和察觉金融理财师行为的后果。

（2）决策后检验周期长。由于决策后果需要很长一段时间才会显现出来。金融理财师做出错误决策或者不正当决策后，可能在短期内表现不明显，客户难以察觉。

（3）理财决策牵涉金钱，而且通常数额巨大，客观上足以使道德风险问题更加突出。

（4）金融理财师提供财富管理服务，主观上存在谋取个人利益的动机。提供金融服务和产品的公司存在以销售金融产品为条件支付佣金的现象，这不可避免地导致金融理财活动中存在利益冲突。

因此金融理财师的道德水准需要接受社会的检验，对于一个合格的金融理财师，不仅要看其专业胜任能力，更要注重其职业道德水准。

（二）金融理财师的职业道德准则与行为规范案例分析

为规范金融理财师职业道德行为，提高金融理财师职业道德水准，维护金融财师职业形象，FPSB China发布《金融理财师道德准则和专业责任》及《金融理财师行为准则》，其中提出了金融理财师的八项道德准则，分别是：

客户至上　　正直诚信
客观公正　　公平合理
专业精神　　专业胜任
保守秘密　　恪尽职守

准则一：客户至上

客户至上准则要求将客户的利益放在首位，要求金融理财师诚实行事，不得将个人和服务机构的利益置于客户利益之上。具体行为规范包括：

（1）金融理财师应公平对待客户，本着正直诚信和客观公正的态度为客户提供理财服务。

（2）金融理财应尽最大努力满足客户的要求。由于客观条件限制，确实无法满足顾客需求的，应委婉、礼貌地向客户说明情况，取得客户的谅解。

|示例1-1| 位于商业区的银行网点中午来办理业务的客户一般较多。金融理财师小王利用午休时间，帮助大堂经理在大堂引导客户，为各柜台分流，减少客户的等待时间。

|解析| 金融理财师小王把客户利益放在第一位，体现出"客户至上"的职业道德准则。

准则二：正直诚信

正直诚信准则要求金融理财师诚实、坦诚地处理所有专业事务。金融理财师能够被客户信任源自其自身正直诚信的品质。具体来说，要求金融理财师在拓展业务时不得有下列行为：

（1）用虚假或误导性的广告来夸大自身的胜任能力以及与其相关联的机构规模和业务范围等；

（2）借公共传媒抬高自己或夸大金融理财业务范围；

（3）假借FPSB、FPSB China或者其他组织的名义发表个人观点；

（4）执业中欺诈、虚报，或呈递虚假或者误导性报告。

|示例1-2| 林先生是某证券公司的客户经理，取得注册理财规划师（CFP）证书后，建立了一个证券投资微信交流群，经常向群成员推荐有一定估值优势的股票，并宣称自己有十多年的股票投资经验，年化投资报酬率在30%以上，实际上林先生去年才开始股票投资。

|解析| 根据《金融理财师道德准则和专业责任》正直诚信原则，理财师应当真实、坦诚地处理所有专业事务。允许有合理的意见分歧，但是不应有欺骗或违背原则的行为。持证人林先生夸大自己的投资经验，不实事求是，违背了正直诚信的原则。

准则三：客观公正

金融理财师提供服务时不得因为经济利益、关联关系、外界压力等因素影响其客观、公正的立场。客观公正准则要求金融理财师为客户提供专业服务时应做到诚实而不偏颇，避免客观事实让位于自己的主观判断；要从客户利益出发，作出合理、谨慎的专业判断。具体的行为准则包括：

（1）在提供金融理财服务时，金融理财师应该向客户披露与理财服务相关的重要信息，包括利益冲突、关联关系、地址、电话号码、学历证明、证书、执照、报酬结构、其他代理关系和金融理财师在这些关系中的授权范围等，以及依法要求提供的其他信息。

（2）在建立理财服务关系前，任何情况下金融理财师都应及时以书面形式披露与所提供的专业服务相关的重要信息。书面披露内容包括：①金融理财师或其单位为客户提供服务时所应用的相关思想、理论、原理和指导原则。②所在单位负责人和金融理财师的简历，包括教育背景、工作经验、专业水平及相关证书。③反映利益冲突的文件。④金融理财师与第三方重大代理或者雇佣关系。

▎示例1-3▎理财师小蒋为完成工作业绩，在向客户推荐产品时，详细阐述了产品的预期收益和风险，但故意向客户隐瞒了自己将从中获得佣金的事实。

▎解析▎根据《金融理财师道德准则和专业责任》中的客观公正原则，金融理财师应向客户披露与理财服务相关的重要信息，尤其是利益冲突。本案例中，小蒋向客户隐瞒了自己销售理财产品并从中获得佣金的事实，违反了客观公正原则。

准则四：公平合理

公平合理准则要求金融理财师在为客户提供服务的过程中思考全面，能够不偏不倚地处理可能存在的利益冲突。这要求金融理财师能控制自己的个人偏见，能够做到：

（1）平等地对待每一位客户，无论其年龄、性别和个人爱好、资产财富相差有多大。

（2）公平地认识和评价不同产品的优劣。

▎示例1-4▎理财经理吴经理所在的银行有多种理财产品供客户选择，吴经理在销售这些理财产品时，遇到老客户就推荐他认为适合客户的产品，以期望获得好的"口碑"；遇到新客户就推荐佣金最高的产品，以便"冲业绩"。请分析吴经理的行为是否违反金融理财师职业道德准则。

▎解析▎吴经理违反了公平合理准则。金融理财师应平等对待每位客户，向每位客户都推荐最适合的产品。

准则五：专业精神

金融理财师应该具有职业荣誉感，在提供服务的过程中，应尊重和礼貌地对待客户及其他金融理财师。金融理财师应当与同业者充分合作，共同维护该行业的公众形象并提高服务质量。金融理财师与其他金融理财专业人士及相关组织在业务竞争中，应遵循公平合理准则。

金融理财师了解到其他金融理财师违反本准则的规定，应当立即举报。当金融理财师有理由怀疑金融理财组织内部有人从事非法活动时，应及时将掌握的证据提交到其直接主管处。如果金融理财师确信金融理财组织内部存在非法活动而未采取任何补救措施，应该及时向相应的监管机构报告。

金融理财师在其他相关行业从业时，应当取得该行业的从业资格，或取得法律授权和执照。金融理财师在从业过程中不应恶意诋毁或中伤同行。

|示例1-5| 理财经理夏经理在了解客户王先生曾接受过隔壁的第三方理财工作室的理财服务后，便当着客户的面，对该第三方理财工作室的规模和理财师的素质半开玩笑地嘲讽了一番。请分析夏经理的行为是否违反金融理财师职业道德准则。

|解析| 夏经理违反了专业精神准则。专业精神准则要求金融理财师与同业者充分合作，共同维护行业的公众形象并提高服务质量，不得恶意诋毁或中伤同行。

准则六：专业胜任

金融理财师应当参加相关部门组织的继续教育培训，具备相应的专业知识和经验，能够胜任所从事的金融理财业务，并在其所能胜任的范围内为客户提供金融理财服务。对那些尚不具备胜任能力的领域，金融理财师可以聘请专家协助工作，或向专业人员咨询，或者将客户介绍给其他相关组织。

|示例1-6| 赵先生来到某银行的财富管理中心，向金融理财师王经理咨询关于购买信用违约互换产品的问题。王经理工作中与这类衍生产品鲜有接触，但他想起自己大学的课程中曾经涉及过此类产品，因此他依据自己大学期间所学的知识为赵先生作出了是否需要购买的建议。请分析王经理的行为是否有违反金融理财师职业道德准则。

|解析| 王经理违反了专业胜任准则。王经理在实际工作中对此类衍生产品鲜有接触，缺乏实际工作经验，因此贸然为客户提供购买建议，其中所蕴含的风险可想而知。对于金融理财师来说，应当在所能胜任的范围内为客户提供理财服务，在尚不具备胜任能力的领域，应当采取聘请专家协助、向专业人士咨询等方式为客户提供服务，或者将客户介绍给其他相关组织。

准则七：保守秘密

金融理财师在没有得到客户同意的情况下，除去下列理财过程必要的披露和使用外，不能泄露客户的任何个人信息或者用以谋取个人利益：

（1）建立顾问或经纪账户，落实客户的交易，或取得客户在协议中默许的授权而执行客户理财服务协议时；

（2）按照法律要求或者司法程序要求提供时；

（3）为针对金融理财师不当作为的指控进行辩护时；

（4）金融理财师和客户之间发生民事纠纷，需要披露时。

除以上情况外，不论是否对客户造成了实际损害，金融理财师对客户资料的泄露一律构成不当使用。另外，金融理财师对雇主同样负有保密义务，对雇主资料应遵循与客户资料相同的保密标准。

|示例1-7| 某年，中央电视台"3·15"晚会中曝光，多家银行的内部员工向他人出售客户个人信息，导致银行客户资金被盗，被盗金额最高达到23万元以上。某股份制银行信用卡中心风险管理部贷款审核员胡某向他人出售个人信息300多份。某国有银行客户经理曹某通过中介向他人出售客户个人信息多达2 318份。

|解析| 个人征信报告、银行卡信息本来属于被严格保密的个人信息，在个别银行工作人员手中，却以一份十元或几十元的低廉价格被兜售，这种行为违反了保守秘密准则，甚至已经触犯法律。

准则八：恪尽职守

恪尽职守是指金融理财师充分计划，并监督实施，按时、全面地为客户提供服务。金融理财师为客户提供服务时应及时、周到、勤勉。金融理财师必须根据客户的具体情况提供并实施有针对性的理财建议，该准则要求金融理财师对其向客户推荐的理财产品进行深入调查。

同时，金融理财师应当对向客户提供个人理财规划服务的下属进行指导和监督，对其触犯本准则的行为应及时制止。

金融理财师在处理客户资金和财产时，负有以下责任：

（1）金融理财师在获得合法授权（如特别授权书、信托证明、遗嘱执行人授权书等）时，有义务依法在被授权的范围内，行使对客户资金和财产的保管权和处置权。

（2）对客户授权保管和处置的资金和财产总额，金融理财师应当及时与客户共同确认，并保留完整的记录。

（3）金融理财师在收到属于客户的资金和财产时，应立即（或在与客户约定的时间内）将资金或者其他财产转移给客户或被授权的第三方。应客户或者其他被授权者要求，金融理财师应立即向其提供完整的会计记录。

（4）金融理财师应当将客户的金融资产或其他财产，与金融理财师个人或其所在公司的资金和财产分别管理，分别记账。

┃示例1-8┃某日，金融理财师小谢通过某QQ群的"内部消息"得知，最近某只股票可能要上涨，而重仓该只股票的A基金正在小谢所在的银行代销。此时，小谢突然想起他的客户刘先生曾经向他咨询过购买基金的事宜，他立刻给刘先生打了电话，告知了他这条所谓的"内部消息"，并建议其尽快购入A基金。请分析小谢的行为是否违反金融理财师职业道德准则。

┃解析┃小谢违反了恪尽职守准则。金融理财师为客户提供服务时应及时、周到、勤勉。在向客户推荐产品时，要对产品进行仔细调查和研究，而不能仅仅凭借一些所谓的"内部信息"，这些"内部信息"来源不明，其真实性无法确定，盲目听信可能会给客户造成不必要的损失。

思政园地

劳模的故事

谭晨晨是中国工商银行上海市分行闸北区马戏城支行的理财经理，她以卓越的工作表现和专业精神，荣获了2020年上海市劳动模范荣誉称号。谭晨晨在职业选择、职业成长、职业贡献和职业荣誉等方面都有着杰出的表现。她不仅在业务上精益求精，还积极参与普惠金融业务的开展，致力于业务情景模拟与效能提升，体现了她"服务创造价值、服务永无终点"的工作理念和爱岗敬业、艰苦奋斗的劳模精神。

谭晨晨的故事激励着更多的人投身于金融服务行业，她的经历告诉我们，通过不断的学习和努力，每个人都能在自己的岗位上发光发热。获得荣誉后，她重返母校上海商学院，与在校生分享了自己的成长故事，并鼓励学生们加强职业探索与规划，用奋斗夯实职业素养，提升核心竞争力。谭晨晨的事迹展现了新时代劳模的形象，她的故事不仅在金融行业内广为流传，也为广大青年树立了榜样。

五、任务实践

　　课前完成分组，小组内分配实践任务，并完成以下实践任务：

　　小组探究：梳理"假理财"案件脉络；小组讨论，并总结讨论心得，写入表1-7。

表1-7　　　　　　　　　　　　　　　案例讨论总结

六、任务完成评价

（一）自我评价

　　1.通过本次学习，我学到的知识点、技能点有：＿＿＿＿＿＿＿＿＿＿＿＿＿＿＿＿

＿＿＿＿＿＿＿＿＿＿＿＿＿＿＿＿＿＿＿＿＿＿＿＿＿＿＿＿＿＿＿＿＿＿＿＿＿＿＿

　　不理解的有：＿＿＿＿＿＿＿＿＿＿＿＿＿＿＿＿＿＿＿＿＿＿＿＿＿＿＿＿＿＿＿

＿＿＿＿＿＿＿＿＿＿＿＿＿＿＿＿＿＿＿＿＿＿＿＿＿＿＿＿＿＿＿＿＿＿＿＿＿＿＿

　　2.我认为在以下方面还需要深入学习并提升岗位能力：＿＿＿＿＿＿＿＿＿＿＿＿＿

＿＿＿＿＿＿＿＿＿＿＿＿＿＿＿＿＿＿＿＿＿＿＿＿＿＿＿＿＿＿＿＿＿＿＿＿＿＿＿

　　3.本次工作和学习过程中，我的表现可得到：□😎　□😊　□😞

（二）组员互相评价

表1-8　　　　　　　　　　　　　　　任务完成评价表

项目	评价内容：请在对应的考核项目□打"√"或打"×"	学生评价等级（学生互评）		
		😎	😊	😞
学习态度与职业素养测评	□能够保持良好的团队沟通和合作 □工作细致、态度端正			
职业技术与技能评价	得分（每空1分，满分100分） □75~100分，优秀 □60~74分，合格 □0~59分，不合格			
小组评语与建议		组长签名： 　　　　　年　　月　　日		
教师评语与建议		评价等级： 教师签名： 　　　　　年　　月　　日		

项目二　货币时间价值及理财工具的运用

项目导读

　　作为理财经理，在工作中需要不断接触和学习各种类型的理财工具或组合方案，用以推荐给我们的客户。在这一过程中，绝大多数客户都会优先关注理财经理推荐的产品或组合的收益情况，借以作出对自己最有利的选择。

　　由于不同产品或组合方案的投资周期，起付时间，本息的给付方式、频率和金额等均不相同，因此为了帮助客户选择收益最优的产品或组合方案，我们需要善于运用公式，并借助专业的计算软件或计算器，将上述情况全部纳入投资收益的计算中，最终得出不同产品或组合方案的综合价值，方便客户理解和比较。

项目目标

思政目标：
➤引导学生树立正确财富价值观，理解复利效应与长期规划的重要性，培养理性投资、量入为出的理财理念，规避急功近利的财务风险。
➤强化学生数字化工具应用意识，通过 Excel 财务函数与金融计算器实操，培养严谨务实的职业态度，提升运用科技手段解决财务问题的能力，适应行业数字化发展趋势。

知识目标：
➤掌握货币时间价值的定义及相关概念。
➤掌握年金的基本概念，了解不同类型的年金及其区别。
➤了解有效年利率的概念，以及有效年利率与名义年利率的区别。
➤掌握 Excel 中常用的财务函数，了解其内部参数代表的含义。
➤了解金融计算器常用的功能及其实现方式。

技能目标：
➤能够运用公式计算不同方案的现值、终值。
➤能够区分不同方案的年金类型，并运用公式计算对应的现值、终值、年金。
➤能够计算有效年利率。
➤能够运用 Excel 中的财务函数计算现值、终值、年金。
➤能够运用金融计算器计算现值、终值、年金。

学习任务及课时分配

表 2-1　　　　　　　　　　　学习任务及课时分配

活动序号	学习活动	课时安排
1	认识货币时间价值	4 课时
2	理财计算工具的运用	2 课时

任务一　认识货币时间价值

一、任务导航

表2-2为认识货币时间价值工作任务单，请查看本小组任务目标、任务知识点、任务技能点、学习时间节点和学习资源。

表2-2　　　　　　　　　　　　**认识货币时间价值工作任务单**

任务基本描述：梳理可供客户选择的理财产品，分析产品的收益或支出情况				
任务目标	任务知识点	任务技能点	学习时间节点	学习资源
明确产品的计息方式和到期时间	•认识货币时间价值的含义 •了解单利与复利的计息方式	•明确货币时间价值存在的逻辑 •区分单利和复利计息方式的不同及其原因	•课前准备 •课堂展示	•微课资源
明确产品的利率、期数等信息	•掌握理财产品中利息、利率、期数的概念	•区分利息、利率、期数概念的不同以及三者之间的联系	•课前准备 •课堂展示	•微课资源
计算和比较不同产品的价值或成本	•掌握单利终值、单利现值、复利终值、复利现值的计算	•能够运用公式计算单利终值、单利现值、复利终值、复利现值 •能够运用现金流量图分析现金流问题	•课前准备 •课堂展示 •实训练习	•微课资源
区分和比较不同的年金型理财产品	•掌握普通年金、预付年金、递延年金、永续年金、增长型年金的概念及计算	•能够运用公式计算普通年金、预付年金、递延年金、永续年金、增长型年金	•课前准备 •课堂展示 •实训练习	•微课资源
理解理财产品的名义年利率及其背后有效年利率的换算	•掌握名义年利率和有效年利率的概念及计算	•能够运用公式计算有效年利率	•课前准备 •课堂展示 •实训练习	•微课资源

二、前导知识和技能测试

1.前导知识2.1
2.技能测试2.1

三、任务案例

客户王博，35岁，职业是工程师；太太张娜，32岁，职业是教师；宝宝王琳今年刚生出。王先生重视家庭财务和理财，与专属理财经理金经理保持良好沟通。王先生就近期投资及理财计划向金经理咨询，请您协助金经理给出合适的理财

建议。

四、任务知识殿堂

（一）货币时间价值的基本概念

1.货币时间价值的含义

货币的时间价值，是指某一初始时间点持有的一定量货币，经过一段时间的投资和再投资所增加的价值。

我们在任务情景中了解到，不同产品的收付时间、收付频率有所不同，因此在计算产品收益时，我们应将这些因素全部考虑在内，以准确计算和比较不同产品的收益率。有的同学根据以往所学知识提出：只要知道单位时间的收益率，用本金×收益率×时间，就可以计算出该产品的总收益。然而，这种方法只考虑了货币经过投资所增加的价值，却没有考虑货币经过再投资所增加的价值，因此这样计算出来的总收益并不准确。

举例来说，我们计划用 50 000 元购买一款 1 年期的理财产品，这款产品每年的收益率为 10%，我们可以在每年年末获得 55 000 元，并在第 2 年循环投入，如此重复 3 年。如果我们按照"本金×收益率×时间"的方法来计算，则总收益为 15 000 元（50 000×10%×3）。但是，在实际操作中，我们完全可以将每年年末获得的利息重复投入到这款产品中，即再投资。再投资收益分析如图 2-1 所示。

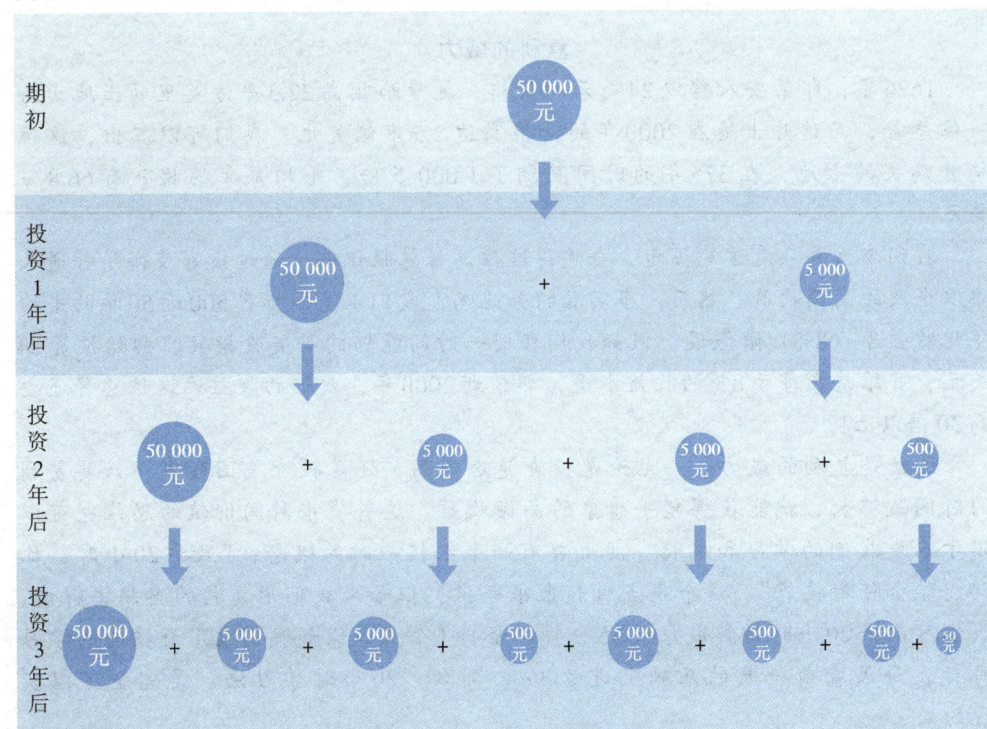

图 2-1 再投资收益分析

由图 2-1 可知，除了 50 000 元的本金和 15 000 元的投资收益外，我们还可以通过再投资获得 1 550 元的再投资收益，因此我们的总投资收益为 16 550 元。由于这种收益计算方法充分考虑了不同理财产品随时间流逝而产生的再投资收益，且这种再投资收益主要受到投资周期及获得本息时间的影响和约束，因此我们也将其称为考虑货币时间价值的收益计算方法。

货币时间价值是理财业务的基础观念之一，几乎涉及所有的家庭理财活动，因此也被称为理财的"第一原则"。

（1）单利与复利

①单利。

若一个投资期内只存在投资收益，不涉及再投资的过程，即投资期内只有本金计算利息，则这种方法计算出来的收益就是单利。例如，一个理财产品的总投资时长为 3 年，每年收益率为 10%，到第 3 年年末一次性偿付本金和利息。也就是说，这 3 年只能获得投资收益，不能获得再投资收益，总收益应为 15 000 元（50 000×10%×3）。

②复利。

假设在计算利息时，每期所产生的利息加入到下一期的本金中一起计算新一期的利息，那么这种方法计算出来的收益就是复利，俗称"利滚利"。我们在前文所述的 1 年期理财产品收益，其本质是复利的计算过程。

思政园地

复利的威力

1626 年，印第安人曾以 24 美元的价格，把曼哈顿岛 22.3 平方英里的土地卖给一位总督，而这片土地在 2000 年的价值高达 2.5 万亿美元。我们可以算出，这位总督购买的土地，在 375 年的时间里翻了 1 000 多倍，平均每年的收益有 66.8 万美元。

我们今天再来看这笔买卖，会觉得这位总督慧眼识珠，通过投资获得了普通人难以企及的高额收益。然而，事实真的如此吗？我们以美国标普 500 近 50 年的平均年化收益率（8%）做假设，假如我们在同一时间能够购买美股指数，初始投资 24 美元，并维持在每年 8% 的收益水平，那么到 2000 年，我们的收益比这位总督还要高 30 倍以上！

这就是复利的威力——无论是投资曼哈顿岛，还是投资美国股市，只要复利的时间足够长，就能获得超乎想象的高额收益。这种货币时间价值的思维也可以用于启发我们的学习和成长。网上曾有一个红极一时的概念，"只要 20 小时，你就能学会任何技能"。这个观点听起来很夸张，但如果我们用复利的思想去解读，我们可以将 20 小时拆解成每天 45 分钟、坚持 1 个月。假如我们设定好技能的学习目标，每天在前一天的基础上进步 3%，那么"20 小时学习法"是完全可以实现的。

资料来源：佚名. 复利（利滚利）有多大威力？［EB/OL］.［2021-11-18］. https：//www.bilibili.com/video/BVlzJ411a7Hv?b.

（2）终值与现值

①终值。

终值（future value，式中用 FV 表示）是指将当前时间点的资金折算到将来某一时点的价值。计算终值的过程本质上也是计算单利或复利本息和的过程。

②现值。

现值（present value，式中用 PV 表示）是指将将来时间点的资金折算到当前时间点的价值。现值一般用于对未来到期的金融产品进行提前兑付的情形。由于提前兑付需要扣减产品在未来时间点才能获得收益或价值，因此现值通常小于到期兑付的金额，这一过程被称为"折现"或"贴现"。

（3）利息、利率与期数

①利息。

利息（interest，式中用 I 表示）是指货币提供方向货币需求方出借资金而从需求方手中获得的报酬金额。

②利率。

利率（rate，式中用 r 表示）是指单位时间内利息与本金之间的比率，反映出提供资金所能获得的回报性价比。

③期数。

期数（number of periods，式中用 t 或 n 表示）是指投资或贷款的时间长度，即投资或贷款持续的时间段。期数通常以年为单位，但也可以以其他时间单位表示，如周、月、季度等。

2.货币时间价值的计算

（1）单利终值

单利终值的计算公式为：

$$FV = PV + PV \times r \times t = PV \times (1 + r \times t) \tag{2.1}$$

例如，投资者购买了 1 000 元的 10 年期债券，票面利率为 4%，在 10 年后投资者可获得的单利收益为 1 400 元（1 000×（1+4%×10））。

（2）单利现值

由式（2.1）可知，单利现值的计算公式为：

$$PV = \frac{FV}{1 + r \times t} \tag{2.2}$$

在上述案例中，投资者若在债券还有 5 年到期的时候出售，则出售价应为 1 166.67 元（1 400÷（1+4%×5），全书计算题无特殊需要，均保留两位小数）。

（3）复利终值

由复利定义可知，若采用复利方法计算收益或成本，则每一期的本金应为上一期的本金加利息之和，由此我们可以推导出：

$$FV_t = \begin{cases} FV_{t-1} \times (1 + i), & t \geq 2 \\ PV, & t \geq 1 \end{cases} \tag{2.3}$$

故而有：

$$F_t = FV_{t-1} \times (1+i)$$
$$= [FV_{t-2} \times (1+i)] \times (1+i)$$
$$\cdots$$
$$= [PV \times (1+i)] \times (1+i) \times \cdots \times (1+i)$$
$$= PV \times (1+i)^t$$

因此，复利终值的计算公式为：

$$FV = PV \times (1+i)^t \tag{2.4}$$

例如，投资者购买了1 000元的1年期债券，票面利率为4%，在10年后可获得的复利收益为1 480.24元（1 000×（1+4%)^{10}）。

（4）复利现值

由式（2.4）可知，复利现值的计算公式为：

$$PV = \frac{FV}{(1+i)^t} \tag{2.5}$$

假如我们和其他人约定，在10年后购买他手中的债券产品，届时这款产品的市场价格预计为1 000元，年报酬率为4%，那么我们愿意付出的购买价格为675.56元（1 000÷（1+4%)^{10}）。

理财故事

现金流量图

我们可以根据实际情况，计算不同产品的收益或产品当前的合理价格。但是，我们在做家庭资产规划时，通常需要计算多个产品的综合收益或综合价格/成本，而它们有的是第1年付款，有的是第3年付款；有的是1年支付1次利息，有的是3年支付1次利息；有的是支出，有的是收入……这时候使用公式计算，可能很容易出现混淆或混乱的情况。有没有什么办法可以帮助我们清晰展示全部资金的收入和支出情况呢？

在理财实务中，有一种常见的财务管理分析工具，即现金流量图。现金流量图是在时间坐标轴上，用带箭头的短线条表示一个家庭的资金活动规律的图形，如图2-2所示。

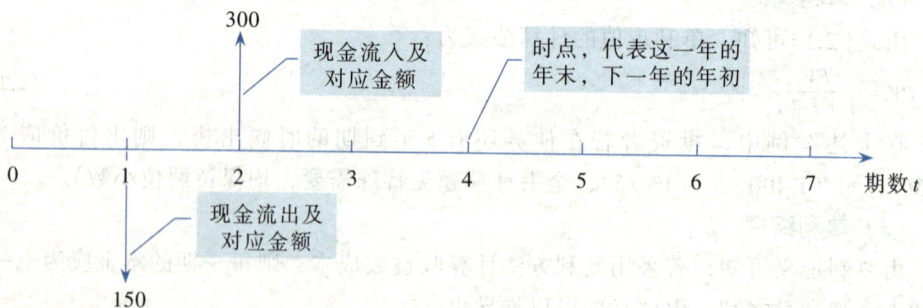

图2-2 现金流量图

现金流量图有三大核心要素，具体包括：现金流量的大小，即现金流量的资金数额；现金流量的流向，即现金流量的流入或流出；现金流量的时点，即现金流量流入或流出行为所发生的时间。现金流量图是入门学习理财有效的分析工具，能够帮助初学者快速理清复杂案例的资金状态。

资料来源：根据相关资料整理所得。

(二) 认识年金

在现实生活中，还存在一种理财情形，它可能在未来形成多笔符合某种规律的首付款项，而如果我们对多笔首付款项——计算现值或终值，会使得计算过程非常烦琐。有没有什么办法可以简化这类现金流的计算呢？

为了对上述情形的简化计算方法进行总结和归纳，我们引进年金（annuity，式中用A表示）的概念。年金是指间隔期及发生金额符合固定规律的现金流量（cash flow，式中用C表示）。例如，分期偿还贷款、分期付款赊购、分期支付工程款、发放养老金等都属于年金。

年金根据每次收付发生的时点不同，可分为普通年金、预付年金、递延年金和永续年金四种。这四种年金每期的收付款项均为等额现金值，若这四种年金每期收付款项以固定增长率增长，则被称为增长型年金。

1.普通年金

普通年金是指在每期的期末间隔相等时间，收入或支出相等金额的一系列款项。每一间隔期，有期初和期末两个时点，由于普通年金是在期末这个时点上发生收付，因此普通年金又称后付年金。

(1) 普通年金终值的计算

普通年金的现金流量图如图2-3所示。

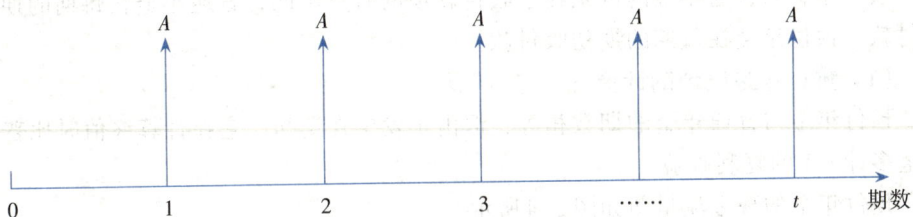

图2-3 普通年金的现金流量图

我们将不同时点的年金折算到第t期后再相加，根据式（2.4），可得到普通年金终值结果为：

$$FV_A = C_1 \times (1+r)^{t-1} + C_2 \times (1+r)^{n-2} + \cdots + C_t = A \times (1+r)^{t-1} + A \times (1+r)^{n-2} + \cdots + A$$

利用公式化简后，普通年金终值的计算公式为：

$$FV_A = A \times \frac{(1+r)^t - 1}{r} \tag{2.6}$$

假设已知年金终值、利率、期数，求每期收付的年金，我们可通过对式（2.6）进行变式以达成计算，具体公式如下：

$$A = FV_A \times \frac{r}{(1+r)^t - 1} \tag{2.7}$$

(2) 普通年金现值的计算

我们利用式（2.5），可将式（2.6）的终值折算为现值，具体如下：

$$PV_A = \frac{FV_A}{(1 + r)^t} = \frac{A \times \frac{(1 + r)^t - 1}{r}}{(1 + r)^t}$$

化简后，普通年金现值的计算公式为：

$$PV_A = A \times \frac{1 - (1 + r)^{-t}}{r} \tag{2.8}$$

假设已知年金现值、利率、期数，求每期收付的年金，我们可通过对式（2.8）进行变式以达成计算，具体公式如下：

$$A = PV_A \times \frac{r}{1 - (1 + r)^{-t}} \tag{2.9}$$

理财故事

养老投资 1

假设你从现在开始每年为自己购买 1 万元年化收益为 6% 的养老理财产品，坚持 40 年，那么 40 年后，你的账户将拥有多少可支配资产？

我们可以利用年金终值公式进行计算，计算如下：

$$FV_A = A \times \frac{(1 + r)^t - 1}{r} = 1 \times \frac{(1 + 6\%)^{40} - 1}{6\%} = 154.76（万元）$$

因此，只要坚持每年定期存款，你将在未来拥有可观的财富。

2. 预付年金

预付年金是指每期期初等额收付的年金，也称期初年金、先付年金、即付年金。预付年金与普通年金的区别在于收付款项的时点不同，普通年金在每期的期末收付款，预付年金在每期的期初收付款。

（1）预付年金终值的计算

预付年金与普通年金的期数相等，但由于发生在期初，它在计算终值时比普通年金多计 1 年的复利收益。

预付年金的现金流量图如图 2-4 所示。

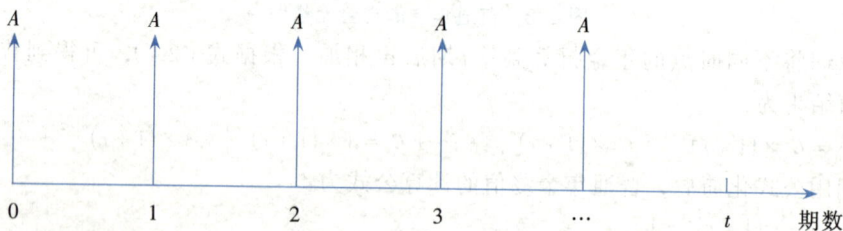

图 2-4　预付年金的现金流量图

类似普通年金终值的推导过程，我们可得预付年金终值结果为：

$$FV_A = A \times (1 + r)^t + A \times (1 + r)^{t-1} + \cdots + A \times (1 + r)$$

细心的同学可以发现，预付年金终值中每一项都比普通年金终值多乘了 $(1 + r)$，这也和我们前面提到"预付年金比普通年金多计 1 年的复利收益"的结论相符。因此，我们通过对普通年金终值公式乘以 $(1 + r)$，可得出预付年金终值的公式为：

$$FV_A = A \times \left[\frac{(1 + r)^{t+1} - 1}{r} - 1 \right] \qquad (2.10)$$

（2）预付年金现值的计算

类似由普通年金终值公式推导预付年金终值公式的逻辑，我们可以利用式（2.8）推导出预付年金现值的公式。由于预付年金现值的每一项都比普通年金现值少除以了$(1 + r)$，因此同样可以对普通年金现值公式乘以$(1 + r)$，得出预付年金现值的公式为：

$$PV_A = A \times \left[\frac{1 - (1 + r)^{-(t-1)}}{r} + 1 \right] \qquad (2.11)$$

理财故事

消费分期

小明最近想购买一辆价值50万元的SUV汽车，但因没有足够的存款，他只能通过消费分期进行贷款购买。此项贷款共分60期（5年）偿还，每期支付2万元，从申请之日起每年年初都要支付偿还款项。从数值上来看，小明总计支付了60万元，比原价多支付了10万元。这听起来是不是很不划算？但如果我们利用预付年金现值公式来计算这笔贷款在当前实际的资金价值，假定当前市场年利率持续保持在3%，即每期利率为0.25%的水平，那么可以算出当前这笔贷款的实际价值为：

$$PV_A = A \times \left[\frac{1 - (1 + r)^{-(t-1)}}{r} + 1 \right] = 1 \times \left[\frac{1 - (1 + 3\%)^{-(60-1)}}{3\%} + 1 \right] = 55.79 \text{（万元）}$$

所以，实际的额外支出只比原价多5.79万元。

有的同学不理解总计支付60万元的款项为什么会变成55.79万元，这减少的4.21万元是从哪里来的？你可以这样理解：假如小明在最开始就有55.79万元的存款，他消费分期后，每期只支付对应数额的款项，剩余资金用于购买每月收益率为0.25%（即年化收益率3%）的理财产品，那么他每期都将额外获得理财收益，而这5年的理财收益加起来恰好能补足剩余的4.21万元。

3.递延年金

递延年金是指年金收付第一次发生的时点并不在第1期，而是m期之后才发生，且会持续n期。

（1）递延年金终值的计算

递延年金的现金流量图如图2-5所示。

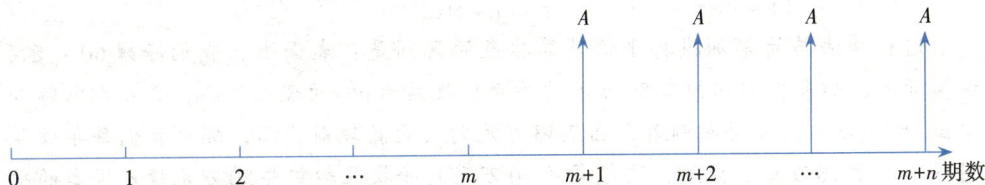

图2-5　递延年金的现金流量图

我们将不同时点的年金折算到第$m + n$期后再相加，根据式（2.4），可得到递延年金终值结果为：

$$FV_A = A \times (1+r)^{m+n-(m+1)} + A \times (1+r)^{m+n-(m+2)} + \cdots + A \times (1+r)^{m+n-(m+n)}$$
$$= A \times (1+r)^{n-1} + A \times (1+r)^{n-2} + \cdots + A$$

由此可以看出，递延年金终值的计算公式与普通年金终值的计算公式并无不同。因此，递延年金终值的计算公式为：

$$FV_A = A \times \frac{(1+r)^n - 1}{r} \tag{2.12}$$

（2）递延年金现值的计算

我们利用式（2.5），将式（2.6）中终值折算为现值，具体如下：

$$PV_A = \frac{FV_A}{(1+r)^{m+n}} = \frac{A \times \dfrac{(1+r)^n - 1}{r}}{(1+r)^{m+n}}$$

化简后，递延年金现值的计算公式为：

$$PV_A = A \times \frac{1-(1+r)^{-n}}{r \times (1+r)^m} \tag{2.13}$$

理财故事

创业投资

小金计划开一家水果店，现在需要评估这个创业计划是否值得采纳。

根据小金的测算，开水果店需要的前期投入为 50 万元，装修需要花费 1 年的时间。在营业后，水果店每年的净利润维持在 20 万元，5 年后考虑将水果店转让，可获得转让费 10 万元。简单测算一下，这个项目减去初始投入再加上转让费一共能赚 60 万元，相当于平均每年有 10 万元的净收入，这听起来是一个不错的投资项目。

假设市场利率持续稳定在 6%，那么我们可以根据递延年金现值公式计算出水果店投入运营后获得的现金流折现的价值为：

$$PV_A = A \times \frac{1-(1+r)^{-n}}{r \times (1+r)^m} = 20 \times \frac{1-(1+6\%)^{-5}}{6\% \times (1+6\%)^1} = 79.48 \ (\text{万元})$$

转让费折现的价值为：

$$PV = \frac{FV}{(1+r)^{m+n}} = \frac{10}{(1+6\%)^{1+5}} = 7.05 \ (\text{万元})$$

项目当前的实际价值为：

$$79.48 - 50 + 7.05 = 36.53 \ (\text{万元})$$

我们还可以用年金现值公式反推项目的每年收益为：

$$A = PV_A \times \frac{r}{1-(1+r)^{-(m+n)}} = 36.53 \times \frac{6\%}{1-(1+6\%)^{-(1+5)}} = 7.43 \ (\text{万元})$$

这种算法与简单加减再平均计算收益的区别是：表面上，我们净赚 60 万元，但实际上，如果我们期初拿 50 万元购买年化收益为 6% 的理财产品，再在期初额外拿出 36.53 万元，或每年额外拿出 7.43 万元购买此款理财产品，那么我们每年收益同样不低于 10 万元。因此，这笔每年 10 万元的净收入却需要 50 万元投入资本的项目，其当前的实际价值也不过 36.53 万元。

这给我们投资创业以启示：用简单加减再平均计算收益的方法，固然可以帮助我们快速评估项目的总体收益，但它不足以结合市场行情帮助我们准确衡量项目价值。结合当下市场投资利率来计算和评估项目，更有利于我们找出有价值的财务方案。

4.永续年金

永续年金是指无限期的、收入或支出相等金额的年金，它是一种特殊的普通年金。由于永续年金没有终值时间，因此它的终值为无穷大，但我们可以根据公式计算它的现值，即测算此类产品当前价值或开发此类产品需要投入的成本。

根据式（2.8），当年金 A 和利率 r 均固定时，取 t 为无穷大，则 $(1+r)^{-t}$ 无限趋近于0。由此可知永续年金现值公式为：

$$PV_A = \frac{A}{r} \tag{2.14}$$

理财故事

设立奖学金

为答谢母校，企业家老王计划通过捐款帮助学校设立创业专项奖学金，为有潜力的学生创业项目提供资金。老王预计每年资助10个项目，每个项目提供10万元的奖金扶持，该奖学金由专业信托机构运营，预计年化利率可达10%，那么老王需要捐款多少？

我们可以直接套用永续年金现值公式，求得需要捐款的数额：

$$PV_A = \frac{A}{r} = \frac{10 \times 10}{10\%} = 1\,000（万元）$$

由此可知，若信托机构能够对资金进行有效的管理和规划，理论上就不用担心资金有用尽的一天。

5.增长型年金

增长型年金是指时间间隔相同、不间断、金额不相等但每期增长率相等、方向相同的一系列现金流。增长型年金根据是否有限期可分为普通增长型年金和增长型永续年金。

（1）普通增长型年金

普通增长型年金，又称等比增长型年金，是指在一定期限内的增长型年金。

假设增长率为 g，期初年金为 C，则可推导出增长型年金终值结果为：

$$FV_A = C \times (1+r)^{t-1} + C \times \frac{(1+r)^{t-2}}{(1+g)} + \cdots + C \times \frac{1}{(1+g)^{t-1}}$$

进而可推导出普通增长型年金终值的公式为：

$$FV_A = \begin{cases} \frac{C \times (1+r)^t}{r-g} \times \left[1 - \left(\frac{1+g}{1+r}\right)^t\right], & r \neq g \\ t \times C \times (1+r)^{t-1}, & r = g \end{cases} \tag{2.15}$$

利用式（2.5），可推导出普通增长型年金现值的公式为：

$$PV_A = \begin{cases} \dfrac{C}{r-g} \times \left[1 - \left(\dfrac{1+g}{1+r} \right)^t \right], \ r \neq g \\[4mm] \dfrac{t \times C}{1+r}, \ r = g \end{cases}$$

(2.16)

理财故事

养老投资 2

　　赵强是一名刚入职场的新人，他预计入职的第 1 年可以节省出 1 万元用于投资，之后随着职位的晋升，他每年会增加 6% 的投资，并坚持 40 年，直至退休。假定每年的投资年化收益率为 6%，那么届时赵强的账户会有多少资产？

　　我们利用普通增长型年金终值的公式来计算，由于 $r = g$，可得：

$$FV_A = t \times C \times (1+r)^{t-1} = 40 \times 1 \times (1+6\%)^{40-1} = 388.14 \ (万元)$$

　　虽然这种方式获得的收益比每年固定投入资金所得的收益高出 2.5 倍，但其存款压力也逐年增大。

（2）增长型永续年金

　　增长型永续年金是指在无限期内的增长型年金。和永续年金一样，增长型永续年金没有终值，但可以推导出现值公式为：

$$PV_A = \dfrac{C}{r-g}, \quad r > g$$

(2.17)

　　需要注意的是，只有当 $r > g$ 时，才能求出增长型永续年金现值。因为当 $r \leq g$ 时，现值为负数或无穷大，此时计算出来的结果就失去了其本来的意义。

理财故事

股票分红

　　小红计划购买 A 上市公司的股票。已知 A 上市公司推出了稳定增长的股利政策：投资者在年初购买股票，即可在年末获得 1 元的分红，且这个分红每年以 5% 的速度稳定增长。根据小红的分析，投资该股票的必要收益率为 10%。那么你觉得小红应当以不高于多少的价格购买 A 上市公司的股票，才能达到她的收益需求？

　　在金融市场上，我们通常认为股利是无限期发放的，因此股票的价值可以由未来获得的一系列现金流折现得出。又因为股利每年以固定的速率增长，所以我们可以用增长型永续年金现值来测算股票的价值，计算如下：

$$PV_A = \dfrac{C}{r-g} = \dfrac{1}{10\% - 5\%} = 20 \ (元)$$

　　也就是说，如果小红能以不高于 20 元的价格购买该股票，那么这项投资就是值得的。

　　同时，我们可以从公式中看出，要求的收益率越高，股票的合理价格越低；要求的收益率越低，股票的合理价格越高。这和现实生活中投资股票的逻辑也是契合的：当股票价格较低时，盈利空间就大，最终的收益率也会更高；当股票价格较高时，盈利空间就小，最终的收益率也会更低。

（三）有效年利率

1.有效年利率与名义年利率

通常情况下，我们假定利率为年利率，以"年"作为基本，计息期，每年计算一次复利。但在实际生活中，理财产品的计息时间未必是以年为单位，也有可能是按季度、月、日计算。那么，若要比较不同计息期产品的收益情况，应当怎么处理呢？

有效年利率（effective annual percentage rate）是指在按照给定的计息期利率和每年复利次数计算利息时，能够产生相同结果的每年复利一次的年利率。与之相对的另一个概念是名义年利率，它是指央行或其他金融机构公布的、不考虑货币时间价值的年利率。这个指标可以大体反映资产的回报率和借款成本，但忽略了在计息期内复利计息过程对最终回报的影响。当一年计息一次时，有效年利率等于名义年利率；在一年内多次计息的情况下，有效年利率大于名义年利率。

2.有效年利率的计算

假设 r 为名义年利率，i 为有效年利率，一年中复利次数为 m，则可以根据式（2.4）计算出本年度的总利息额，即：

$$I = PV \times \left(1 + \frac{r}{m}\right)^m - PV$$

又因为 $i = \dfrac{I}{PV}$，所以有效年利率的公式为：

$$i = \left(1 + \frac{r}{m}\right)^m - 1 \tag{2.18}$$

五、任务实践

课前完成分组，小组内分配实践任务，并完成以下实践任务：

情景模拟实训：根据王先生的理财咨询开展小组讨论，利用货币时间价值理论演示计算过程，并形成结论。

Q1：王先生投资某上市公司债券，面值100元，息票率6.86%，期限3年，按年付息，发行规模6亿元，市场利率7.1%。目前该债券的发行价格为97元，不考虑其他费用，请问该债券是否值得投资，并说明理由。

计算过程演示：_____

_____

_____

_____

理财建议：_____

_____

_____

_____

Q2：王先生计划为刚出生的女儿准备 4 年的大学教育金，目前大学教育金为 15 000 元，假设学费增长率为 5%，请问在女儿 18 岁时他需要一次性准备多少学费？

计算过程演示：_____

_____

_____

_____

理财建议：_____

_____

_____

_____

Q3：王先生在甲银行有一部分房屋贷款，名义年利率为 5%，按月等额本息还款，剩余还款期限为 10 年。现在乙银行推出贷款优惠，名义年利率为 4.2%，但在转贷时需要扣除名义贷款额 5% 的手续费用。若新旧贷款的还款期限与还款方式均相同且无转贷额度限制，则王先生是否应选择转贷？

计算过程演示：_____

_____

_____

_____

理财建议：_____

_____

_____

_____

_____

六、任务完成评价

（一）自我评价

1.通过本次学习，我学到的知识点、技能点有：_____

_____

不理解的有：_____

_____

2.我认为在以下方面还需要深入学习并提升岗位能力：_____

3.本次工作和学习过程中，我的表现可得到：□ 😎 □ 😊 □ 😟

（二）组员互相评价

表2-3 　　　　　　　　　　　　任务完成评价表

项目	评价内容：请在对应的考核项目 □打"√"或打"×"	学生评价等级（学生互评）		
		😎	😊	😟
学习态度与 职业素养测评	□能够保持良好的团队沟通和合作 □工作细致、态度端正			
职业技术与 技能评价	得分（每空1分，满分100分） □75~100分，优秀 □60~74分，合格 □0~59分，不合格			
小组评语与 建议	组长签名： 　　　　　　　　　　年　　月　　日			
教师评语与 建议	评价等级： 教师签名： 　　　　　　　　　　年　　月　　日			

任务二　理财计算工具的运用

一、任务导航

表2-4为理财产品收益/支出计算工作任务单，请查看本小组任务目标、任务知识点、任务技能点、学习时间节点和学习资源。

表2-4 　　　　　　　　　　理财产品收益/支出计算工作任务单

任务基本描述： 运用Excel或金融计算器，计算和标注不同理财产品收益或帮助客户分析客户贷款的还款情况				
任务目标	任务知识点	任务技能点	学习时间节点	学习资源
计算复利终值 与复利现值	•掌握Excel计算复利终值与复利现值的方法 •掌握金融计算器计算复利终值与复利现值的方法	•运用Excel计算复利终值与复利现值 •运用金融计算器计算复利终值与复利现值	•课前准备 •课堂展示 •实训练习	•微课资源

续表

任务目标	任务知识点	任务技能点	学习时间节点	学习资源
计算年金终值与年金现值	• 掌握 Excel 计算年金终值与年金现值的方法 • 掌握金融计算器计算年金终值与年金现值的方法	• 运用 Excel 计算年金终值与年金现值 • 运用金融计算器计算年金终值与年金现值	• 课前准备 • 课堂展示 • 实训练习	• 微课资源
计算年金	• 掌握 Excel 计算年金的方法 • 掌握金融计算器计算年金的方法	• 运用 Excel 计算年金 • 运用金融计算器计算年金	• 课前准备 • 课堂展示 • 实训练习	• 微课资源
计算净现值	• 掌握 Excel 计算不规则现金流量模型的净现值的方法 • 掌握金融计算器计算不规则现金流量模型的净现值的方法	• 运用 Excel 计算不规则现金流量模型的净现值 • 运用金融计算器计算不规则现金流量模型的净现值	• 课前准备 • 课堂展示 • 实训练习	• 微课资源
计算有效年利率与名义年利率	• 掌握 Excel 计算有效年利率的方法 • 掌握金融计算器计算有效年利率的方法	• 运用 Excel 计算有效年利率 • 运用金融计算器计算有效年利率	• 课前准备 • 课堂展示 • 实训练习	• 微课资源
计算房贷摊销	• 掌握金融计算器计算房贷每月还款额和剩余本金金额的方法	• 运用金融计算器计算房贷每月还款额和剩余本金金额	• 课前准备 • 课堂展示 • 实训练习	• 微课资源

二、前导知识和技能测试

前导知识 2.2

技能测试 2.2

1. 前导知识 2.2
2. 技能测试 2.2

三、任务案例

2024 年年初，理财经理金经理经朋友介绍，结识了新客户翁先生。经过初步沟通，他了解到翁先生家庭的基本情况：翁先生，30 岁，创办和运营了一家互联网公司；妻子王女士，30 岁，某企业职工。目前，翁先生对家庭投资与债务管理问题较为关心，向金经理咨询了以下内容：

（1）翁先生计划为自己设立一个风险保障账户，从 2024 年开始，每年年末向账户存入 2 万元，假设年利率为 6%，当翁先生 60 岁时，这笔风险保障金有多少？

（2）翁先生的公司需要投入一台设备，买价 200 万元，可用 10 年。若租用此设备，则每年年初要支付租金 18 万元。假设其他条件一致，7% 的利率，翁先生的公司应该是租用此设备，还是购买此设备？

（3）翁先生向甲银行申请了一笔抵押贷款，贷款额为75 000元，贷款期限30年，按月还款，月还款额为500元，该笔贷款的实际年利率是多少？

（4）翁先生5年前购买了一套总价120万元的新房，首付40万元，贷款80万元，利率5%，期限20年，采用等额本息方式还贷，翁先生想了解该笔贷款的剩余本金金额是多少？如果现在一次性还清剩余贷款，翁先生需要一次性准备多少资金？

（5）翁先生想购买一套总价60万元的投资性住房，首付20万元，贷款40万元。其中，公积金贷款10万元，期限10年，年利率4.5%；商业贷款30万元，期限20年，年利率6%。如果采用等额本息方式还贷，公积金贷款和商业贷款的每月还款额各是多少？

四、任务知识殿堂

（一）Excel财务函数

1.Excel公式与函数认知

（1）Excel公式

Excel公式是指以"="开头，后面紧跟数据和运算符，并得到返回值的等式。例如，在Excel单元格中输入"= 5 + 2 × 3"，这就是一个标准的公式，点击"回车"键确认后最终返回对应的四则运算结果。

知识链接

Excel中的单元格

单元格是Excel中的一个单位，它指的是表格中行与列的交叉部分的对应格子，是组成表格的最小单位，可以拆分或者合并。在Excel中，我们进行单个数据、公式或函数的输入和修改，都是在单元格中进行的。

在Excel中，每个单元格都有它对应的命名。新建一个Excel表格，我们可以看到在表格上方有字母标识，如字母"A"，而在表格左边有数字标识，如数字"1"。若点击上方的字母，我们就选中了字母所在列的全部单元格；若点击左边的数字，我们就选中了数字所在行的全部单元格；若同时指定特定的字母和数字，我们就确定了一个唯一的单元格。

每个单元格都是以"字母+数字"作为组合方式来命名的。例如，A1单元格，是代表"A"所在列的第一个单元格。

资料来源：根据相关资料整理所得。

（2）Excel函数

Excel函数是Excel内部预定义的功能，以"="开头，按照特定的规则进行计算，并得到返回值。例如，"*SUM*（A1：A50）"就是一个Excel函数，它的功能是计算括号内全部单元格数值的总和。也就是说，在单元格中输入"= *SUM*（A1：A50）"，即可计算出从A1单元格到A50单元格的全部值的总和。

对于不同的Excel函数，其括号内需要按相应规则输入内容，才能计算出相应的结果。一般来说，我们将函数括号内需要输入的内容称为参数，这些参数可以是数字、文本、用0或1表示的逻辑值，也可以是指定的一个或多个单元格，甚至可以是其他函数。

我们可以选中任意一个单元格，点击Excel上方菜单栏"公式"下的"插入函数"键，即可看到Excel内的预设函数及其对应功能和需要输入的参数。Excel插入函数指引1，如图2-6所示。

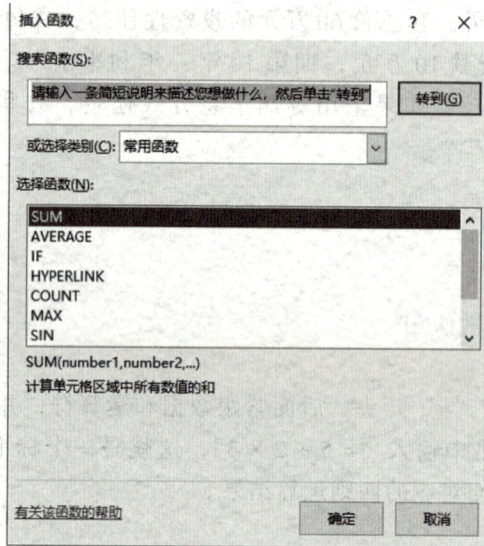

图2-6　Excel插入函数指引1

我们也可以直接在顶部菜单下方的编辑栏内输入"="后，直接输入对应函数以使用函数功能。在输入过程中，Excel会对函数及对应参数予以提示，我们可以在输入函数前几个字母后，在提示框中找到对应函数，并通过双击的方式直接选择对应函数，而无须记住函数的全称。Excel插入函数指引2，如图2-7所示。

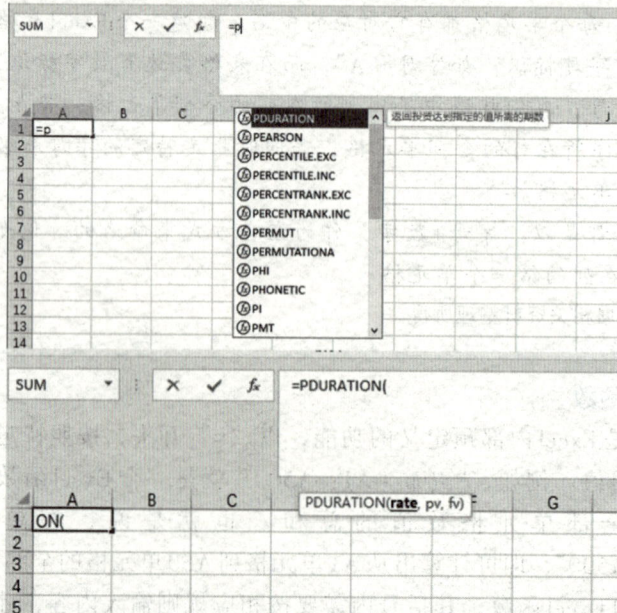

图2-7　Excel插入函数指引2

2.Excel的引用与嵌套

有的同学可能想到，当我们需要运算多个结果，且需要用到多个函数逐步计算时，虽然我们能用上述的函数和公式达成目的，但过程依旧非常复杂，需要大量的手工操作。有没有什么办法可以降低函数和公式使用的频率呢？在实际操作中，有很多简便的操作技巧，这里我们介绍两个常用的操作技巧：引用与嵌套。

（1）引用的含义与类型

引用是指直接使用指定单元格的数值，而无须手动输入的方法。以计算销量总和为例（如图2-8所示）：

	A	B	C	D	E
1		1月	2月	3月	总计
2	上衣销量	50	80	100	
3	裤子销量	300	350	400	
4	总计	=B2+B3			

图2-8　Excel引用功能示例图

在图2-8中，我们可以直接在B4单元格输入"=50+300"，以实现销量加总的计算结果。但是，假如销量的数值过大，输入就显得麻烦且容易出错。此外，如果我们后续发现上衣销量或裤子销量有误，需要手动修改数值，则总计的计算也要重新修改。

为解决这一问题，我们可以直接引用单元格的值。我们在B4单元格输入"=B2+B3"，即计算B2单元格和B3单元格的相加数值，这样就无须手动输入上衣销量和裤子销量的数值，可以直接算出对应的结果。如果需要调整上衣销量或裤子销量的数值，对应的总计数值则会自动更新为正确的数值。

①跨工作表/跨文件引用。

我们可不可以跨表格、跨文件引用数据呢？答案是可以的。例如，我们的表格在"Sheet1"工作表中，但想引用"Sheet2"工作表中B2单元格的数据，我们只要在需要引用数据的单元格中输入"=Sheet2!B2"。若我们要引用名为"工作簿2.xlsx"中"Sheet1"工作表中B2单元格的数据，则需要在引用数据的单元格中输入"='［工作簿2.xlsx］Sheet1'!B2"。

②相对引用/绝对引用/混合引用。

我们将图2-8中B4单元格的公式复制到C4单元格、D4单元格（或鼠标移动到B4单元格右下角，直至出现黑色十字后，按住鼠标不松手，向右拖拽至C4单元格或D4单元格），就能惊讶地发现，C4单元格、D4单元格并没有重复计算1月的销量总计，而是自动计算了2月、3月的销量总计。这是为什么呢？

出现上述现象的原因在于，Excel中默认引用单元格的位置信息和输入公式的单元格保持相对关系，即相对引用。如果将公式的位置进行一定的移动，那么引用单元格的位置也会发生相应的移动。在上述案例中，我们将B4单元格拖至C4单元格时，对B2单元格和B3单元格的引用会移动到C2单元格和C3单元格。

如果我们不希望拖动的过程中引用单元格的位置信息发生变化，又该怎么做呢？我们可以采用绝对引用的方法，具体来说，我们在对应单元格的字母和数字前加上"$"符号，如在B4单元格输入"=$B$2+$B$3"，这样无论我们如何移动公式的位置，公式都将从 B2 单元格、B3 单元格引用数据，而不发生改变。

此外，我们可以只固定行的位置，列的位置仍然可以随移动而改变，或者只固定列的位置，行的位置仍然可以随移动而改变，这种引用方式就是混合引用。例如，当在 B4 单元格输入"=B\$2+B\$3"时，左右移动则会改变引用单元格列的位置，而上下移动却不会改变单元格行的位置；当在 B4 单元格输入"=\$B2+\$B3"时，上下移动则会改变引用单元格行的位置，而左右移动却不会改变单元格列的位置。

（2）嵌套的含义与限制

在本节介绍 Excel 函数时，我们提到在函数中输入的参数可以是其他函数，这种使用函数的方式被称为嵌套函数，即将某一函数作为另一个函数的参数使用。通过这种方法，我们在需要进行多步计算时就无须逐步计算，可以一次性得到最终结果，但需要满足两点限制条件：作为参数的嵌套函数输出的结果，必须符合被嵌套的函数对应位置的参数要求；嵌套函数数量不得过多，最多不超过七层。

3.常见的财务函数介绍

（1）FV（rate, nper, pmt, [pv], [type]）

该项函数用于根据确定的利率计算贷款或投资的未来值。

接下来，我们学习 FV 函数需要输入的五个参数（已说明的函数参数不再重复介绍，下同）：

①rate。

这项参数为计算最终结果必需的参数，表示计算终值时已知的固定利率，即我们所学公式中的 r 的值。

②nper。

这项参数为计算最终结果必需的参数，表示计算终值时已知的期数数量，即我们所学公式中的 t（m、n）的值。

③pmt。

这项参数表示每期支付的固定数额，即所需的年金数值。需要注意的是，在 Excel 中当 pmt 为正数时，表示支出；当 pmt 为负数时，表示收入。因此，我们在计算投资终值时，通常要在每期数值前加负号。

④pv。

这项参数表示第 1 期一次性支付的固定数额或一系列未来付款的现值之和。pv 和 pmt 一样，正数表示支出，负数表示收入。此外，pv 和 pmt 都是非必需的参数，可以通过逗号的方式跳过此项参数，但在计算 FV 时，至少应当输入其中一个参数。

⑤type。

这项参数位置可以输入 0 或 1，0 代表收支发生在期末，而 1 代表收支发生在期初。若跳过此项参数，则默认收支发生在期末。

（2）PV（rate, nper, pmt, [fv], [type]）

PV 函数与 FV 函数类似，但 FV 函数计算终值，而 PV 函数计算贷款或投资的现值。

fv 参数表示期末一次性支付的固定数额。同样，当 fv 为正数时，表示支出；当 fv 为负数时，表示收入。在计算 PV 时，fv 和 pmt 至少应当输入一个。

（3）PMT（$rate$，$nper$，pv，[fv]，[$type$]）

PMT 函数可以根据已知的现值或终值计算年金。在 PMT 函数中，pv 和 fv 至少应当输入一个。

（4）$RATE$（$nper$，pmt，pv，[fv]，$type$，[$guess$]）

$RATE$ 函数可以根据已知的现值、终值、年金、期数等参数，计算对应的利率大小。

由于 Excel 函数计算利率的原理是不断尝试带入不同的利率值，最终得到正确的利率结果，因此迭代过程可能会较长，计算效率低。为提高 Excel 函数计算利率的效率，我们可以给定一个和最终结果相近的利率值 $guess$，并根据这一值推导出利率结果，这样效率会更高。

$guess$ 参数并非必须输入的，若跳过此项参数，则 Excel 默认 $guess$ 的值为 10%。

（5）$NPER$（$rate$，pmt，pv，[fv]，$type$）

Excel 函数也可以根据已知的现值、终值、年金、利率等参数，计算对应的期数。

（6）NPV（$rate$，$value1$，$value2$，…）

我们前面所学的复利现值或终值的计算、年金的计算（增长型年金除外），它们未来发生的现金流都是相对恒定的。但在很多理财场景下，每期发生的现金流的数额并不固定，此时使用 PV 函数不能有效解决问题。

对于此类情形，我们可以使用 NPV 函数。NPV 是指净现值（net present value），即未来发生的一系列收支，按照某一特定利率折现后的值的和。

$value1$，[$value2$]，… 这些参数是指未来发生的现金流的一系列值。对于这一系列参数，我们需要输入 1 个以上参数值以用于计算最终结果。例如，我们可以只输入 $value1$ 的值，此时 NPV 函数只计算第 1 期发生的现金流的折现值；我们也可以输入多个参数（$value1$，$value2$，…），最高可以输入 29 个参数，表示未来 29 期每期发生的现金流的折现值。

（7）IRR（$values$，[$guess$]）

IRR 函数是指计算一系列现金流内部收益率（internal rate of return）的函数。你可以这样理解内部收益率：当未来发生了一系列现金流时，投资者希望通过这些现金流形成的收益率大小来衡量投资的收益情况。此时，若直接用总收益除以初始本金，则这一收益率忽略了货币时间价值的影响，并不能准确反映真实收益率情况；内部收益率则考虑了货币时间价值的影响，计算出来的收益率更准确，但计算过程也会更复杂。

$values$ 参数为计算最终结果必需的参数，其含义与 $value1$，[$value2$]，… 类似，都是输入未来发生的现金流的一系列值，但输入规则稍有不同，我们在 $values$ 参数位置需要直接选中对应的一系列单元格以输入对应现金流的值，而 NPV 函数输入现金流的值则是用逗号隔开的、单独的数值或单个引用的单元格。此外，NPV 函数中关于现金流的第一个参数（*value*1）代表的是第1期的值，而在 *IRR* 函数中则代表现金流的第一个参数是第0期的值。

需要注意的是，由于 *IRR* 函数计算的特殊性，引用的一系列单元格中至少应当包括一个正值和一个负值，负值表示项目投入的成本，正值表示项目后续产生的收益。

（8）*EFFECT*（*nominal_rate*，*npery*）

EFFECT 函数计算的是有效年利率。

①*nominal_rate*。

这项参数为计算最终结果必需的参数，表示名义年利率对应的值。

②*npery*。

这项参数为计算最终结果必需的参数，表示每年的复利期数。

（9）*NOMINAL*（*effect_rate*，*npery*）

NOMINAL 函数计算的是名义年利率。

effect_rate 参数为计算最终结果必需的参数，表示有效年利率对应的值。

4.财务函数操作实例

（1）计算复利终值

示例2-1 某人将20万元存入银行，年利率为2%，每年以复利方式计息，请计算10年后的本利和。

解析 我们可以利用 *FV* 函数计算复利终值。由题可知，参数 *rate* 为2%，参数 *nper* 为10。由于此题不涉及年金，因此参数 *pmt* 可通过逗号跳过。又因为我们要计算收入，所以参数 *pv* 为-20。由于本题未说明收益发生在期初，因此参数 *type* 可忽略不计。

综上所述，计算公式如下：

= *FV*（2%，10，，-20）

最终的计算结果为24.38万元。

（2）计算复利现值

示例2-2 某人计划在5年后购买一台价值5 000元的电脑。已知当前银行利率为2%，每年以复利方式计息，请问现在最少在银行存入多少现金，才可在5年后达成购买目标？

解析 我们可以利用 *PV* 函数计算复利现值。由题可知，参数 *rate* 为2%，参数 *nper* 为5。由于此题不涉及年金，因此参数 *pmt* 可通过逗号跳过。又因为我们要计算所需的存款数，所以参数 *fv* 为-5 000。由于本题未说明收益发生在期初，因此参数 *type* 可忽略不计。

综上所述，计算公式如下：

= *PV*（2%，5，，-5 000）

最终的计算结果约为4 528.654元。但因为4 528.65小于4 528.654，不足以在5年后达到足额5 000元的标准，所以正确答案应为4 528.66元。

（3）计算年金终值

│示例 2-3│在母亲的鼓励下，明明计划从小学一年级开始将自己的零花钱和压岁钱存起来，每年攒够 500 元，到年底的时候存入银行，一共坚持 6 年。假如银行的年利率每年稳定在 3%，那么 6 年后明明账户上有多少存款？

│解析│我们可以利用 FV 函数计算年金终值。由题可知，参数 rate 为 3%，参数 nper 为 6，参数 pmt 为 -500。由于本题不涉及现值，因此参数 pv 可忽略不计。另外，因为收益发生在期末，所以参数 type 也可忽略不计。

综上所述，计算公式如下：

$= FV（3\%，6，-500）$

最终的计算结果为 3 234.20 元。

│示例 2-4│在│示例 2-3│中，若明明在每年年初存入 500 元，则 6 年后明明账户上有多少存款？

│解析│此时将│示例 2-3│公式中的参数 type 设定为 1，计算公式如下：

$= FV（3\%，6，-500，，1）$

最终的计算结果为 3 331.23 元。

（4）计算年金现值

│示例 2-5│某客户经理向李小姐推荐一款年金理财产品，只要在期初一次性支付 10 万元，以后每年年底都会返还 3 万元，持续 4 年。假设利率为 4%，那么你觉得李小姐购买这款理财产品是否划算？

│解析│我们可以利用 PV 函数计算年金现值。由题可知，参数 rate 为 4%，参数 nper 为 4，参数 pmt 为 -3，参数 fv 和参数 type 均可忽略不计。

综上所述，计算公式如下：

$= PV（4\%，4，-3）$

最终的计算结果为 10.89 万元，这个结果大于 10 万元，因此李小姐购买这款理财产品是划算的。

│示例 2-6│在│示例 2-5│中，假设期初一次性支付 10 万元后立即返还 3 万元，以后每年年初返还 3 万元，一共返还 4 年，那么你觉得李小姐购买这款理财产品是否划算？

│解析│将│示例 2-5│公式中的参数 type 设定为 1，计算公式如下：

$= PV（4\%，4，-3，，1）$

最终的计算结果为 11.33 万元，此时李小姐购买这款理财产品的收益比期末返还的收益更多。

（5）计算年金

│示例 2-7│小金申请了一项汽车分期贷款，贷款期限 2 年（24 期），每期利率为 0.5%，已知当前车价为 30 万元，如果每月月底还款，那么小金每月应还款多少？

│解析│我们可以利用 PMT 函数计算。由题可知，参数 rate 为 0.5%，参数 nper 为 24，参数 pv 为 -30，参数 fv 和参数 type 均可忽略不计。

综上所述，计算公式如下：

$= PMT（0.5\%，24，-30）$

最终的计算结果为1.33万元。

｜示例2-8｜ 在｜示例2-7｜中，如果每月月初还款，那么小金每月应还款多少？假设小金不是选择贷款的方式，而是选择存款的方式，在2年后购买30万元的车，利率仍为0.5%，那么小金每月需要存款多少？

｜解析｜ 对于第一个问题，我们将｜示例2-7｜公式中的参数 $type$ 设定为1：

$= PMT（0.5\%，24，-30，，1）$

最终的计算结果为1.32万元。

对于第二个问题，我们将｜示例2-7｜公式中参数 pv 的值移动到参数 fv 的位置：

$= PMT（0.5\%，24，，-30）$

最终的计算结果为1.18万元。

（6）计算不规则现金流量模型的净现值

｜示例2-9｜ 佩儿爸爸最近投资了一个创业项目，这个项目计划持续6年的时间，创业项目的现金收支情况预测如图2-9所示。假设折现利率为6%，那么你认为这个项目的净现值是多少？

时点	现金净流量（万元）
0	-100
1	-20
2	40
3	60
4	50
5	80
6	120

图2-9　创业项目的现金收支情况预测

｜解析｜ 我们可以利用NPV函数计算。由题可知，参数 $rate$ 为6%，而对于后续一系列现金流的值，我们可以直接引用图2-9中单元格B3（第1期）到B8（第6期）的值，再加上单元格B2（第0期，无须折现）的值。

综上所述，计算公式如下：

$= NPV（6\%，B3：B8）+ B2$

最终的计算结果为151.09万元。

拓展思考：你如何计算增长型年金的现值？（加微课视频的二维码）

（7）计算不规则现金流量模型的内部收益率

｜示例2-10｜ 在｜示例2-9｜中，这个项目的内部收益率是多少？

｜解析｜ 我们利用IRR函数，直接在括号中引用B2单元格到B8单元格的值，即可得到结果，计算公式如下：

$= IRR（B2：B8）$

最终的计算结果为29.86%。

（8）计算有效年利率

｜示例2-11｜ 为装修店铺，你计划申请贷款。你可以向A银行申请贷款，年利率为10.2%，按年计息，也可以线上申请B金融公司的贷款，年利率为10%，按月计息。你认为申请哪种贷款更划算？

| 解析 | 因为A银行的贷款是按年计息的，所以名义年利率等于有效年利率。因为B金融公司的贷款是按月计息的，所以要计算其有效年利率。

我们利用 *EFFECT* 函数计算B金融公司贷款产品的有效年利率。由题可知，B金融公司的名义年利率为10%，参数 *nominal_rate* 为10%，1年共计计息12次，参数 *npery* 为12。

综上所述，计算公式如下：

$= EFFECT(10\%, 12)$

最终的计算结果为10.47%。由于10.47%大于10.2%，因此A银行的贷款更划算。

(9) 计算名义年利率

| 示例 2-12 | 已知某贷款的有效年利率为12%，按月计息，则该贷款的名义年利率是多少？

| 解析 | 我们直接利用 *NOMINAL* 函数计算。由题可知，参数 *effect_rate* 为12%，参数 *npery* 为12。

综上所述，计算公式如下：

$= NOMINAL(12\%, 12)$

最终的计算结果为11.39%。

思政园地

学好表格软件，做数字化人才

随着数字经济概念的普及，越来越多企业和个人开始有意识地培养自己的数据分析和挖掘技能。当提到数据分析软件时，很多学生都会想到Python、SAS、MATLAB等，但你知道Excel也是常用的数据分析软件吗？它不仅可以帮助我们快速计算出不同的财务数据，还具有各种复杂的财务数据分析和可视化图表绘制功能，甚至能够建立经营决策模型。目前，Excel函数的数量已经增加到了500多个，并能通过宏或相关插件实现多样化功能。此外，Excel通过引入PowerPivot加载项，可以支持最大为2GB的文件，并允许处理内存中最多4GB的数据，这足以满足绝大多数数据分析的应用需求。

作为财经商贸专业的从业人员，Excel早已成为我们所在行业办公学习的必备软件，熟练掌握Excel操作本就是专业所需。而我们要想培养自己的数字化能力，提高自己在职场的竞争力，学习其他数据分析软件也并非是唯一选择的，我们可以通过学习多样化的Excel函数、数据透视表、插件和宏编程，提高自己的数据分析能力，培养自己的数字化技能，成为社会所需的复合型专业人才。

资料来源：根据相关资料整理所得。

（二）金融计算器

1.金融计算器介绍

金融计算器是针对金融、财务相关行业特点开发的专业计算器，它能轻松实现复杂的财务金融计算功能，是金融财务考试、竞赛、证书考试等场景的最佳计算工具。很多时候，比赛或考试会对计算器相关功能进行限制或对计算器型号进行限定，德州仪器 BA Ⅱ Plus（如图 2-10 所示）适用范围较广，可以满足大多数金融财务考试或竞赛的需求。

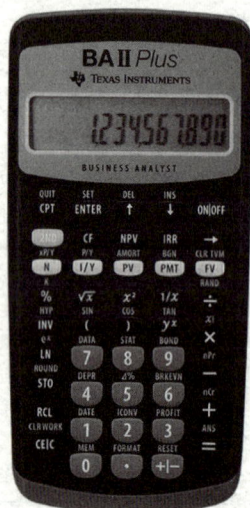

图 2-10　德州仪器 BA Ⅱ Plus 计算器

2. 金融计算器常用功能按键的介绍及操作方法

(1) 主要功能按键

德州仪器 BA Ⅱ Plus 常用的主要功能按键见表 2-5。

表 2-5　　　　　　　　　　　德州仪器 BA Ⅱ Plus 常用的主要功能按键

按键内容	功能说明	按键内容	功能说明
ON|OFF	开/关	FV	终值
↑ / ↓	上下选择	PMT	年金
ENTER	确认	PV	现值
CPT	执行特殊计算	I/Y	年利率或年化利率
→	删除	N	计算期数
IRR	内部回报率	STO	存储数据
NPV	净现值	RCL	调用存储的数据
CF	输入现金流	CE|C	清除
2ND	启用第二项功能	+|-	正负号

(2) 次要功能按键

主要功能按键的上方就是次要功能按键。次要功能按键可以通过 2ND 键调用，如按 2ND 键后，再 ENTER 键，表示调用 SET 功能。德州仪器 BA Ⅱ Plus 常用的次要功能按键见表 2-6。

表2-6　　　　　　　　　德州仪器 BAⅡ Plus 常用的次要功能按键

按键内容	功能说明	按键内容	功能说明
2ND+ENTER	设定参数	2ND+CPT	退回标准计算模式
2ND+FV	清除货币时间价值工作表中的值	2ND+PMT	切换期初/期末
2ND+PV	摊销相关计算	2ND+I/Y	年付款次数/年复利次数
2ND+N	计算总期数		
2ND++|−	恢复初始设置	2ND+.	设置计算结果精确位数
2ND+0	进入存储的数据	2ND+1	进入日期设置
2ND+2	名义/有效年利率	2ND+3	计算盈利
2ND+4	计算折扣	2ND+5	计算百分比变化
2ND+6	计算盈亏平衡点	2ND+7	输入统计数据
2ND+8	输出统计量	2ND+9	执行中长期债券相关计算
2ND+=	显示上一次的计算结果	2ND+CE|C	清除货币时间价值外其他工作表

（3）小数位数的设置

计算器中默认的小数位数是保留两位小数。若要更改设置，我们可以通过 2DN+. 键，调用 FORMAT 功能。完成按键操作后，计算器上显示 DEC=2.00，若要修改为 4 位小数，我们可以输入 4，再按 ENTER 键，直至出现 DEC=4.0000，此时修改完成。

我们对小数位数的设置将持续有效，只有重新设置后才会发生变化，不会因退出或重新开机而改变。

在后续的操作和运算中，我们默认小数位数为 2 位。

（4）数据的删除与清空

和普通计算器不同，使用金融计算器的 CE\|C 功能只会删除当前输入的数据，而如 N、I/Y、PV、PMT、FV 等货币时间价值功能中的数据则不会被删除。若要删除全部数据，则需要进入对应的功能，即通过 2ND+CE\|C 键来执行数据删除操作。

若要方便快捷地删除全部数据，则可以通过 2ND++\|− 键，将全部数据进行初始化。

（5）四则运算

金融计算器的四则运算规则与普通计算器、科学计算器一致。

（6）数据的存储和调出

德州仪器 BAⅡ Plus 支持数据的存储和调出功能。我们可以通过 STO 功能存储数据，该功能可通过按键 0~9 一共存储 10 组数据。例如，通过按键 1+5+STO+2，即可将数字15存储在序号2的位置上。

存储数据后，再通过RCL功能直接调用存储的数据。如果在完成上述操作后，在计算器上输入2+0+RCL+2+=，则可以得到数字20与15相加的运算结果，即35.00。

若要查看存储的数据，我们可以通过2ND+0，调出MEM功能。我们通过↑／↓键翻页，即可找到前面操作时存储的数据（M2=15.00）。

（7）付款次数与复利次数的设置

在大多数情况下，我们通常计算每年付款次数、每年复利次数的理财规划，而在复杂情况下，我们可能涉及按月或季度复利多次的计算。此时我们可以通过金融计算器的2ND+I/Y键，调用P/Y功能进行设置。

调用功能后，我们通过↑／↓键翻页，可以看见P/Y功能中预设了两个值：一个是P/Y，表示每年付款次数，默认值为1；另一个是C/Y，表示每年复利次数，默认值为1。若要计算每月付款1次、每季复利1次的理财规划，则应设定P/Y=12，C/Y=4。

3.金融计算器操作实例

（1）计算复利终值

|示例2-13| 用金融计算器计算 |示例2-1| 中的本利和。

|解析| 计算步骤如下：

①将所有数据恢复为默认值：按2ND++|-键进入RESET功能，再按ENTER键确认，正确重置后显示RST 0.00；

②输入付款期数：按1+0+N键输入期数，正确输入后显示N=10.00；

③输入利率：按2+I/Y键输入利率，正确输入后显示I/Y=2.00；

④输入现值：按2+0++|-+PV键输入现值，正确输入后显示PV=-20.00；

⑤计算终值：按CPT+FV键计算终值，正确输入后显示FV=24.38。

拓展思考：恢复初始设置是否必要？

实际上，并非所有的计算在开始前都需要彻底重置计算器，但重置计算器是一个好习惯，它能最大程度地避免因预设数据而导致的结果误差。

（2）计算复利现值

|示例2-14| 用金融计算器计算 |示例2-2| 中的存入款项。

|解析| 计算步骤如下：

①将所有数据恢复为默认值：按2ND++|-+ENTER键，重置数据；

②输入付款期数：输入5+N；

③输入利率：输入2+I/Y；

④输入终值：输入5+0+0+0++|-+FV；

⑤计算现值：按CPT+PV键计算现值，正确输入后显示PV=4 528.654。

（3）计算年金终值

|示例2-15| 用金融计算器计算 |示例2-3| 中的账户存款。

|解析| 计算步骤如下：

①将所有数据恢复为默认值：按 2ND++|-+ENTER 键，重置数据；

②输入付款期数：输入 6+N；

③输入利率：输入 3+I/Y；

④输入年金：输入 5+0+0++|-+PMT；

⑤计算终值：按 CPT+FV 键计算终值，正确输入后显示 FV=3 234.20。

|示例2-16| 用金融计算器计算|示例2-4|中的账户存款。

|解析| 计算步骤如下：

①将期末设置为期初：通过 2ND+PMT 键进入期初/期末设置页面。按键后显示 END，表示当前为期末年金，我们可以再通过 2ND+ENTER 键重设，当显示变为 BGN 时，表示已切换为期初年金，此时我们可以通过 2ND+CPT 键返回计算页面。

②计算现值：无须清除上一个示例的数据，直接通过 CPT+FV 键计算终值。正确输入后显示 FV=3 331.23。

（4）计算年金现值

|示例2-17| 用金融计算器计算|示例2-5|中的年金理财产品的现值。

|解析| 计算步骤如下：

①将所有数据恢复为默认值：按 2ND++|-+ENTER 键，重置数据；

②输入付款期数：输入 4+N；

③输入利率：输入 4+I/Y；

④输入年金：输入 3++|-+PMT；

⑤计算现值：通过 CPT+PV 键计算现值，正确输入后显示 PV=10.89。

|示例2-18| 用金融计算器计算|示例2-6|中的理财产品价值。

|解析| 计算步骤如下：

①将期末设置为期初：通过 2ND+PMT+2ND+ENTER 键完成期初/期末切换，再通过 2ND+CPT 键返回计算页面；

②计算现值：无须清除上一个示例的数据，直接通过 CPT+PV 键计算现值，正确输入后显示 PV=11.33。

（5）计算年金

|示例2-19| 用金融计算器计算|示例2-7|中的每月还款额。

|解析| 我们可以通过两种方法计算：一是依据给定的利率和期数直接计算；二是设定每年的复利次数，并按照年利率为6%计算。

第一种方法的计算过程：

①将所有数据恢复为默认值：按 2ND++|-+ENTER 键，重置数据；

②输入付款期数：输入 24+N；

③输入利率：输入 0.5+I/Y；

④输入现值：输入 3+0++|-+PV；

⑤计算年金：通过 CPT+PMT 键计算年金，正确输入后显示 PMT=1.33。

第二种方法的计算过程：

①将所有数据恢复为默认值：按 2ND++|-+ENTER 键，重置数据；

②设置复利次数：输入 2ND+I/Y，进入 P/Y 功能，再输入 1+2+ENTER，正确输

入后显示P/Y=12.00（按2ND+CPT键，可返回计算页面）；

③输入付款期数：先输入2（年），再通过2ND+N键调用xP/Y功能，正确输入后显示总期数为24.00，最后按N键完成期数的输入；

③输入利率：输入6+I/Y；

④输入现值：输入3+0++|-+PV；

⑤计算年金：通过CPT+PMT键计算年金，正确输入后显示PMT=1.33。

此方法适用于计算未明确给出单期利率和总期数的情形。

|示例2-20| 用金融计算器计算**|示例2-8|**中的每月还款额和每月存款额。

|解析| 对于第一个问题，计算步骤如下：

①将期末设置为期初：通过2ND+PMT+2ND+ENTER键完成期初/期末切换，再按2ND+CPT键返回计算页面；

②计算年金：无须清除上一个示例的数据，直接通过CPT+PMT键计算年金，正确输入后显示PMT=1.32。

对于第二个问题，计算步骤如下：

①将期初设置为期末：通过2ND+PMT+2ND+ENTER键完成期初/期末切换，正确显示END后，再按2ND+CPT键返回计算页面；

②清除现值数据：输入0+PV，将现值重置为0；

③输入终值：输入3+0++|-+FV；

④计算年金：无须清除上一个示例的数据，直接通过CPT+PMT键计算年金。正确输入后显示PMT=1.18。

（6）计算不规则现金流量模型的净现值

|示例2-21| 用金融计算器计算**|示例2-9|**中的净现值。

|解析| 计算步骤如下：

①将所有数据恢复为默认值：通过2ND++|-+ENTER键，重置数据；

②输入第0期现金净流量：先按CF键，显示CF0=0.00，再输入1+0+0++|-，并按ENTER键确认；

③输入第1期现金净流量：先按↓键，显示C01=0.00，再输入2+0++|-+ENTER，继续按↓键，显示F01=1.00，这个数字表明上一个输入值依次出现的次数（由于**|示例2-9|**中-20仅出现了1次，因此不对F01做修改）；

④依次输入第2期到第6期的现金净流量：按↓键，依次在C02、C03、C04、C05、C06的位置输入4+0+ENTER、6+0+ENTER、5+0+ENTER、8+0+ENTER、1+2+0+ENTER，并通过↓键跳过F02、F03、F04、F05、F06的输入；

⑤输入利率：先按NPV键，显示I=0.00，再输入6，并按ENTER键；

⑥计算净现值：先按↓键，显示NPV=0.00，再按CPT键，正确输入后显示NPV=151.09。

（7）计算不规则现金流量模型的内部收益率

|示例2-22| 用金融计算器计算**|示例2-10|**中的内部收益率。

|解析| 无须清除上一个示例的数据，先按IRR键，显示IRR=0.00，再按CPT键，正确输入后显示IRR=29.86。

(8) 计算有效年利率

|示例2-23| 用金融计算器计算|示例2-11|中的B金融公司贷款的有效年利率。

|解析| 计算步骤如下：

①将所有数据恢复为默认值：通过2ND++|–+ENTER键，重置数据；

②输入名义年利率：先按2ND+2键，进入ICONV功能，显示NOM=0.00，再输入1+0，并按ENTER键确认；

③输入复利次数：先按2次↓键，显示C/Y=1.00，再输入1+2，并按ENTER键确认；

④计算有效年利率：先按↑键，显示EFF=0.00，再按CPT键，正确输入后显示EFF=10.47。

(9) 计算名义年利率

|示例2-24| 用金融计算器计算|示例2-12|中的名义年利率。

|解析| 计算步骤如下：

①将所有数据恢复为默认值：通过2ND++|–+ENTER键，重置数据；

②输入有效年利率：先按2ND+2键，再按↓键，输入1+2，并按ENTER键确认；

③输入复利次数：先按↓键，输入1+2，再按ENTER键确认；

④计算名义年利率：先按2次↑键，再按CPT键，正确输入后显示NOM=11.39。

(10) 计算房贷摊销

房贷摊销的计算需要使用次功能键中的"AMORT"，具体运用我们通过示例进行演示。

|示例2-25| 张先生买了一套总价100万元的新房，首付20万元，贷款80万元，利率6%，期限20年。若以等额本息方式还款，则每月还款额是多少？张先生还款5年后，想了解该笔贷款的剩余本金金额有多少？

|解析| 计算步骤如下：

①每月还款额计算步骤见表2-7。

表2-7　　　　　　　　每月还款额计算步骤

序号	操　作	按　键	显　示
1	将所有变量设为默认值	2ND，[+|-]，ENTER	RST 0.00
2	将年付款次数设为12次	2ND，P/Y，12，ENTER	P/Y=12.00
3	返回计算器标准模式	2ND，CPT	0.00
4	输入付款期数	20，2ND，N，N	N=240.00
5	输入贷款现值	800 000，PV	PV=800 000.00
6	输入年利率	6，I/Y	I/Y=6.00
7	计算每月还款额	CPT，PMT	PMT=−5 731.45

通过计算可知，张先生的每月还款额为 5 731.45 元。

②剩余贷款本金计算步骤见表 2-8。

表 2-8　　　　　　　　　　　剩余贷款本金计算步骤

序号	操　作	按　键	显　示
1	（接上）计算每月还款额	CPT，PMT	PMT=-5 731.45
2	调用分期付款表计算	2ND，PV	P1=1.00
3	将第 1 年第 1 期设为 1	1，ENTER	P1=1.00
4	将第 5 年最后一期设为 60	↓ 60，ENTER	P2=60.00
5	屏幕显示了第 1 年分期付款工作表的数字	↓ ↓ ↓	BAL=679 196.68（贷款本金余额） PRN=-120 803.32（已付本金） INT=-223 083.68（已付利息）

通过计算可知，张先生还款第 5 年后贷款本金余额为 679 196.68 元。前 5 年已偿还本金 120 803.32 元，已付利息 223 083.68 元。

五、任务实践

课前完成分组，小组内分配实践任务，并完成以下实践任务：

情景模拟实训：根据翁先生的理财咨询开展小组讨论，利用理财计算工具进行计算，并形成结论。

Q1：翁先生计划为自己设立一个风险保障账户，从今年开始，每年年末在账户中存入 2 万元，年利率为 6%。请问在翁先生 60 岁时，这笔风险保障金有多少？

计算过程演示：＿＿＿＿＿＿＿＿＿＿＿＿＿＿＿＿＿＿＿＿＿＿＿＿＿＿

＿＿＿＿＿＿＿＿＿＿＿＿＿＿＿＿＿＿＿＿＿＿＿＿＿＿＿＿＿＿＿＿＿

＿＿＿＿＿＿＿＿＿＿＿＿＿＿＿＿＿＿＿＿＿＿＿＿＿＿＿＿＿＿＿＿＿

＿＿＿＿＿＿＿＿＿＿＿＿＿＿＿＿＿＿＿＿＿＿＿＿＿＿＿＿＿＿＿＿＿

理财建议：＿＿＿＿＿＿＿＿＿＿＿＿＿＿＿＿＿＿＿＿＿＿＿＿＿＿＿＿

＿＿＿＿＿＿＿＿＿＿＿＿＿＿＿＿＿＿＿＿＿＿＿＿＿＿＿＿＿＿＿＿＿

＿＿＿＿＿＿＿＿＿＿＿＿＿＿＿＿＿＿＿＿＿＿＿＿＿＿＿＿＿＿＿＿＿

＿＿＿＿＿＿＿＿＿＿＿＿＿＿＿＿＿＿＿＿＿＿＿＿＿＿＿＿＿＿＿＿＿

Q2：翁先生的公司需要一台设备，买价 200 万元，可用 10 年；若租用该设备，则每年年初需要支付租金 18 万元。假设其他条件一致，在 7% 的年利率下，该公司是租用还是购买该设备呢？

计算过程演示：＿＿＿＿＿＿＿＿＿＿＿＿＿＿＿＿＿＿＿＿＿＿＿＿＿＿

＿＿＿＿＿＿＿＿＿＿＿＿＿＿＿＿＿＿＿＿＿＿＿＿＿＿＿＿＿＿＿＿＿

＿＿＿＿＿＿＿＿＿＿＿＿＿＿＿＿＿＿＿＿＿＿＿＿＿＿＿＿＿＿＿＿＿

＿＿＿＿＿＿＿＿＿＿＿＿＿＿＿＿＿＿＿＿＿＿＿＿＿＿＿＿＿＿＿＿＿

理财建议：_____

_____

_____

_____

Q3：翁先生向甲银行申请了一笔抵押贷款，贷款额为 75 000 元，贷款期限为 30 年，按月还款，还款额为 500 元，该笔贷款的实际年利率是多少？

计算过程演示：_____

_____

_____

_____

_____

理财建议：_____

_____

_____

_____

Q4：翁先生 5 年前购买了一套总价 120 万元的新房，首付 40 万元，贷款 80 万元，年利率 5%，期限 20 年。若以等额本息方式还款，翁先生想知道该笔贷款的剩余本金金额是多少？若现在一次性还清剩余贷款，翁先生则需要一次性准备多少资金？

计算过程演示：_____

_____

_____

_____

_____

理财建议：_____

_____

_____

_____

Q5：翁先生欲购买了一套总价 60 万元的投资性住房，首付 20 万元，贷款 40 万元。其中，公积金贷款 10 万元，期限 10 年，年利率 4.5%；商业贷款 30 万元，期限 20 年，年利率 6%。当采用等额本息方式还款时，公积金贷款和商业贷款的每月还款额各是多少？

计算过程演示：_____

_____

_____

理财建议：＿＿＿＿＿＿＿＿＿＿＿＿＿＿＿＿＿＿＿＿＿＿＿＿＿＿＿＿

＿＿＿＿＿＿＿＿＿＿＿＿＿＿＿＿＿＿＿＿＿＿＿＿＿＿＿＿＿＿＿＿＿＿

＿＿＿＿＿＿＿＿＿＿＿＿＿＿＿＿＿＿＿＿＿＿＿＿＿＿＿＿＿＿＿＿＿＿

＿＿＿＿＿＿＿＿＿＿＿＿＿＿＿＿＿＿＿＿＿＿＿＿＿＿＿＿＿＿＿＿＿＿

六、任务完成评价

（一）自我评价

1.通过本次学习，我学到的知识点、技能点有：＿＿＿＿＿＿＿＿＿＿＿＿＿

＿＿＿＿＿＿＿＿＿＿＿＿＿＿＿＿＿＿＿＿＿＿＿＿＿＿＿＿＿＿＿＿＿＿

不理解的有：＿＿＿＿＿＿＿＿＿＿＿＿＿＿＿＿＿＿＿＿＿＿＿＿＿＿＿＿＿

＿＿＿＿＿＿＿＿＿＿＿＿＿＿＿＿＿＿＿＿＿＿＿＿＿＿＿＿＿＿＿＿＿＿

2.我认为在以下方面还需要深入学习并提升岗位能力：＿＿＿＿＿＿＿＿＿＿

＿＿＿＿＿＿＿＿＿＿＿＿＿＿＿＿＿＿＿＿＿＿＿＿＿＿＿＿＿＿＿＿＿＿

3.本次工作和学习过程中，我的表现可得到：□😎　□🙂　□🙁

（二）组员互相评价

表2-9　　　　　　　　　　任务完成评价表

项目	评价内容：请在对应的考核项目□打"√"或打"×"	学生评价等级（学生互评）		
		😎	🙂	🙁
学习态度与职业素养测评	□能够保持良好的团队沟通和合作□工作细致、态度端正			
职业技术与技能评价	得分（每空1分，满分100分）□75~100分，优秀□60~74分，合格□0~59分，不合格			
小组评语与建议		组长签名：　　　　　　　　　　　　年　　月　　日		
教师评语与建议		评价等级：教师签名：　　　　　　　　　　　　年　　月　　日		

项目三 客户开拓与客户评价

项目导读

　　2018年中国人民银行、中国银保监会、中国证监会、国家外汇管理局联合发布《关于规范金融机构资产管理业务的指导意见》(以下简称《意见》)，即"资管新规"。《意见》明确规定：金融机构发行和销售资产管理产品，应当坚持"了解产品"和"了解客户"的经营理念，向投资者销售预期风险识别能力和风险承担能力相适应的资产管理产品，对于固收类产品、权益类产品，金融机构应当通过醒目的方式向投资者充分披露和提示产品的投资风险。开拓客户是理财服务的第一步，如何有效开发客户，获取客户信任，进而了解客户需求呢？让我们一起来探讨关于客户开拓和客户评价的方法。

项目目标

思政目标：
➢在客户开拓与分级管理中，渗透诚信服务理念，培养学生坚守职业操守、严守客户信息安全的责任意识，践行社会主义核心价值观。
➢通过家庭生命周期分析与需求匹配教学，引导学生理解家庭财务规划对社会稳定的基础作用，强化服务家庭、奉献社会的家国情怀。
➢在客户风险承受能力评估教学中，融入金融安全与合规教育，培养学生审慎专业的职业态度，助力构建理性、健康的金融消费生态。

知识目标：
➢了解客户开拓的重要性。
➢了解准客户的分类。
➢掌握拜访准客户的方式。
➢了解不同的家庭生命周期。

技能目标：
➢能够使用思维导图列举出准客户名单。
➢能够用计划100名单对准客户进行分级。
➢能够提升客户分级，并为后期的成交做准备。
➢能够做一分钟的自我介绍。
➢掌握各种客户类型的开拓要点。
➢能够针对不同客户的生命周期给出相应的建议。
➢能够正确评估客户的理财偏好。
➢能够评价客户风险承受能力。

学习任务及课时分配

表3-1　　　　　　　　　　　学习任务及课时分配

活动序号	学习活动	课时安排
1	客户开拓	2课时
2	客户评价	2课时

任务一　客户开拓

一、任务导航

表3-2为客户开拓工作任务单，请查看本小组任务目标、任务知识点、任务技能点、学时时间节点和学习资源。

表3-2　　　　　　　　　　　　**客户开拓工作任务单**

任务基本描述：客户分类与开拓要点				
任务目标	任务知识点	任务技能点	学习时间节点	学习资源
客户开拓	•了解客户开拓的重要性 •了解准客户的分类 •掌握拜访准客户的方式	•能够使用思维导图列举出准客户名单 •能够用计划100名单对准客户进行分级 •能够提升客户分级，并为后期的成交做准备 •能够做一分钟的自我介绍 •掌握各种客户类型的开拓要点	•课前准备 •课堂展示	•微课资源

二、前导知识和技能测试

1.前导知识3.1
2.技能测试3.1

前导知识3.1

技能测试3.1

三、任务案例

小刘刚入职了一家财富管理公司，岗位是理财规划师，经过公司的系统培训，小刘正式踏上了理财规划师的岗位，现在他需要运用自己的专业知识进行展业，可是客户从哪里来呢？如果不能获取到客户，那么他所学的专业知识又有何用武之地呢？这让小刘犯了愁。

四、任务知识殿堂

（一）正确认识客户开拓

1.客户开拓的重要性

你也许知道理财规划师是和律师、会计师一样对专业性要求很高的岗位，但是很多人没有意识到，理财规划师也是需要寻找客户的。如果没有客户来咨询和买单，理财规划师有再高的专业水平又有何用武之地呢？这就是我们所说的客户开拓。

从这个角度来说，理财规划师这个职业也是销售岗，只不过这是对专业水平要求很高的销售岗。

既然是销售岗，那么势必就会涉及以下工作流程：客户开拓、约访、需求分析、方案制订、签单、售后。从这个角度来说，客户开拓是这个闭环中的第一个环节，由此可见客户开拓的重要性。

2.关键词的界定

为了方便后面的理解，我们还要做一些相应的名词解释。

（1）准客户

你希望他成为你的客户的，都是准客户，包括以下类别：

已经成交的老客户：你肯定希望他能再次找你咨询，并且期待下次的成交。

缘故客户：有点儿熟悉，且你认识的人，不限于你所认识的亲戚、朋友、同事。

陌生客户：参加活动认识的人、驴友、社团朋友等，都可成为你的准客户。

转介绍客户：已经在你这里成交的客户，如果对你提供的服务满意，往往会把你推荐给他的亲戚、朋友，这样的客户最珍贵，往往也是十分有效的客户。

（2）拜访准客户

互联网时代的拜访不一定非得是面对面的拜访，很多时候的拜访往往可以是不见面的，如朋友圈点赞与互动，微信文字、语音、视频等，这些都可以构成"拜访"的行为，关键是要提高自己在朋友圈的存在感，拉近和准客户之间的距离，提升可信度。

3.客户开拓的心态建设

专业型销售也是销售，被拒绝是销售工作中的一部分，因此理财规划师也会在工作过程中被客户拒绝。客户的拒绝其实是客户拒绝被推销。做营销而非推销，成交就会自然而然。

即便是再厉害的理财规划师，其成功率也只有20%左右，这意味着他们每天都会遇到大量的拒绝。

（二）各种客户类型的开拓要点

1.缘故客户

第一步：列名单。

采用思维导图的方式列出所有认识的人，直到无法列出为止，保守估计至少可以列出100个人，他们都是缘故客户。

第二步：客户分级。

参考行业内比较通用的"计划100"打分法，主要参考客户的年龄、婚姻状况、年收入、职业等因素对客户进行打分，得分越高，签单的概率就越高。按得分可以把客户分为A、B、C三类。

A类：得分在20分及以上，这是签单概率最高的准客户。

B类：得分在15~19分，稍加培养即可成为A类客户。

C类：得分在14分及以下，暂时无法成交，需要耐心培养。

思维导图法如图3-1所示和客户评分表见表3-3。

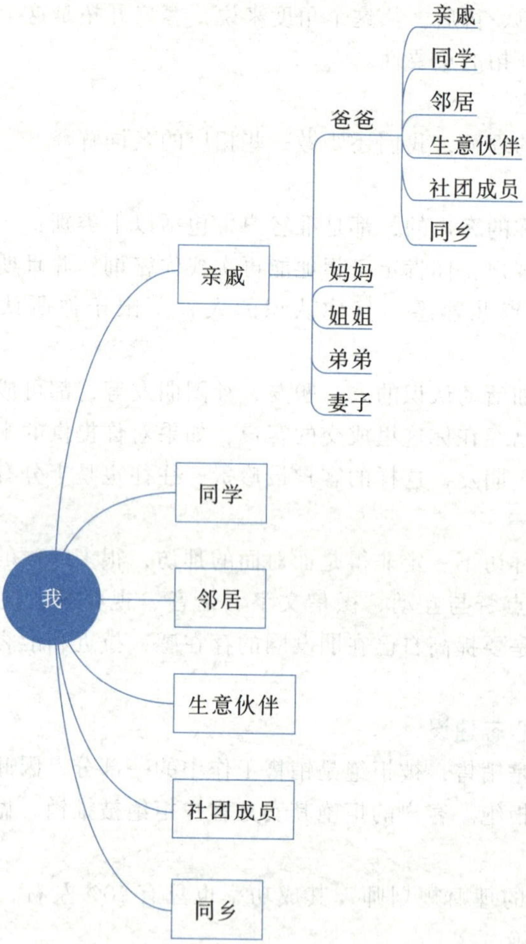

图 3-1　思维导图法

表 3-3　　　　　　　　　　　　　客户评分表

计划 100 名单			A 级：20 分及以上						
			B 级：15~19 分						
			C 级：14 分及以下						
名单来源		来源 代号							
A.亲戚关系　　　　G.消费关系 B.以前职业关系　　H.宗教关系 C.邻居关系　　　　I.社交团体关系 D.学校关系　　　　J.客户的亲友 E.兵役关系　　　　K.其他 F.嗜好关系		评分 标准	客户姓名						
年龄	25 岁及以下	1							
	26~34 岁	3							
	35~44 岁	3							
	45 岁及以上	2							

计划100名单			A级：20分及以上 B级：15~19分 C级：14分及以下								
婚姻状况	单身	1									
	已婚（无子女）	2									
	已婚（有子女）	3									
年收入	1万元以下	1									
	1万元~3万元	2									
	4万元~10万元	3									
	11万元~30万元	4									
	30万元以上	5									
职业	销售人员	3									
	一般行政人员	3									
	专业人士	3									
	作业员	3									
	负责人及管理人员	3									
	家庭主妇	2									
	军人、公务员、教师	2									
	学生	1									
	退休人员	1									
	其他	1									
认识年限	6年及以上	3									
	2~5年	2									
	1年及以下	1									
交往程度	密友	3									
	普通朋友	2									
	点头之交	1									
接近程度	相当容易	3									
	容易	2									
	困难	1									
	相当困难	0									
每年见面次数	6次及以上	3									
	3~5次	2									
	1~2次	1									
	几乎没有	0									

计划100名单							A级：20分及以上 B级：15~19分 C级：14分及以下	
推荐他人的能力	很好	3						
	好	2						
	还好	1						
	不好	0						
总分								
等级								

通常情况下，A级和B级客户的占比各有20%，而那些无法直接成交的C级客户的占比高达60%。从这个角度来说，更加验证了之前的观点：拒绝是常态。也就是说，绝大部分的准客户是无法直接在当下成交的。这是不是意味着我们的拓客业务很难开展呢？其实，换一个角度来说，如果我们能够把这剩下的60%的准客户利用好，客户开拓的渠道将更加开阔。

第三步：客户升级。

如果可以把C类客户升级为A类和B类客户，那么所有的问题就可以迎刃而解了。如何才能将C类客户升级为A类和B类客户呢？

关键是提高自己的影响力，方式不限于：

（1）增加朋友圈的曝光度、写微信公众号体现自己的专业性。

（2）建立信任：通过提供有价值的信息、建议或帮助，建立和加深与C类客户的信任关系。

（3）了解需求：深入了解C类客户的需求和痛点，这样你才可以提供更加个性化的服务或产品推荐。

（4）转介绍：鼓励A类和B类客户将你推荐给C类客户，利用口碑效应提升信任度。

2.陌生客户

第一步，你需要询问对方的身份、工作以及为何会在这个地方出现，这样的善意对话才会得到对方积极的回应。

对陌生客户而言，见面的第一印象其实是非常重要的，而如何将自己所从事的职业传达给对方呢？这个时候一个简短有力的自我介绍是第二步。

为什么需要简短的介绍呢？设想一下，你在电梯里见到了你朋友的朋友，你们要去不同的楼层，你正要激情澎湃地做自我介绍时，你的这位朋友要去的楼层到了，这是多么尴尬的一件事情。

这个时候你要做一分钟甚至半分钟的自我介绍，以方便对方能够在最短的时间了解你是做什么的。需要注意的是，对于自己的职业不能有过于夸张的渲染，而是简单地告诉对方你在做什么即可，关键是要引发对方的关注和好奇心。

如果对方对你的职业感兴趣，他会有进一步的询问，如果他不感兴趣，也没有必要一直滔滔不绝地讲，因为这不仅容易惹人嫌，而且是在浪费自己的宝贵时间。

最后一个步骤，你可以微笑着和对方说："我猜，可能改天有为您服务的机会，加个微信吧！"

需要注意的是，陌生客户的开发是最为困难的，成功率最低，不要指望能有几个陌生客户会和自己成交，因此也没有必要太过于刻意和努力地开发陌生客户。只有摆正好心态，后面的动作才不会变形。我们只管养成一个习惯，那就是不放过任何一个可能的机会。该认识人就去认识人，该做自我介绍就去做自我介绍，该加微信就去加微信，不要有得失心和功利心。

为了扩大陌生客户的范围，我们需要定期认识新的朋友。比如，同一个公司的同事、便利店的老板、一起等车的有缘人、顺风车师傅、帮你忙的快递小哥。平均每个礼拜认识1个陌生客户，1个月就可以认识4个陌生客户，这是基本目标，也是最低目标。刚开始你会觉得不容易，但是不要忘了，人脉是会裂变的，1人认识2人，2人认识4人，4人认识8人。

所以，在刚起步的时候，增加陌生客户不是一件很容易的事情，但是只要你做到有效的社交活动，慢慢地2人变4人，4人变8人，越到后面就会越轻松。

3.转介绍客户

理财规划师希望客户为其介绍什么样的人认识呢？是购买过投资理财产品的，还是没有购买过投资理财产品的呢？很多理财规划师希望客户介绍没有购买过投资理财产品的人给自己认识，但实际上要让一个没有任何投资理财观念的人接受投资理财产品，是非常困难的。毕竟改变一个人的观念是很难的，与其如此，不如直接让客户介绍有投资理财意识的人给自己认识，这样效率会高很多。

你可能会有这样的疑问，如果这位转介绍客户之前购买过投资理财产品，再介绍过来还有什么意义呢？别担心，因为还有以下两种可能：

一是转介绍客户之前购买的是保障型产品，你可以向他销售理财型产品。

二是虽然转介绍客户已购买了投资理财产品，但并不意味着你完全没有机会了。因为客户还可以再次购买，就像很多家庭不只有一部汽车一样，本质上都是一个道理。

如果转介绍客户要和你见面，尽量不要自己单独和对方见面，最好是在老客户的陪同下见面。因为这样你在对方心目中的可信度才会更高。如果对方不能线下见面，最好的方法是建立一个微信群，让三方都在这个群里。

思政园地

日拱一卒无有尽，功不唐捐终入海——保险天后和她的3W计划

陈玉婷是保德信人寿的首席寿险顾问，被称为"保险天后"，1968年陈玉婷出生于中国台湾一户普通农民家庭。1992年她加入了保险行业，开启了自己的保险销售传奇之路。

"3W"，即"每周成交3份以上保单、一周服务3个家庭"。运用这种每周成交3份以上保单的工作模式，由小习惯积累大成就，由最基本的3份保单开拓了更多的客户，这就是"3W=成功"的由来。这意味着她给自己设定了每周至少完成3份保单的目标，并连续坚持地达成。

这个计划看似简单，但长期保持下来则需要极高的毅力、专业能力和强大的客户资源积累。陈玉婷不但达到了每周成交3份以上保单的目标，截至2024年7月她已连续坚持了1 400余周，该纪录被载入吉尼斯世界纪录。她的专业能力和敬业精神赢得了众多客户的信任和认可，客户有时候甚至会主动给她打电话，询问她本周"3W"计划的完成情况，如果没有完成会把自己的朋友介绍给她。

从陈玉婷的故事来看，她的"3W"计划其实也体现了"日拱一卒"的精神。每周成交3份以上保单，看似并不起眼的小目标，但持续不断地坚持，最终成就了非凡的业绩。

对于任何行业，"日拱一卒"的力量都不可小觑。它提醒我们不要轻视每天的微小进步，因为这些进步积累起来，就会产生巨大的变化。

当你决定做一件事情时，不要被目标和困难吓倒，而是把它分解成一个个小的步骤，每天去完成一点。就像下一盘棋，每一步看似微不足道，但决定着最终的胜负。

资料来源：陈玉婷. 挑战3W［M］. 长春：长春出版社，2019：8.

五、任务实践

课前完成分组，小组内分配实践任务，并完成以下实践任务：

作为一名新入职的理财经理，请你用思维导图法梳理一下自己的潜在客户，并用客户评分表（见表3-4）进行客户分级。

表3-4　　　　　客户评分表

计划100名单			A级：20分及以上 B级：15~19分 C级：14分及以下								
名单来源		来源代号	客户姓名								
A.亲戚关系　G.消费关系 B.以前职业关系　H.宗教关系 C.邻居关系　I.社交团体关系 D.学校关系　J.客户的亲友 E.兵役关系　K.其他 F.嗜好关系		评分标准									
年龄	25岁及以下	1									
	26~34岁	3									
	35~44岁	3									
	45岁及以上	2									

续表

计划100名单			A级：20分及以上 B级：15~19分 C级：14分及以下									
婚姻状况	单身	1										
	已婚（无子女）	2										
	已婚（有子女）	3										
年收入	1万元以下	1										
	1万元~3万元	2										
	4万元~10万元	3										
	11万元~30万元	4										
	30万元以上	5										
职业	销售人员	3										
	一般行政人员	3										
	专业人士	3										
	作业员	3										
	负责人及管理人员	3										
	家庭主妇	2										
	军人、公务员、教师	2										
	学生	1										
	退休人员	1										
	其他	1										
认识年限	6年及以上	3										
	2~5年	2										
	1年及以下	1										
交往程度	密友	3										
	普通朋友	2										
	点头之交	1										
接近程度	相当容易	3										
	容易	2										
	困难	1										
	相当困难	0										

续表

计划100名单			A级：20分及以上 B级：15~19分 C级：14分及以下						
每年见面次数	6次及以上	3							
	3~5次	2							
	1~2次	1							
	几乎没有	0							
推荐他人的能力	很好	3							
	好	2							
	还好	1							
	不好	0							
总分									
等级									

六、任务完成评价

（一）自我评价

1.通过本次学习，我学到的知识点、技能点有：＿＿＿＿＿＿＿＿＿＿＿＿

＿＿＿＿＿＿＿＿＿＿＿＿＿＿＿＿＿＿＿＿＿＿＿＿＿＿＿＿＿＿＿＿＿

不理解的有：＿＿＿＿＿＿＿＿＿＿＿＿＿＿＿＿＿＿＿＿＿＿＿＿＿＿

＿＿＿＿＿＿＿＿＿＿＿＿＿＿＿＿＿＿＿＿＿＿＿＿＿＿＿＿＿＿＿＿＿

2.我认为在以下方面还需要深入学习并提升岗位能力：＿＿＿＿＿＿＿＿

＿＿＿＿＿＿＿＿＿＿＿＿＿＿＿＿＿＿＿＿＿＿＿＿＿＿＿＿＿＿＿＿＿

3.本次工作和学习过程中，我的表现可得到：□😎　□😊　□☹️

（二）组员互相评价

表3-5　　　　　　　　　　　　任务完成评价表

项目	评价内容：请在对应的考核项目 □打"√"或打"×"	学生评价等级（学生互评）		
		😎	😊	☹️
学习态度与职业素养测评	□能够保持良好的团队沟通和合作 □工作细致、态度端正			
职业技术与技能评价	得分（每空1分，满分100分） □75~100分，优秀 □60~74分，合格 □0~59分，不合格			

续表

项目	评价内容：请在对应的考核项目 □打"√"或打"×"	学生评价等级（学生互评）		
		666	😊	😞
小组评语与建议		组长签名：　　　年　月　日		
教师评语与建议		评价等级： 教师签名：　　　年　月　日		

任务二　客户评价

一、任务导航

表3-6为客户评价工作任务单，请查看本小组任务目标、任务知识点、任务技能点、学时时间节点和学习资源。

表3-6　　　　　　　　　　客户评价工作任务单

任务基本描述：客户风险属性分析、生命周期分析和理财偏好分析

任务目标	任务知识点	任务技能点	学习时间节点	学习资源
正确评价客户	•了解不同客户的家庭生命周期	•能够针对不同客户的家庭生命周期给出相应的建议 •能够正确评估客户的理财偏好 •能够评价客户的风险承受能力	•课中小组合作 •课堂展示	•微课资源

二、前导知识和技能测试

1.前导知识3.2
2.技能测试3.2

前导知识3.2

三、任务案例

小刘通过前面的学习获取到了第一位客户，并与客户约好了面谈的时间。小刘是不是可以直接把产品推销给客户呢？如果不是，又应该怎么做呢？

技能测试3.2

四、任务知识殿堂

（一）家庭生命周期评价

理财规划通常以家庭中的一位成员为核心，将服务周期定义为从家庭寻求理

财咨询起，直至家庭消亡为止。在现代社会，家庭观念的多样化正推动家庭结构的多样化发展。本书以典型的家庭结构为例，详细阐述了家庭生命周期评估的理念。

从理财的角度审视家庭生命周期，我们可以将其定义为一个家庭从成立到解体的完整历程，即从夫妻双方组建家庭的那一刻起，直至家庭中的最后一位成员离世。在进行家庭理财规划时，为了方便聚焦规划的重点，通常会根据家庭成员结构的演变和生活中的重要事件，将整个家庭生命周期分为四个阶段：家庭形成期（筑巢期）、家庭成长期（满巢期）、家庭成熟期（离巢期）和家庭衰老期（空巢期）。这样的划分有助于我们更精准地定位家庭在不同阶段的财务需求和规划重点。

1.家庭形成期

家庭形成期通常是从夫妻双方结婚组建家庭开始，直至子女的出生，这一时期夫妻双方的年龄在25岁至35岁之间。在居住安排上，主要存在两种情形：一种是与父母同住，形成三代同堂的家庭结构，家庭的中心还是以父母为主，父母承担着家庭的主要费用支出；另一种是夫妻独立生活，通过租赁或购买房产来建立自己的核心家庭，在经济上完全自立。

2.家庭成长期

家庭成长期通常从子女的出生开始，直至子女完成学业并能够独立生活，这一时期夫妻双方的年龄在30岁至55岁之间，家庭结构在没有父母因素的影响下趋于稳定。随着时间的推移，夫妻双方可能会面临父母一方或双方的离世，居住安排通常涉及租房或购房，此时夫妻双方在经济上实现了完全自立，并成为家庭经济的支柱。

在收入方面，随着职位晋升和专业技能的提升，夫妻双方的工作收入会有显著增长，同时，通过投资积累的资产也可带来了逐年增加的理财收益。在支出方面，除了固定的家庭日常开销外，主要的额外费用集中在子女教育、购房和购车上。随着父母年龄增长和抚养子女成本的上升，家庭对保险的需求达到高峰，家庭面临的风险相应增加。

在家庭成长期，财务规划需要相应地调整，以适应家庭需求。与家庭形成期相比，家庭成长期的投资策略需要更加注重风险控制和资产的稳健增长。随着孩子健康风险的降低，家庭对流动性资产的依赖减少，可以相应减少现金储备。

教育基金成为规划的重点，夫妻双方需要提前为子女的高等教育等非义务教育阶段做好资金准备。同时，考虑到家庭成员年龄增长可能带来的医疗需求，适当提高寿险保额，为潜在的健康开支提供保障。

在信托规划上，建议优先考虑为子女教育设立信托，确保教育资金的安全性和投资回报。在信贷管理上，建议根据家庭的财务状况和需求，合理规划房屋和汽车等的大额贷款，以实现家庭资产的最优配置。

总体而言，家庭成长期的财务规划应以稳健为主，通过合理配置资产、加强风险保障、优化信贷结构，来确保家庭经济的持续稳定和子女教育目标的实现。

3.家庭成熟期

家庭成熟期通常是指从子女开始独立生活到夫妻双方退休的这段时间，夫妻双方的年龄在50岁至60岁之间。随着子女的离家和家庭成员的减少，居住安排可能是独立居住或与年迈的父母同住。在经济上，家庭已完全独立，且收入通常达到人生中的最高水平。

从理财的视角来看，家庭成熟期被视为黄金期，个人的职业收入达到顶峰，加上前期的投资积累，资产产生的收益在总收入中占据较大比例。由于子女已经独立，家庭的日常支出明显减少，储蓄能力增强，家庭负担减轻，风险也随之降低。理财的重点由子女教育转向养老储备。

在资产配置上，由于退休的临近，追求高收益不再是主要目标，而是更注重资产在保值基础上的适度增值。因此，投资组合中的股票和债券等理财产品需要进行均衡配置。在保障方面，应着重准备养老金，可以考虑年金产品或退休信托等。在信贷管理上，目标是在退休前清偿所有贷款，确保退休后的财务自由和生活无忧。

总体而言，家庭成熟期的财务规划应注重资产的稳健增长和养老准备，同时确保在退休时能够享受无债务的自由生活。

4.家庭衰老期

家庭衰老期通常是指从夫妻双方退休开始直至离世的阶段，夫妻双方的年龄一般在60岁以上。在这个阶段，家庭成员可能仅限于夫妻二人，或者与年迈的父母同住。但随着时间的推移，父母会相继离世，夫妻可能独自生活或与成年的子女同住。经济来源主要依赖于退休前的储蓄积累或子女提供的赡养费。

由于家庭成员退休，工作收入终止，此时家庭收入主要来源于理财收益、转移性收入或资产变现。在早期，由于家庭成员的健康状况相对良好且有较多的闲暇时间，可能会有较高的休闲消费；而在后期，随着家庭成员的健康状况下滑，医疗费用将成为主要支出。在这一时期，支出往往超过收入，储蓄可能逐渐减少，家庭可能需要依赖资产变现来维持日常生活。家庭财务规划的重点转向资产的保值，以确保老年生活的财务安全。同时，考虑到老年人更高的疾病风险，对流动性资产的需求也随之增加。因此，在资产配置上应优先考虑债券类产品，并增加货币市场资产的比重，而股票类产品则作为次要考虑。在保障方面，应重点关注疾病后的护理费用，并提前规划遗产信托等事宜。

值得注意的是，家庭理财的重点并非一成不变，而是受到多种因素的影响，包括家庭成员的寿命预期、家庭结构、婚姻状况、生育选择等。此外，随着社会观念的多样化，传统的家庭生命周期的划分可能不再适用于所有家庭，如晚婚、不婚或无子女的家庭。尽管如此，以上四个阶段的划分对于理解不同家庭的理财需求具有一定的参考意义。

（二）评价客户理财偏好

理财价值观体现了个人或家庭在理财过程中对于各种理财目标的优先级排序。这种价值观的形成，基于对资源有限性的认识：尽管人们的愿望和目标可能是无限的，但可用的资源是有限的。因此，在配置资产时，理财规划师应根据客户对不同目标的重视程度来决定资产的分配顺序，优先满足客户认为最重要的目标。

理财价值观的确立，允许客户根据自己的生活情况、价值取向和长期规划来确定哪些目标更为关键。例如，有的客户可能将实现个人爱好或当前的生活享受放在首位，而有的客户可能更倾向于为退休生活或子女教育储备资金。

理财价值观的多样性意味着没有统一的标准来衡量哪些目标更重要。它反映了个人的生活习惯、风险偏好和对未来的预期。例如，有的客户可能认为旅行和体验生活是最重要的，因此他们会优先配置资金以支持这些活动；有的客户可能将财务安全和稳定放在首位，他们会更倾向于投资低风险的理财产品，以确保未来的资产安全；还有的客户可能将子女教育或家庭遗产传承作为理财的重点，他们会在这些领域进行更多的投资。

理财规划师在帮助客户进行资产配置时，需要深入了解客户的理财价值观，以便制订符合客户期望的个性化理财计划。理财计划不仅是一串数字和各类资产的简单组合，还是一个综合考虑个人价值观和生活目标的过程。

1. 先苦后甜型

这类客户将退休目标视为所有理财目标中的重中之重，在家庭财务管理上表现出高度的纪律性和前瞻性。在支出方面，这类客户通常会将支出限制在必要的义务性支出上，如住房贷款、基本生活费用、保险费等，并尽量减少或避免非必要的选择性支出，如奢侈品消费或过度的娱乐开销。

在收入方面，这类客户会将扣除义务性支出后的大部分收入用于投资，为实现退休目标积极储备资金。这类客户相信通过在工作期间的勤奋工作和精明投资，可以实现财富的快速积累。这类客户会通过牺牲当前的某些生活享受，来确保退休后的财务自由和生活品质。

这类客户的理财策略具有以下特点：

（1）高储蓄率：通常保持较高的储蓄率，将大部分可支配收入转化为储蓄或投资。

（2）长期投资：偏好长期和稳健的投资策略，以期在低风险下实现资产的稳步增长。

（3）风险管理：投资时注重风险控制，避免因高风险投资导致资产损失，影响退休计划。

（4）财务自由：追求早日达到财务自由，减少对工作的依赖，享受更自主的生活选择。

（5）生活品质规划：当前的生活较为简朴，但为退休后规划了高品质的生活，包括旅游、休闲活动、健康管理等。

（6）紧急基金：即使在高储蓄和投资的情况下也会设立紧急基金，以应对可能的意外支出或经济波动。

（7）退休规划：制订详细的退休规划，包括退休后的生活方式、预期的年度开支等。

这类客户的理财价值观强调未来规划和财务安全，通过当前的财务自律来实现长远的生活目标和梦想。

2.先甜后苦型

这类客户倾向于活在当下，其理财价值观强调即时满足和享受生活。这类客户往往将收入主要用于满足即时的消费需求，而不是长期的财务规划。

这类客户的理财策略具有以下特点：

（1）即时消费：倾向于将收入用于当前的享受，如旅游、美食和娱乐等。

（2）低储蓄率：重视当前消费，储蓄率较低，可能没有为未来留下足够的储备资金。

（3）缺乏长期规划：可能没有明确的退休规划或长期财务目标，对未来的财务安全缺乏考虑。

（4）依赖即时收入：可能依赖工资或其他即时收入来维持生活，而不是依赖储蓄或投资收益。

（5）风险承受能力：由于没有储蓄的缓冲，在面临经济波动或突发事件时可能较为脆弱。

（6）退休挑战：由于缺乏储蓄和投资，在退休后可能面临财务压力，需要降低生活水平或依赖社会援助。随着年龄的增长，这类客户会意识到缺乏长期规划的后果，但此时可能为时已晚。

（7）社会救济依赖：在退休后，如果储蓄不足以维持生活，他们可能需要依赖政府或社会的救济。

为了应对这种理财价值观可能带来的风险，建议这类客户重新评估自身的财务目标和消费习惯，逐步建立起储蓄和投资的习惯，以确保退休后的生活质量和财务安全。同时，这类客户可以寻求专业的理财顾问帮助，制订一个可行的长期财务规划，包括紧急基金、退休基金和投资策略等。通过这些措施，他们可以更好地平衡当前的生活享受与未来的财务安全。

3.购房偏好型

这类客户的需求和理财行为特点可以概括为：

（1）重视稳定性：非常看重拥有自己的居所，认为拥有稳定的居住环境是生活的基础。

（2）早期购房倾向：倾向于尽早购房，认为晚买不如早买，希望通过购房摆脱租房的生活状态。

（3）居住目标优先：将购房作为首要目标，愿意为此作出牺牲，包括减少其他消费和承担长期的财务负担。

（4）消费模式改变：购房前，居住支出可能属于选择性支出，但购房后，房贷成为必须承担的义务性支出。

（5）生活水平影响：如果房贷支出占收入的比例过高，可能会降低当前的生活水平，并可能挤占其他财务目标，如退休储蓄。

（6）退休规划挑战：购房带来的长期财务负担可能影响退休储蓄，使得退休后的生活质量面临挑战。

（7）房价成长性考量：如果房产具有投资价值，房价的上涨可能为退休目标提供额外的实现途径，如通过出售房产来筹集退休资金。

（8）风险与机遇并存：虽然购房可以带来居住的稳定性和可能的资产增值，但也伴随着市场风险和财务压力。

4.偏子女型

这类客户的理财价值观和行为特点主要包括：

（1）重视子女教育：将子女的教育视为最重要的投资，认为教育是子女未来成功的关键。

（2）教育支出增加：尽管计划生育政策限制了家庭的孩子数量，但单个子女的教育支出大幅增加。

（3）全面财务支持：除了教育费用，还可能为子女的婚礼、生育和创业等提供财务支持。

（4）遗产规划：通常不期望子女在退休后提供赡养，而是将积蓄作为遗产留给子女。

（5）子女成功导向：将子女的成功和幸福视为自己最大的成就，愿意为此投入大量资源。

（6）高比例教育投资：倾向于将较大比例的收入用于子女教育经费，包括高等教育金和未来可能的资金需求。

（7）资源分配不平衡：在资源有限的情况下，可能会过度关注于子女，忽视自己退休资金的积累。

（8）储蓄动机：主要的储蓄动机是为子女准备高等教育金、婚礼金、生育金和创业金等。

（9）退休规划风险：由于将过多的资源投入于子女，可能会影响自己的退休储蓄，增加了退休后的财务风险。

（三）评价客户风险承受能力

在进行理财规划时，不可避免地会遇到各类风险。为了确保投资组合的适宜性，至关重要的一点是对客户的风险偏好进行细致评估，以便将投资组合的风险水平限定在客户既能够承受也愿意接受的范围内。这是衡量投资组合是否符合客户需求的关键指标。

在制订保险计划时，同样需要依据风险评估的结果来为客户量身打造。这包括确定客户愿意自行承担的风险比例、所需的保险金额度，以及客户支付保费的实际能力。通过这种定制化的方法，可以确保保险计划既能满足客户的保障需求，又不会超出其财务承受范围。

1.风险承受能力指标

在理财规划中，风险承受能力是一个关键指标，它会受到多种因素的影响：

（1）年龄：风险承受能力与年龄通常成反比。随着年龄的增长，个人的风险承受能力往往会降低。因为随着时间的推移，实现理财目标的时间窗口逐渐缩短，投资期限减少，所以客户对风险的承受能力相应降低。

（2）就业状况：拥有稳定的就业意味着有持续的收入流，这可以增强个人的风险承受能力。就业稳定性直接关联到风险承受能力的高低。

（3）家庭负担：家庭负担的增加，尤其是刚性支出的增多，如果收入来源较为单一，可能会削弱个人的风险承受能力。

（4）房产状况：房产不仅是财富的象征，还意味着居住成本的稳定性。拥有房产的人通常比租房者有更高的风险承受能力；拥有多套房产的人相对于只有一套房产的人，以及没有房贷负担的人相比有房贷者，通常展现出更强的风险承受能力。

（5）投资经验与知识：具备丰富的投资经验和专业知识的人，在面对市场波动时，能更有效地运用投资技巧来应对风险，因此其风险承受能力相对较强。

理解这些因素如何影响风险承受能力，对于制定合适的理财策略至关重要，可以帮助客户在追求收益的同时，合理控制风险。

2.风险承受能力评分

风险承受能力评分表，见表3-7。

表3-7 风险承受能力评分表

分值	10分	8分	6分	4分	2分	客户得分
年龄	总分50分，25岁以下者50分，每增加1岁分数减少1分，75岁以上者0分					
就业状况	公教人员	上班族	佣金收入者	自营事业者	失业	
家庭负担	未婚	双薪无子女	双薪有子女	单薪有子女	单薪养三代	
房产状况	投资不动产	自宅无房贷	房贷<50%	房贷>50%	无自宅	
投资经验	10年以上	6～10年	2～5年	1年以内	无	
投资知识	有专业证照	财经类专业	自修有心得	懂一些	一片空白	
总分						

从表3-7中可以看出，年龄是评估风险承受能力的最关键因素，因此在总分100分的评估体系中年龄占据了相当大的比重。具体来说：年龄分值设定为50分，25岁以下者可以获得满分，随着年龄的增长，每增加1岁分数减少1分，直到75岁以上时分数降至0。

其他影响因素共同占据剩余的50分，包括就业状况、家庭负担、房产状况、投资经验和投资知识。

综合这些因素，将总分划分为五个风险承受能力等级，每个等级对应不同的得分范围：

（1）10分以下为最低风险承受能力等级。

（2）10~19分为低风险承受能力等级。

（3）20~39分为中低风险承受能力等级。

（4）40~59分为中等风险承受能力等级。

（5）60~79分为中高风险承受能力等级。

（6）80分以上为最高风险承受能力等级。

以张先生的情况为例，他30岁、单身、无自用住宅，属于工薪阶层，拥有5年的投资经验，并具备一定的投资知识。根据这个评估体系，张先生的风险承受能力评分可以这样计算：

年龄得分（45分）+就业状况得分（8分）+家庭负担得分（10分）+置产状况得分（2分）+投资经验得分（6分）+投资知识得分（4分），总计75分。

根据这个得分，张先生的风险承受能力属于中高风险承受能力等级，这意味着他可以承受一定程度的市场波动和投资风险。这种评估方法有助于理财顾问为客户制定合适的投资策略，确保投资决策与客户的风险偏好相符。

理财故事

人生草帽图

幸福的人生是有准备的人生，从我们出生的那一刻开始，就有另一条线始终伴随着我们，这就是我们的支出线，因为我们的一生需要消费。但是，我们赚钱的时间非常有限，就是在25岁到60岁之间，这就是我们的收入线，在这个阶段，我们需要准备一生所要花的钱，包括生活费用、买房和买车的费用、生育和抚养孩子的费用、孩子长大后创业和成家的费用，以及自己养老的费用、应急所需的费用（如图3-2所示）。

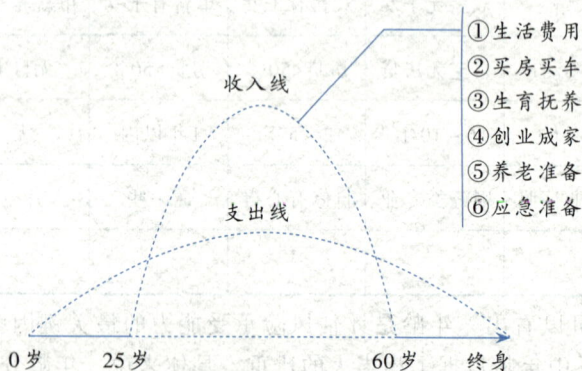

图3-2 人生草帽图

可是你有没有想过，在我们什么情况下会中断收入呢？大概就是生病或意外的情况下，因为此时我们的收入无法得到保障，而我们的支出不但不会减少，反而还会越来越多，所以人生是需要提前进行规划的。如果重疾和意外是以防万一，那么养老就是必然会面对的风险。如果每人每天支出需要30元，只算20年，夫妻两人就需要准备43.8万元，这还不包括养生、旅游等其他日常开支。

我们是否已经做好了充足的准备？我们要在有限的攒钱时间内准备好未来的各种花费，并不是一件容易的事，所以我们需要制定明确的目标，采取科学的方式，借助各种工具才能实现，而且越早准备越轻松，越早准备越有把握达成目标。养老年金是人生规划中不缺少的一环，它可以保障幸福生活不被轻易改变，也可以保障爱与责任的延续。幸福的人生是需要有准备的人生。

资料来源：佚名．人生草帽图，除了画图还教会了我们什么道理［EB/OL］．［2021-08-15］．https：//baijiahao.baidu.com/s?id=170816719242．

五、任务实践

课前完成分组，小组内分配实践任务，并完成以下实践任务：

王女士，年龄40岁，佣金收入者，双薪有子女，有10年以上的投资经验，无房贷，财经系毕业。

请你评估一下她的风险承受能力等级，并给出相应的投资建议。风险承受能力评分表见表3-8。

表3-8　　　　　　　　　　　　　风险承受能力评分表

分值	10分	8分	6分	4分	2分	客户得分
年龄	总分50分，25岁以下者50分，每增加1岁分数减少1分，75岁以上者0分					
就业状况	公教人员	上班族	佣金收入者	自营事业者	失业	
家庭负担	未婚	双薪无子女	双薪有子女	单薪有子女	单薪养三代	
房产状况	投资不动产	自宅无房贷	房贷<50%	房贷>50%	无自宅	
投资经验	10年以上	6～10年	2～5年	1年以内	无	
投资知识	有专业证照	财经类专业	自修有心得	懂一些	一片空白	
总分						

六、任务完成评价

（一）自我评价

1.通过本次学习，我学到的知识点、技能点有：_____

_____

不理解的有：_____

_____

2.我认为在以下方面还需要深入学习并提升岗位能力：_____

_____

3.本次工作和学习过程中，我的表现可得到：□ 😀　□ 😊　□ 😟

（二）组员互相评价

表 3-9   **任务完成评价表**

项目	评价内容：请在对应的考核项目 □打"√"或打"×"	学生评价等级（学生互评）		
		😆	🙂	🙁
学习态度与职业素养测评	□能够保持良好的团队沟通和合作 □工作细致、态度端正			
职业技术与技能评价	得分（每空1分，满分87分） □60~87分，优秀 □35~59分，合格 □0~34分，不合格			
小组评语与建议		组长签名： 年 月 日		
教师评语与建议		评价等级： 教师签名： 年 月 日		

项目四 家庭财务分析与财务诊断

项目导读

　　身体健康靠定期体检，家庭的财富健康同样需要体检，您为家庭财务做过体检吗？您知道家庭有多少资产和负债，以及每年您的家庭挣了多少钱吗？本次项目将带领大家成为家庭的财务总监。

　　作为专业的理财规划师，其实也是家庭的财务医生，我们的理财规划方案往往从客户的财务分析开始，家庭财务报表是理财规划师了解和分析客户财务现况的必备工具。根据家庭财务报表，理财规划师可以对家庭财务指标进行分析，快速诊断出客户的家庭财务问题，从而提供个性化的理财服务方案。

项目目标

思政目标：
➢在家庭财务信息梳理与报表编制中，培养学生严谨务实的科学态度和数据诚信意识，践行客观公正的职业准则。
➢通过家庭财务诊断与比率分析教学，引导学生理解家庭经济健康对社会稳定的基础作用，强化家国情怀与责任担当。
➢在财务风险评估与规划中，融入金融安全与合规教育，培养学生审慎理性的财务思维，筑牢防范金融风险的思想防线。

知识目标：
➢掌握流量与存量的概念，能区分资产负债表和收支储蓄表。
➢掌握权责发生制和收付实现制的区别。
➢掌握家庭资产成本价与市场价的区别。

技能目标：
➢准确编制家庭资产负债表。
➢准确编制家庭收支储蓄表。
➢能够为客户开展家庭财务诊断与分析。

学习任务及课时分配

表4-1　　　　　　　　　　　　　　学习任务及课时分配

活动序号	学习活动	课时安排
1	家庭财务信息的梳理	2课时
2	家庭财务报表的编制	2课时
3	家庭财务比率分析与诊断	2课时

任务一　家庭财务信息的梳理

一、任务导航

表4-2为客户家庭财务信息梳理工作任务单，请查看本小组任务目标、任务知识点、任务技能点、学时时间节点和学习资源。

表4-2　　　　　　　　　　客户家庭财务信息梳理工作任务单

任务基本描述：梳理客户家庭财务信息，将财务信息进行分类整理				
任务目标	任务知识点	任务技能点	学习时间节点	学习资源
获取客户的财务信息	•理解家庭财务信息和非财务信息	•区分家庭财务信息和非财务信息	•课前准备 •课堂展示	•微课资源
梳理客户的财务信息	•掌握流量和存量的概念 •掌握权责发生制和收付实现制的概念 •掌握成本价和市场价的概念	•能够区分流量和存量 •能够区分权责发生制和收付实现制 •能够区分成本价和市场价	•课前准备 •课堂展示	•微课资源 •百度搜索

二、前导知识和技能测试

1.前导知识4.1
2.技能测试4.1

前导知识4.1

技能测试4.1

三、任务案例

经过与客户的多次电话沟通及首次面谈，理财经理金经理取得客户刘先生的信任。2023年12月31日，在第二次面谈中刘先生提供了详细的家庭财务信息资料，包括家庭结构、金融资产、房产、保险、家庭现金流等财务信息。金经理对刘先生2023年度家庭财务状况进行了记录，具体情况如下：

刘先生和夫人彭女士结婚20年，他们的儿子刘晓18岁，正在上大学一年级。

刘先生的家庭金融资产状况如下：

（1）存款：现金1万元、活期存款2万元、外币存款1万美元。

（2）股票：持有A股票10手（成本价6元/股，市价3.8元/股）、B股票20手（成本价4元/股，市价2.5元/股）、C股票10手（成本价12元/股，市价10元/股）。

（3）基金：持有基金10 000份（成本价2元/份，市价1.9元/份）。

（4）社保个人账户余额：刘先生和彭女士的社保个人账户余额共计25万元。

（5）房产：自住一套，成本价120万元，当前价值140万元，房贷余额30万元；投资性房产一套，成本价100万元，当前价值130万元，房贷余额40万元。

（6）保险：保额为50万元的定期寿险（缴费期20年，已缴5年，现金价值为0）；保额为10万元的终身寿险（缴费期20年，已缴5年，累积现金价值1万元）；保额为20万元的年金保险（缴费期20年，已缴5年，累积现金价值5万元）；保额为10万元的投资连结保险（趸缴保费10万元，投资账户价值12万元）。

（7）其他资产：刘先生年底借给亲友3万元；刘先生信用卡负债1万元；汽车一辆购买于3年前，成本价15万元，折旧50%。

（8）家庭收入：刘先生和彭女士全年税后工资共计16.5万元；两人全年个人账户缴存额共计5.4万元。利息收入合计0.1万元。全年转让多项投资性资产合计2.5万元，实现资本利得总计1万元，资本损失总计2万元。此外，刘先生获得税后稿费0.5万元。

（9）家庭支出：家庭每年生活费支出6万元；赡养父母每年1.2万元；儿子的大学学费每年1.5万元；两处房贷本金和利息各2万元。另外，在保费方面，保障型保费1.3万元、储蓄型保费1万元；在投资方面，从当期储蓄中安排1.2万元基金定投，用于其他长期目标。

金经理将根据客户提供的家庭财务信息编制家庭财务报表，以便为客户提供个性化理财服务。

任务要求：请对刘先生的家庭财务信息进行梳理。

四、任务知识殿堂

（一）家庭财务分析的意义

作为理财规划师，主要的工作是为客户制订综合、客观、正确的理财规划。在制订理财规划之前，理财经理首先需要对客户家庭当前财务状况进行相应的了解。在确定家庭的理财目标后，应该先分析客户家庭财务结构。一方面，理财规划师应根据客户已有的资产状况，了解其配置情况，以便实施资产增长计划；另一方面，理财规划师需要了解家庭的负债状况，以便实施减债计划，降低财务负担，双管齐下为客户未来理财目标的达成奠定基础。而如何对客户的财务状况进行深入的了解和分析，家庭财务报表则是理财规划师了解、分析客户财务现况的必备工具，家庭财务分析在整个理财规划中具有重要的意义。

（二）家庭财务分析的基本原则

会计是以货币为主要计量单位，反映和监督一个单位经济活动的一种经济管理工作。作为家庭，也需要对家庭经济活动进行管理，即家庭财务分析。本任务中讲述的家庭会计与企业财务会计在内容上十分相近，家庭会计中利用和采纳了企业会计中成熟的方法和技术，以对家庭财务进行计划和管理，家庭财务分析则借鉴了企业会计和财务管理中常见的一些基本原则和概念。家庭财务分析示意图如图4-1所示。

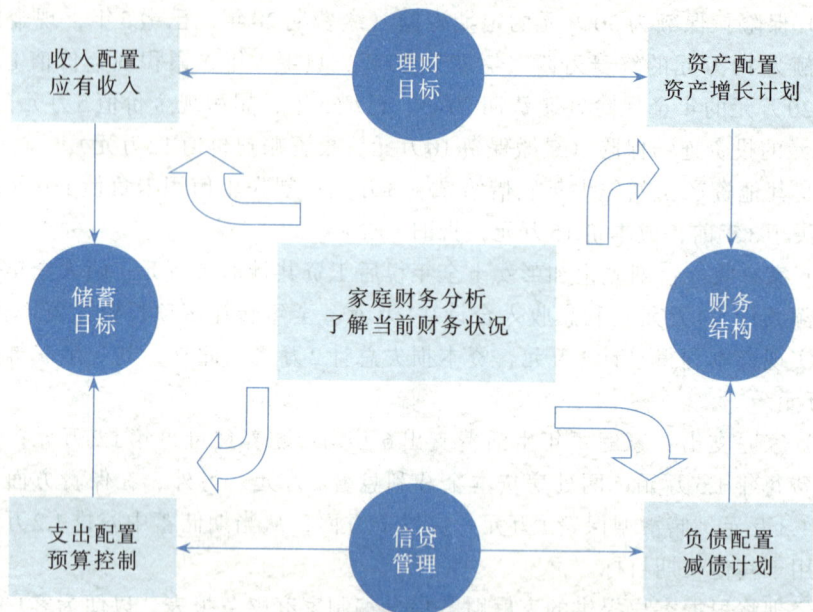

图 4-1 家庭财务分析示意图

1.流量与存量

在谈及家庭财务报表之前，首先要能分辨流量和存量的概念、了解会计科目，并能正确理解流量和存量的关系。

收入和支出是流量的概念，显示一段时间内收入与支出的变化。可见，收支储蓄表是一个典型的流量表格。我们通常以收入循环一次的时间作为确定流量的期间。例如，国内工薪阶层一般是领月薪，因此收入、支出、储蓄等流量通常按月计算；美国工薪阶层一般是领周薪，因此收入、支出、储蓄等流量通常按周计算；对于每天都记账并清点现金对账的人，流量期间甚至可以按日计算。把按日、周或月的流量加总，便可作出一季或一年的流量。

资产和负债是存量的概念，显示某个结算时点资产和负债的状况，因此资产负债表是典型的存量表。资产负债表通常是以月底、季度底或年底来作为资产负债的结算基准日，在基准日需要汇总当日所有资产、负债的情况。

通过流量和存量的概念，我们可以很好地区分资产负债表和收支储蓄表，其中资产负债表是一张存量表，我们在编制该表时，表头通常为具体的年月日；收支储蓄表则是一张流量表，我们在编制该表时，表头通常为具体的某一年度、半年度、季度等。掌握流量和存量之间关系对我们进行家庭财务管理十分重要。

示例 4-1 刘先生目前持有A股票10手，市价2.5元/股，市值合计为2 500元。当前家庭年支出共计12万元，收入共计30万元。请问2 500元的股票市值、12万元的支出和30万元的收入是流量，还是存量？

解析 2 500元的股票市值是存量；12万元的支出和30万元的收入是流量。

2.权责发生制（应付制）和收付实现制（现金制）

所谓权责发生制，又称应付制，是指以导致收入实现和费用发生的"行为"的发生时间为准，来确认收入和费用的一种会计核算基础，即交付货物或劳务时就记

"应收账款"，收到货物或劳务时就记"应付账款"。企业会计人员为了符合收入和支出的配合原则，一般都使用权责发生制。例如，在已开发票但未收到现金时，就需要确认为收入，计入利润表中，同时在资产负债表中列为应收账款，待收到现金后再做资产调整，将应收账款转为现金；在赊欠购物但已拿到对方发票时，就需要确认为支出，计入利润表中，同时在资产负债表中列为应付账款，待付出现金后再冲销应付账款。

所谓收付实现制，又称现金制，是指以收入带来的现金"收到"时间和由费用导致的现金"付出"时间为准，来确认收入和费用的一种会计核算基础，即在现金流入或流出时才记账。尽管比照企业会计的权责发生制，每笔交易都做借贷分录来记账是最正确的会计核算方式，但现实生活中很少被家庭采用。为了简便，一般家庭的收支流量大多以收付实现制计算，按照这种方法，通过对照期初和期末的现金，也可以检查记账时有无遗漏之处。

对一般家庭来说，采用收付实现制与权责发生制记账的主要差异是在信用卡的使用和缴款上。如果采用权责发生制，刷卡时就可以拿到货物或使用卖方提供的服务，并拿到了卖方的发票，因此应该在收支储蓄表上列为支出，把已签账而未付现的款项视为应付账款，但只要在宽限期内把卡债缴清，已签的卡债就不需要支付利息。如果一个家庭每月的卡债金额变化不大，且都是在宽限期前缴清，就可以使用收付实现制，在刷卡时不做记录，只在以现金转账支付信用卡账单时，才列为支出。不过仍要保留签账单，作为预估短期现金流出（还信用卡卡债义务）的依据。

|示例4-2| 刘先生和家人到餐厅吃饭，花费300元，刷信用卡结账。在权责发生制和收付实现制下，刘先生应该如何分别记录该笔费用？

|解析| 在权责发生制下，刷信用卡时计入"支出"；在收付实现制下，刷信用卡时不记账，而在信用卡还款时计入"支出"。

3.成本价和市场价

非现金资产的成本价值，可以以购入时所支付的现金额计算。但在每个记账基准日计算资产时，要考虑各项资产当时的市场价值。成本价和市场价之间的差异，就是账面上的资产损益。编制资产负债表时，我们最好将以成本计价和以市值计价的两个报表一同并列，这样不仅可以看出资产损益，还可以对照理解两表。

我们可以用下列等式来判断记账的准确性：

本期期末的净值-上期期末的净值=当期储蓄（以成本计价的资产负债表）

以市值计价的资产负债表，可以正确显示家庭净财富的当前价值。计算市值时，除那些市价可以随时获得的交易所上市的股票、债券或公募基金等金融资产外，实物资产，如房屋、汽车或收藏品，也要定期估价来反映其价值变化。

那么，当家庭持有的资产市价发生变动时，或有形资产随时间损耗时，是否应该根据市价调整资产负债表或计提折旧？因为家庭的资产负债表不像公司一样要遵守公认的会计准则，所以可依据个人投资的目的或持有期限来做一些灵活的处理。不同的资产我们建议的处理方式如下：

市价评估不易、流动性较差的房产、汽车、古董或未上市的股票、债券等资产，可以根据成本入账，平常不进行资产重估调整，在处置此类资产时其处分收益直接列入净值变动额。但如果市价在短期的确有很大变化（如房价现在的行情较购入时或前次重估时涨跌10%以上），为避免资产负债表失真，还是应该自行估价调整，估价的标准应是当前可以卖出的价格，而不是自己想卖出的价格。需要注意的是，资产重估增减值也要列入净值变动额中。但当处置资产时，其损益要以最近年度重估后的价值为基础来计算。

|示例4-3| 刘先生家有自住房一套，成本120万元，如今增值为140万元，房贷余额为30万元。

|解析| 以成本计价，刘先生的总资产为120万元；以市值计价，刘先生的总资产为140万元。

对市价变动频繁且有客观依据来评判的上市公司股票、国内基金和海外基金等，应在每期编制资产负债表时，将未实现的资本利得或损失反映在当期净值的变动上。公司会计在处理这类资产时，本着审慎性原则，一般采用成本价和市场价孰低法则，只计提短期投资跌价准备或长期投资减值准备等备抵科目，不计提未实现资本利得。不过，对家庭而言，资产负债表编制的主要目的是供自己参考，可以真实反映投资的账面损益。需要注意的是，每期调整时要以上一期调整后的市值为比较基准，如股票成本100万元，上一期市值120万元，净值因未实现资本利得而增加了20万元，但本期市值降到110万元，比上一期少10万元，因此本期净值应该是减少10万元。

思政园地

"百万富翁"还是"百万负翁"？

在现代社会，"百万富翁"与"百万负翁"这两个词，如同天平的两端，微妙地平衡着人们对于财富与负债的认知。

曾几何时，"百万富翁"是无数人梦寐以求的身份象征，它代表着经济独立、生活优渥与自由选择的权利。那些通过智慧、勤奋或机遇积累起百万资产的人，往往被视为社会的精英，他们的故事激励着无数人勇往直前，追求财富与梦想的双重丰收。

然而，随着消费主义的盛行与金融市场的复杂化，"百万负翁"这一新词悄然兴起，成为了一种警示。它揭示了在光鲜亮丽的消费背后，隐藏着沉重的债务负担。过度借贷、盲目投资和不良的消费习惯，都可能让一个看似风光的家庭一夜之间陷入财务困境，从拥有百万资产的富翁变成背负百万债务的"负翁"。

这一转变，不仅是对个人财务管理能力的考验，还是对现代社会消费观念与价值观的一次深刻反思。它提醒我们，在追求物质享受的同时，更应树立正确的金钱观和消费观，理性规划财务，避免陷入债务的泥潭。毕竟，真正的财富不仅是银行账户上的数字，还是心灵的富足与生活的安宁。

因此，无论是成为"百万富翁"，还是避免成为"百万负翁"，关键在于我们如何把握自己的财务人生，让财富成为实现幸福生活的助力，而非沉重的枷锁。

五、任务实践

课前完成分组，小组内分配实践任务，并完成以下实践任务：

情景模拟实训：完成客户家庭财务信息的整理，并填写家庭财务信息清单（见表4-3）。

表4-3　　　　　　　　　　　　　　**家庭财务信息清单**　　　　　　　　　　单位：元

现金与存款	资产类型	金额	备注	
	现金			
	活期存款			
	外币存款			
证券资产	证券名称	数量	成本	当前市价
	A股票			
	B股票			
	C股票			
	基金			
房产	使用类型	成本	当前市价	房贷余额
	自用房产			
	投资用房产			
保险资产	保险种类	保额	已缴费年限	现金价值
	定期寿险			
	终身寿险			
	年金保险			
	投资型保单			
其他资产或负债	种类	成本	当前市价	备注
	借给亲友（债权）			
	信用卡借款			
	汽车			
	社保个人账户余额			

六、任务完成评价

（一）自我评价

1.通过本次学习，我学到的知识点、技能点有：＿＿＿＿＿＿＿＿＿＿＿＿＿＿＿

＿＿＿＿＿＿＿＿＿＿＿＿＿＿＿＿＿＿＿＿＿＿＿＿＿＿＿＿＿＿＿＿＿＿＿＿＿＿

不理解的有：＿＿＿＿＿＿＿＿＿＿＿＿＿＿＿＿＿＿＿＿＿＿＿＿＿＿＿＿＿＿

2.我认为在以下方面还需要深入学习并提升岗位能力：_____

_____

3.本次工作和学习过程中，我的表现可得到：□😊666　□😊　□☹

（二）组员互相评价

表4-4　　　　　　　　　　　　　　　任务完成评价表

项目	评价内容：请在对应的考核项目□打"√"或打"×"	学生评价等级（学生互评）		
		😊666	😊	😊
学习态度与职业素养测评	□能够保持良好的团队沟通和合作 □工作细致、态度端正			
职业技术与技能评价	得分（每空1分，满分100分） □75~100分，优秀 □60~74分，合格 □0~59分，不合格			
小组评语与建议		组长签名： 　　　　　　　年　　月　　日		
教师评语与建议		评价等级： 教师签名： 　　　　　　　年　　月　　日		

任务二　家庭财务报表的编制

一、任务导航

表4-5为家庭财务报表编制工作任务单，请查看本小组任务目标、任务知识点、任务技能点、学时时间节点和学习资源。

表4-5　　　　　　　　　　　　　家庭财务报表编制工作任务单

任务基本描述：为客户准确编制家庭资产负债表及家庭收支储蓄表				
任务目标	任务知识点	任务技能点	学习时间节点	学习资源
为客户编制家庭资产负债表	•掌握资产、负债、净值的概念	•能够准确编制家庭资产负债表	•课中小组合作 •课堂展示	•微课资源
为客户编制家庭收支储蓄表	•掌握收入、支出、储蓄的概念	•能够准确编制家庭收支储蓄表	•课中小组合作 •课堂展示	•微课资源 •百度搜索

二、前导知识和技能测试

1.前导知识4.2

2.技能测试4.2

前导知识4.2

技能测试4.2

三、任务案例

经过与刘先生的多次沟通，理财经理金经理对刘先生的家庭财务信息进行了梳理，金经理将根据已梳理的家庭财务信息编制家庭财务报表，以便为客户提供个性化理财服务。

任务要求：请为刘先生编制家庭资产负债表和家庭收支储蓄表。

四、任务知识殿堂

（一）编制资产负债表

1.家庭资产负债表的内容

在企业会计中，会计要素分为六大类：资产、负债、所有者权益、收入、费用和利润。资产负债表涉及其中三个会计要素：资产、负债和所有者权益（净值）。资产是指由主体过去的交易或事项形成的、由主体拥有或者控制的、预期会给主体带来效用或经济利益的资源。负债是指由主体过去的交易或事项形成的、需要主体在将来承担的付款义务。所有者权益（净值）是资产扣除负债后的余额。资产、负债和所有者权益三项会计要素反映主体的财务状况。资产来源于所有者权益和债权人的借入资金，分别归属于所有者和债权人。资产必然等于负债加上所有者权益。

因此和企业会计一样，在家庭财务中也存在会计等式：

资产=负债+所有者权益（净值）

资产负债表是根据这个会计等式进行编制的。家庭资产负债表见表4-6。

表4-6　　　　　　　　　　　　　　　家庭资产负债表　　　　　　　　　　　　单位：

资产	成本价	市场价	负债及净值	成本价	市场价
现金			信用卡循环信用		
活期存款			小额消费信贷		
其他流动性资产			其他短期消费性负债		
流动性资产合计			流动性负债合计		
定期存款			金融投资借款		
外币存款			实业投资借款		
股票投资			投资性房产按揭贷款		
债券投资			其他投资性负债		
基金投资			投资性负债合计		

资产	成本价	市场价	负债及净值	成本价	市场价
投资性房产			住房按揭贷款		
保单现金价值			汽车按揭贷款		
社保个人账户余额					
其他投资性资产			其他自用性负债		
投资性资产合计			自用性负债合计		
自用房产			负债合计		
自用汽车					
其他自用性资产			净值		
自用性资产合计					
资产合计			负债和净值合计		

　　如果是第一次编制家庭资产负债表，需要把所有的资产负债凭证进行仔细整理，以便今后记录资产和负债的变动额。

（1）现金

　　可在每月结算日清点手中的现金，如果记账是以家庭为单位，则需要加总家庭成员手中的现金额。

（2）活期存款

　　如果有多个不同的银行账户，则需要加总各账户在每月结算日当天的余额。

（3）金融性资产的成本和市值

　　金融性资产的凭证包括定期存款存折、外币存款存折、股票交易记录、投资基金收益凭证等，分别用以确定定期存款金额，外币存款金额，股票名称和股数，基金种类、名称和单位数。股数或单位数乘以取得的单价就是投资成本，股数或单位数乘以结算日的市价就是结算日的市值。有关股票收盘价、投资基金净值价格的数据可从网络、有线电视、报纸、基金公司取得，而最新汇率则可从银行取得。此外，由个人工资薪金所得按一定比率缴费形成的住房公积金和养老金等个人账户，虽然在符合一定条件时才可以领取，但所有权属于个人，也可记入投资性资产中。

（4）房产的成本和市值

　　在核算中，由房屋权属证明确定房屋面积，用商品房购销合同上的总价款加上各项购房时需要支付的税费确定取得的成本。通常我们用市场比较法评估房产当前的价格，以每平方米市价乘以面积估计房产的市值。如果是投资性房产，假如店面有租金收入，则可以简单使用收入还原法来计算市值.

（5）其他耐用消费品的估价

　　一般而言，自用汽车一落地就折价1/3，使用2年折价一半，使用5年后的残值几乎所剩无几。资产负债表上如果需要显示自用汽车的价值，就要参考同品牌的二手车行情。

(6) 应收款项

如果借给他人的款项确定可收回，以借出额为应收款项的市值。但如果回收无望或回收概率较低，则应该比照企业会计计提坏账准备，将应收账款成本按照回收概率打折来计算市值。

(7) 保单现金价值

保单现金价值在编制资产负债表时常被忽略。如果投保的是定期寿险、意外险、财产险、医疗险等费用性质的险种，一般没有现金价值，是否列入资产影响不大。但如果投保了终身寿险、养老险、子女教育储蓄年金、退休年金、短期储蓄险及其他分年期付或期满一次趸付的险种，或是投资型保单，那么只要投保2年以上，一般都有现金价值。投保时间越久，保单现金价值越大。保单现金价值可参考保单上的记录。

2.家庭资产负债表的编制基础

(1) 资产各科目的编制基础

- 现金：月底盘点余额
- 存款：月底存单余额
- 股票：股票数量×买价或月底股价
- 基金：单位数×申购净值或月底净值
- 债券：市价或面额
- 保单：现金价值
- 房产：买价或最近估价
- 汽车：二手车行情
- 应收款：债权凭证
- 预付款：定金收据

(2) 负债各科目的编制基础

- 信用卡循环信用：签单对账单
- 车贷：账单月底本金余额
- 房贷：账单月底本金余额
- 小额负债：月底本金余额
- 私人借款：借据
- 预收款：定金收据

3.编制家庭资产负债表的注意事项

资产负债表是一个时点的存量记录，在编制时要注意确定是月底、季底还是年底编制。第一次编制家庭资产负债表时，需要清点家庭资产并评估价值，按照成本价和市场价分别记录。在编制家庭资产负债表时常出现的错误有：

(1) 资产与负债定义不清楚

收入和支出是收支储蓄表项目，只有资产和负债项目可以列入资产负债表。以客户的保险为例，寿险保额不是资产项目，只有保单现金价值才能列为资产。对于金融资产，如当前持有的股票的市值应列为资产，但股票持有期间获得的股息、资本利得属于理财收入，应列入收支储蓄表中，需要注意区分。

（2）漏列资产或负债项目

如果客户有社保，如住房公积金账户余额、个人养老金账户余额以及医疗保险个人账户余额，则应列为投资性资产。因为此类账户的余额可以累计生息，具备了投资性资产的性质，所以应列入资产负债表中。

（3）资产价值计算不准确

在资产负债表中，不同资产项目的计价基础要一致，有些资产以成本价计算，有些资产以市场价计算，若计价基础不一致则不能加总，因此需要分别制作以成本价和市场价计算的资产负债表，成本价计算一列，市场价计算一列，保证计价基础一致。资产负债表是存量表，表示某一个时点的资产和负债状态，因此资产负债表中的资产和负债项目应该保持在同一个时点。

理财故事

普通人一生的资产负债曲线图

如今，随着经济的发展和生活水平的提高，现代人的财务状况正经历着显著的变化。一张"普通人一生的资产负债曲线图"（如图4-2所示）为我们揭示了这一趋势的奥秘，它用直观的数据和曲线，勾勒出个人在不同年龄段的资产与负债状况，为我们规划财务自由之路提供了宝贵的参考价值。

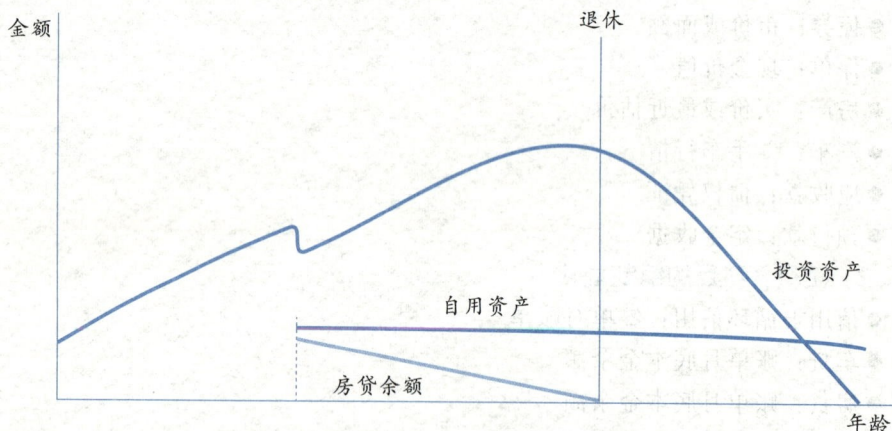

图4-2　普通人一生的资产负债曲线图

资料来源：北京当代金融培训有限公司. 金融理财原理（上）[M]. 北京：中国人民大学出版社，2019：202.

从图4-2中我们可以看到，年轻时，我们往往背负着较重的房贷负担，随着年龄的增长，房贷余额逐渐下降，而投资资产和自用资产则逐渐积累。这一变化反映了现代人从负债累累到资产丰厚的财务成长过程。

在追求财务自由的过程中，合理规划资产与负债显得尤为重要。年轻时，虽然收入有限，但应充分利用时间优势，积极投资于自身成长和教育，为未来的职业发展打下坚实基础。同时，在不影响生活质量的前提下，可以适当配置一些风险较低的投资产品，如债券、基金等，以实现资产的稳健增值。

进入中年阶段后，随着收入的增加和家庭责任的加重，我们应更加注重资产的多元化配置。在保持一定比例的固定收益类投资的同时，可以适当增加股票、房产等高风险、高收益的投资品种，以加速财富的积累。此外，还应关注养老保险、医疗保险等长期保障计划，为退休后的生活提供充足的安全保障。

当到达退休年龄时，我们的收入来源将主要依赖于投资性资产。因此，在退休前，我们应提前做好资产配置调整，降低投资风险，确保资产能够稳定增值并满足日常生活的需求。同时，保持良好的消费习惯和健康的生活方式也是实现财务自由的重要保障。

因此，合理规划资产与负债、积极投资并关注长期保障计划是实现财务自由的关键，我们应审视自己的财务状况并作出明智的决策。

（二）编制收支储蓄表

1.家庭收支储蓄表的内容

在企业会计中，会计要素分为六大类：资产、负债、所有者权益、收入、费用和利润。收支储蓄表则涉及三个会计要素：收入、费用（支出）、利润（储蓄）；家庭"支出"，即企业会计中的"费用"概念，费用是指企业在日常活动中发生的、会导致所有者权益减少的、与向所有者分配利润无关的经济利益的总流出。因此，判断"支出"的一个很重要的标准是，这个交易会不会引起所有者权益（净值）减少。家庭"储蓄"，即企业会计中的"利润"概念，注意此处讲的"储蓄"和平时我们讲的银行储蓄，不是一个概念，这里的"储蓄"是收入减去支出后得到的差额或净收入。因此，和企业会计一样，在收支储蓄表中也存在会计等式：

收入-支出=储蓄

收支储蓄表是根据这个会计等式进行编制的。家庭收支储蓄表见表4-7。

表4-7　　　　　　　　　　　　　　　家庭收支储蓄表　　　　　　　　　　　单位：

项目	金额
工作收入	
其中：薪资收入	
其他工作收入	
减：生活支出	
其中：子女教育支出	
家庭生活支出	
其他生活支出	
工作储蓄	
理财收入	
其中：利息收入	
资本利得	

续表

项目	金额
其他理财收入	
减：理财支出	
其中：利息支出	
保障型保费支出	
其他理财支出	
理财储蓄	
储蓄	

2.家庭收支储蓄表的编制基础

（1）家庭收入的编制基础

家庭的收入按照来源，可分为工作收入和理财收入。

工作收入是指单纯依靠劳动，包括体力劳动和脑力劳动的付出而获得的收入。工作收入按照获得时间，又可分为即期收入和延期收入。即期收入是指当期即可获得的收入，如当月获得的工资薪金、劳务报酬等。延期收入是指未来在满足特定的条件下才可获得的收入，如养老金、企业年金、医疗保险等。

理财收入则是借助一定的工具（如金融资产、房产等）获得的收入，如利息、股利、红利所得、房租等。

（2）家庭支出的编制基础

与家庭收入相一致，家庭支出也可分为生活支出和理财支出。生活支出主要是家庭的日常生活开支，如消费支出、学费支出等。理财支出是指为了获取未来的一些收益而付出的开支，如贷款的利息支出等。

因此，在收支储蓄表中存在以下关系式：

储蓄=工作储蓄+理财储蓄

理财故事

房贷的记账小技巧

对于普通家庭，每月一般会有房贷支出。而这笔房贷支出该如何记账呢？

我们应注意区分剩余房贷本金是负债，计入资产负债表，而每月偿还的月供，则计入收支储蓄表。需要特别注意的是，对于家庭每期偿还房贷的支出，只有利息支出计入理财支出，房贷偿还的本金不计入支出。"支出"的判断标准为：在日常活动中发生的导致净值减少的经济利益的总流出。由于房贷中本金的支出不会引起家庭净值减少，如家庭使用银行存款偿还房贷本金，对资产负债表的影响体现在，银行存款减少，同时负债减少，净值不变，因此不列为支出；而利息的支出则会引起资产减少、净值减少，因此列为理财支出。

3.编制收支储蓄表的注意事项

收支储蓄表是一张重要的家庭财务报表，需要准确编制，在编制中应注意以下问题：

（1）家庭收支储蓄表是一个流量表，通常按年份进行编制。

（2）在编制理财收入时，对于变现资产的现金流入包括本金和资本利得，但只有资本利得才计入理财收入，收回的本金不计入。例如，月初买入股票10万元，月底卖出获得11万元，此时1万元的资本利得计入理财收入中。另外，计入收入的是实现的资本利得，如果只是期末股票价值上涨到11万元，则不计入理财收入，只有卖出后实现的资本利得才可计入，资产账面损益不计入理财收入。

（3）房贷本息摊还中，只有利息部分计入支出，本金还款部分不计入支出。

（4）保费记账中，只有保障型保费计入理财支出，储蓄型保费不计入理财支出。原因在于：对于储蓄型保费，如本期使用现金缴纳储蓄型保费1 000元，现金减少1 000元，但是储蓄型保费会形成保单现金价值，从而保单现金价值增加，体现在资产负债表上是一个资产（现金）减少另一个资产（保单现金价值）增加，对净值没有影响，因此不符合"支出"的概念，不能列为支出。只有保障型保费支出会引起净值减少，列为理财支出。

五、任务实践

课前完成分组，小组内分配实践任务，并完成以下实践任务：

情景模拟实训1：为客户编制家庭资产负债表，见表4-8；

情景模拟实训2：为客户编制家庭收支储蓄表，见表4-9。

表4-8 家庭资产负债表

单位：

资产	成本价	市价场	负债及净值	成本价	市场价
现金			信用卡循环信用		
活期存款			小额消费信贷		
其他流动性资产			其他短期消费性负债		
流动性资产合计			流动性负债合计		
定期存款			金融投资借款		
外币存款			实业投资借款		
股票投资			投资性房产按揭贷款		
债券投资			其他投资性负债		
基金投资			投资性负债合计		
投资性房产			住房按揭贷款		

续表

资产	成本价	市价场	负债及净值	成本价	市场价
保单现金价值			汽车按揭贷款		
社保个人账户余额					
其他投资性资产			其他自用性负债		
投资性资产合计			自用性负债合计		
自用房产			负债合计		
自用汽车					
其他自用性资产			净值		
自用性资产合计					
资产合计			负债和净值合计		

表 4-9　　　　　　　　　　　　　　　**家庭收支储蓄表**

单位：

项目	金额
工作收入	
其中：薪资收入	
其他工作收入	
减：生活支出	
其中：子女教育支出	
家庭生活支出	
其他生活支出	
工作储蓄	
理财收入	
其中：利息收入	
资本利得	
其他理财收入	
减：理财支出	

续表

项目	金额
其中：利息支出	
保障型保费支出	
其他理财支出	
理财储蓄	
储蓄	

六、任务完成评价

（一）自我评价

1.通过本次学习，我学到的知识点、技能点有：＿＿＿＿＿＿＿＿＿＿＿＿＿＿＿＿＿＿

＿＿＿

不理解的有：＿＿＿＿＿＿＿＿＿＿＿＿＿＿＿＿＿＿＿＿＿＿＿＿＿＿＿＿＿＿＿＿＿

＿＿＿

2.我认为在以下方面还需要深入学习并提升岗位能力：＿＿＿＿＿＿＿＿＿＿＿＿＿

＿＿＿

3.本次工作和学习过程中，我的表现可得到：□　　　□　　　□

（二）组员互相评价

表4-10　　　　　　　　　　　　　任务完成评价表

项目	评价内容：请在对应的考核项目□打"√"或打"×"	学生评价等级（学生互评）		
		666		
学习态度与职业素养测评	□能够保持良好的团队沟通和合作 □工作细致、态度端正			
职业技术与技能评价	得分（每空1分，满分100分） □75~100分，优秀 □60~74分，合格 □0~59分，不合格			
小组评语与建议		组长签名： 　　　　　年　　月　　日		
教师评语与建议		评价等级： 教师签名： 　　　　　年　　月　　日		

任务三   家庭财务比率分析与诊断

一、任务导航

表4-11为家庭财务比率分析与诊断工作任务单，请查看本小组任务目标、任务知识点、任务技能点、学习时间节点和学习资源。

表4-11   家庭财务比率分析与诊断工作任务单

任务基本描述：为客户进行家庭财务分析与诊断，并向客户说明财务诊断结论

任务目标	任务知识点	任务技能点	学习时间节点	学习资源
家庭偿债能力指标分析	•理解资产负债率、流动比率、财务负担率等指标	•能够测算资产负债率、流动比率、财务负担率等指标	•课堂小组合作 •课堂展示	•微课资源 •百度搜索
家庭应急能力指标分析	•理解紧急预备金倍数等财务指标	•能够测算紧急预备金倍数等财务指标	•课堂小组合作 •课堂展示	•微课资源 •百度搜索
家庭储蓄能力指标分析	•理解工作储蓄率、储蓄率等财务指标	•能够测算工作储蓄率、储蓄率等财务指标	•课堂小组合作 •课堂展示	•微课资源 •百度搜索
家庭宽裕度指标分析	•理解收支平衡点收入、安全边际率等财务指标	•能够测算收支平衡点收入、安全边际率等财务指标	•课堂小组合作 •课堂展示	•微课资源 •百度搜索
家庭保险保障能力分析	•理解保费负担率、保险覆盖率等财务指标	•能够测算保费负担率、保险覆盖率等财务指标	•课堂小组合作 •课堂展示	•微课资源 •百度搜索
家庭财富增值能力指标分析	•理解生息资产比率、平均投资收益率等财务指标	•能够测算生息资产比率、平均投资收益率等财务指标	•课堂小组合作 •课堂展示	•微课资源 •百度搜索
家庭成长性指标分析	•理解资产增长率、净值增长率等财务指标	•能够测算资产增长率、净值增长率等财务指标	•课堂小组合作 •课堂展示	•微课资源 •百度搜索
家庭财务自由度指标分析	•理解财务自由度等财务指标	•能够测算财务自由度等财务指标	•课堂小组合作 •课堂展示	•微课资源 •百度搜索

二、前导知识和技能测试

1.前导知识4.3

2.技能测试4.3

前导知识4.3

三、任务案例

金经理已为刘先生的家庭编制了资产负债表及收支储蓄表，他将根据财务报表为客户开展财务指标分析与诊断，以便为客户提供个性化理财服务。

技能测试4.3

任务要求：请对刘先生家庭的偿债能力、应急能力、保险保障能力、储蓄能力、宽裕度、财富增值能力、成长性等财务指标进行测算，并作出财务诊断。

四、任务知识殿堂

（一）家庭偿债能力指标分析

1.资产负债率

资产负债率=总负债÷总资产×100%

资产负债率可以衡量家庭的财务负担，资产负债率越高，家庭财务负担越重。

通常资产负债率应控制在60%以下，若超出此范围，则说明家庭负债水平过高，应减少负债，以免周转不灵，陷入破产困境。

2.流动比率

流动比率=流动性资产÷流动性负债×100%

流动性负债由短期消费性支出产生，通常流动比率应保持在200%以上，才能保证家庭资产的流动性。

3.融资比率

融资比率=投资性负债÷投资性资产×100%

投资性负债的存在说明家庭在进行投资时利用了财务杠杆，这使得家庭投资的收益和亏损都被放大了。投资标的风险越大，越要控制投资性负债。

融资比率一般建议保持在50%以下，否则家庭将面临较大的投资风险。

4.财务负担率

财务负担率=年本息支出÷年可支配收入×100%

财务负担率应该控制在40%以下，若超过40%，则说明过多的收入用于还贷，这将影响正常的生活需求，且很难再从银行追加贷款。

5.负债平均利率

负债平均利率=年利息支出÷负债总额×100%

负债平均利率反映的是家庭实际承担的贷款利率水平，一般应在基准利率的1.2倍以下。若超出此范围，则表明家庭债务负担过重。

（二）家庭应急能力指标

紧急预备金倍数=流动性资产÷月总支出

家庭保有一定的流动性资产是为了应对失业或紧急事故的出现，因此紧急预备金倍数反映了家庭流动性资产可以应付几个月的总支出。一般流动性资产要求能够应付3~6个月的支出，过少会导致紧急状况出现时没有钱用，过多则会导致资金丧失获得投资收益的机会。若投保了医疗险或产险，或有备用贷款信用额度，则可降低紧急预备金；若待业时间长，则可提高紧急预备金。

（三）家庭保险保障能力指标

1.保费负担率

保费负担率=保费÷税后工作收入×100%

保费负担率衡量的是保费对家庭的负担比重。保费会影响到保额，过高的保费支出会增加家庭财务负担，过低的保费支出则会导致保额不足而使家庭保障不足，保费的绝对值大小与工作收入的绝对值有很大的关系，一般以工作收入的10%为商业保险保费预算的合理标准。

2.保险覆盖率

保险覆盖率=已有保额÷税后工作收入×100%

保额的多少直接影响家庭的风险保障能力，只有保额达到收入的10倍以上，在风险发生时才足以给家庭带来很好的保障，当然保额的多少与家庭和个人的安全需求有关。

（四）家庭储蓄能力指标

1.工作储蓄率

工作储蓄率=（税后工作收入-消费支出）÷税后工作收入×100%

工作储蓄率一般应保持在20%以上，工作储蓄率越高，家庭储蓄能力越强。

2.储蓄率

储蓄率=（税后总收入-总支出）÷税后总收入×100%

储蓄率一般要求保持在25%以上，其中税后总收入包括工作收入和理财收入。

（五）家庭宽裕度指标

1.收支平衡点收入

收支平衡点收入=固定负担÷工作收入净结余比率

工作收入净结余比率=工作收入净结余÷工作收入×100%

工作收入净结余=工作收入-所得税扣缴额-三险一金缴费额-工作所必需支出的费用

固定负担是指每月固定生活费用支出、房贷本息支出等近期内每月的固定支出。其中，工作支出必需支出的费用包括通勤费（如交通费或停车费）、在外用餐费、置装费等。

示例4-4 王先生的工资薪金8 000元/月、所得税扣缴800元/月、社保扣缴200元/月、通勤费或交通费800元/月、在外用餐费200元/月，以及为工作所花的置装费400元/月，工作收入净结余5 600元，请问王先生的工作收入净结余比率是多少？

解析 工作收入净结余比率=5 600÷8 000×100%=70%

示例4-5 接 示例4-4，如果王先生固定生活开销为每月3 000元，房贷本息支出为每月2 000元，合计5 000元，请问王先生的收支平衡点收入是多少？

解析 收支平衡点收入=5 000÷70%=7 142.86（元）

2.安全边际率

安全边际率=（当前收入-收支平衡点收入）÷当前收入×100%

安全边际率是当前收入和收支平衡点收入的差异比率。安全边际率是用来衡量收入减少或固定费用增加时有多少缓冲空间。

|示例 4-6|接|示例 4-5|，请问王先生的安全边际率是多少？

|解析|安全边际率＝（8 000-7 142.86）÷8 000×100%=10.71%

王先生的安全边际率为 10.71%，即在王先生的收入下降幅度超过 10.71% 时，则会出现收不抵支的情况。由此可见，安全边际率越高越好，表明个人或家庭抵御收入降低的风险能力越强。

（六）家庭财富增值能力指标

1.生息资产比率

生息资产比率＝生息资产÷总资产×100%

生息资产包括流动性资产和投资性资产，该指标主要用于衡量家庭中有多少资产可应对流动性、成长性和保值性的需求。该指标应保持在 50% 以上。

2.平均投资收益率

平均投资收益率＝理财收入÷生息资产×100%

平均投资收益率主要用于衡量家庭投资绩效，通常平均投资收益率至少要高于现行通胀率 2 个百分点。

（七）家庭成长性指标

1.资产增长率

资产增长率＝资产增加额÷期初总资产×100%

资产增长率可以表示家庭财富增加的速度，提高资产增长率的主要途径有提高储蓄率、投资收益率等。

2.净值增长率

净值增长率＝净值增加额÷期初净值×100%

净值增长率代表家庭累计净资产的速度，净值增长率越快，表明家庭净资产累积得越快。提升净值增长率的主要途径有提高储蓄率、投资收益率、生息资产比率等。

（八）家庭财务自由度指标

财务自由度＝年理财收入÷年总支出

财务自由意味着家庭理财收入可以足够满足家庭总支出。家庭财务自由度的理想目标值是在退休之际财务自由度等于 1，包括退休金及全部金融资产等生息资产，即依靠利息就可以维持生活。

思政园地

树立健康合理的财务自由观

有的人追求"诗和远方"，有的人追求"眼前的苟且"，对于自由的不同需求会产生不同的财务自由度。一个健康合理的财务自由观应该满足以下原则：

原则 1：必须以摆脱财务赤字困扰为出发点

实现财务自由不是出于享乐的目的，而是让个人或家庭摆脱财务方面的束缚，使工作、事业更加符合兴趣、爱好和理想，而不基于金钱的报酬的考虑，从而更好地实现追求人生价值。

原则2：必须考虑到不同的个人或家庭之间的需求差异

在考虑个人或家庭的需求时，既不应该固定设置一个比较高的生活标准，也不应该为实现财务自由而牺牲对生活品质的追求，而是应当参考实际的情况并充分尊重个人的意愿与选择。

原则3：必须考虑到个人或家庭整个生命周期的财务状况

通常人们在做财务规划选择时只把注意力放在当前时点一个或几个财务目标上，如只考虑子女教育、养老或购买某种商品之类的消费需求，这样的结果往往是不同消费需求的满足程度没有达到平衡状态：对于生活水平要求过高，而某些理财准备不足；对于某些理财准备过于充分，而导致生活水平下降。因此，我们有必要从家庭生命周期的角度来考虑财务状况。

原则4：必须考虑到财富和未来收入的确定性程度

投资性资产、未来的资产收益和福利收入的确定性程度决定了财富自由的可靠程度。相对激进的资产配置策略可能带来较高的投资收益率和较高的财务自由度，但这种组合也会极大程度地降低财务自由的可靠性，从而将未来的收入置于风险之中，因此在考虑未来财务自由度的同时，还需要考虑财务自由度的稳健性。

资料来源：北京当代金融培训有限公司. 金融理财原理（上）[M]. 北京：中国人民大学出版社，2019：258.

五、任务实践

课前完成分组，小组内分配实践任务，并完成以下实践任务：

1.完成客户家庭财务诊断与分析，并填写家庭财务诊断与分析表（见表4-12）；

2.分角色扮演客户及理财经理，向客户展示家庭财务分析诊断报告。

表4-12　　　　　　　　　　　家庭财务诊断与分析表

指标类别	财务比率	财务指标测算结果	合理范围	诊断结论
家庭偿债能力指标	资产负债率		≤60%	
	流动比率		≥200%	
	融资比率		≤50%	
	财务负担率		≤40%	
家庭应急能力指标	紧急预备金倍数		3~6	
家庭储蓄能力指标	工作储蓄率		≥20%	
	储蓄率		≥25%	
家庭财富增值能力指标	生息资产比率		≥50%	
	平均投资报酬率		≥5%	
家庭保障能力指标	保障型保费负担率		5%~15%	
	保险覆盖率		≥10	

六、任务完成评价

(一)自我评价

1.通过本次学习,我学到的知识点、技能点有:＿＿＿＿＿＿＿＿＿＿＿＿＿＿

＿＿＿＿＿＿＿＿＿＿＿＿＿＿＿＿＿＿＿＿＿＿＿＿＿＿＿＿＿＿＿＿＿＿＿＿＿

不理解的有:＿＿＿＿＿＿＿＿＿＿＿＿＿＿＿＿＿＿＿＿＿＿＿＿＿＿＿＿＿

＿＿＿＿＿＿＿＿＿＿＿＿＿＿＿＿＿＿＿＿＿＿＿＿＿＿＿＿＿＿＿＿＿＿＿＿＿

2.我认为在以下方面还需要深入学习并提升岗位能力:＿＿＿＿＿＿＿＿＿＿＿

＿＿＿＿＿＿＿＿＿＿＿＿＿＿＿＿＿＿＿＿＿＿＿＿＿＿＿＿＿＿＿＿＿＿＿＿＿

3.本次工作和学习过程中,我的表现可得到:□😺　□🙂　□🙁

(二)组员互相评价

表4-13　　　　　　　　　　　任务完成评价表

项目	评价内容:请在对应的考核项目□打"√"或打"×"	学生评价等级(学生互评)		
		😺	🙂	🙁
学习态度与职业素养测评	□能够保持良好的团队沟通和合作 □工作细致、态度端正			
职业技术与技能评价	得分(每空1分,满分100分) □75~100分,优秀 □60~74分,合格 □0~59分,不合格			
小组评语与建议		组长签名: 　　　　年　　月　　日		
教师评语与建议		评价等级: 教师签名: 　　　　年　　月　　日		

项目五　现金规划

项目导读

如果把现金比喻成水、把收入来源比喻成水龙头，收入来源越多，水龙头也就越多。然而，一般情况下，一个家庭只有一个水龙头——工资收入，一旦这个水龙头没水了，全家就会陷入财务危机。因此，现金流的管理对于一个家庭来说极为重要。家庭应该如何管理现金流呢？

项目导读

思政目标：

➤在现金规划方案制订中，培养学生居安思危的风险防范意识，强化应急储备责任，筑牢家庭财务安全底线，践行总体国家安全观。

➤在现金规划工具配置教学中，引导学生树立合法合规的理财观念，理性选择储蓄、货币基金等工具，维护金融市场秩序与消费者权益。

➤通过现金流动性管理实践，培育学生量入为出、勤俭节约的消费观，助力构建理性健康的家庭财务生态，服务绿色可持续的社会发展理念。

知识目标：

➤掌握现金及其等价物的概念。

➤了解现金和储蓄存款的特征。

➤掌握货币市场基金的特点。

➤理解同业拆借、回购协议、商业票据、银行承兑汇票、短期政府债券的概念和特点。

技能目标：

➤能够为客户配置现金规划方案。

➤能够根据客户需求配置现金类工具。

学习任务及课时分配

表5-1　　　　　　　　　　　学习任务及课时分配

活动序号	学习活动	课时安排
1	制订现金规划方案	1课时
2	配置现金规划工具	1课时

任务一　制订现金规划方案

一、任务导航

表5-2为制订客户现金规划方案工作任务单，请查看本小组任务目标、任务知识点、任务技能点、学习时间节点及学习资源。

表5-2　　　　　　　　　　　　制订现金规划方案工作任务单

任务基本描述：为客户制订个性化现金规划方案，并向客户介绍和展示方案

任务目标	任务知识点	任务技能点	学习时间节点	学习资源
制订现金规划目标	• 认识现金规划的意义和目的	• 帮助客户制订现金规划目标	• 课前准备 • 课堂展示	• 微课资源
收集客户信息	• 区分客户非财务信息和财务信息	• 获取客户信任，收集客户财务信息	• 课前准备 • 课堂展示	• 微课资源
分析客户财务	• 理解紧急预备金倍数指标 • 了解失业保障月数指标 • 了解意外或灾害承受能力指标	• 为客户测算紧急预备金倍数指标	• 课前准备 • 课堂展示	• 微课资源
制订现金规划方案	• 了解现金规划方案制订流程	• 撰写现金规划方案	• 课堂小组合作 • 课堂展示	• 微课资源 • 百度搜索

二、前导知识和技能测试

1. 前导知识5.1
2. 技能测试5.1

技能测试5.1

三、任务案例

曹先生，现年32岁，已婚，在某国企上班，育有一子。表5-3是曹先生家庭收支储蓄表，表5-4是曹先生家庭现金类资产一览表。曹先生对家庭的现金流管理非常重视，他目前的生活趋于稳定。曹先生结合自己的财务状况、生活目标，在向理财经理咨询后，更加认识到现金规划的重要性，于是他有了制订现金规划的想法。

表5-3　　　　　　　　　　　　曹先生家庭收支储蓄表

项目		金额（元）
收入	工资薪金	307 560
	经营收入	
	奖金及佣金	70 000
	养老金和年金	
	其他收入	

续表

项目		金额（元）
总收入		377 560
支出	日常生活支出	50 400
	房贷支出	54 697.20
	汽车支出	3 000
	保险费支出	5 400
	医疗费用	8 400
	其他支出	31 500
总支出		153 397.20
结余		224 162.80

表5-4　　　　　　　　　　　曹先生家庭现金类资产一览表

曹先生持有的现金及现金等价物	现金（元）	5 500
	银行活期存款（元）	35 000
	银行定期存款（元）	
	其他存款（元）	
	货币市场基金（元）	

任务要求：为曹先生家庭进行现金需求分析，初步撰写现金规划方案，并向客户展示现金规划方案。

四、任务知识殿堂

（一）现金规划的目的

对于个体来说，每个生命周期的规划都有不同的侧重点，其中现金规划是每个生命周期或者家庭不可或缺的，可以说现金规划是个人或家庭理财规划中最重要的部分。现金规划是否科学合理将影响其他规划能否实现，因此，做好现金规划是整个投资理财规划的基础，能否做好现金规划将对理财规划方案的制订产生重要影响。

现金规划的目的具体包括：

1.满足日常开支需要

在生活中，个人或家庭的收入和支出在时间上常常无法同步，因此，个人或家庭必须有足够的现金及现金等价物来维持日常的生活开支。一般来说，个人或家庭的收入水平越高，交易数量越大，其为保证日常开支所需要的货币量就越大。

2.预防突发事件需要

个人或家庭在生活中不可避免地会遭遇一些意外事件，如失业、不可预测的费用支出等。合理的现金规划不仅可以提供必要的缓冲，还可以减少为支付意外事件发生的费用而被迫在不好的时机出售正在进行投资的资产的可能性，从而保障个人或家庭生活质量和理财规划的持续稳定。

3.投机性需要

除了出于交易动机、预防动机而储备现金外，个人或家庭决定现金储备规模时，还要考虑持有现金及现金等价物所产生的机会成本（即进行一项投资时放弃另一项投资所承担的成本）。通常来说，金融资产的流动性与收益率呈反方向变化，高流动性意味着收益率较低。持有收益率较低的现金及现金等价物也就意味着丧失了持有收益率较高的金融资产的机会。

现金规划的目标是既能使所拥有的资产保持一定的流动性，又可以获得一定的收益。

理财故事

中国首份《中国消费年轻人负债状况报告》发布[①]

2019年11月13日，我国国内首份全景呈现中国90/95后年轻人消费信贷现状的报告——《中国消费年轻人负债状况报告》发布。该报告基于尼尔森市场研究公司2019年9月至10月对3 036名中国年轻消费者的在线访问得出，力求还原真实的中国年轻人信贷消费状况和行为方式。

该报告指出，在中国，消费升级仍是普遍现象，90后年轻人具有巨大的消费潜力，信用消费成为消费升级的重要途径。从债务收入比来看，年轻人平均债务收入比为41.75%，只有13.4%的年轻人零负债。由于消费信贷的独特功能，大部分年轻人将其视为支付工具。大部分年轻人会在当月偿还债务，从而不会产生利息，因而实际的债务收入比缩小为12.52%。

从调研结果来看，绝大多数年轻人没有被负债拖垮，反而还存下了不少钱。调研发现，32%的年轻人表示有明确的存款计划，且随着年龄和阅历的增长，每月新增存款比例也有明显提升，六成学生和近八成上班族每月能存下10%以上的收入。取之有度，用之有节，加上存款，87%的年轻人近一年内从未出现逾期还款现象，仅3.6%的人发生了经常逾期还款和以贷还贷现象。

（二）现金规划的实施

1.现金规划流程

为客户进行现金规划是理财经理提供理财服务的重要内容之一。坚持"以客户为导向"的职业道德，理财经理应在充分了解客户的非财务及财务信息基础上，为客户提供现金规划方案和建议。具体流程如图5-1所示。

---

① 佚名.尼尔森发布《中国年轻人负债状况报告》[EB/OL].（2019-11-28）[2025-01-20].https://www.sohu.com/a/357148511_120003880.

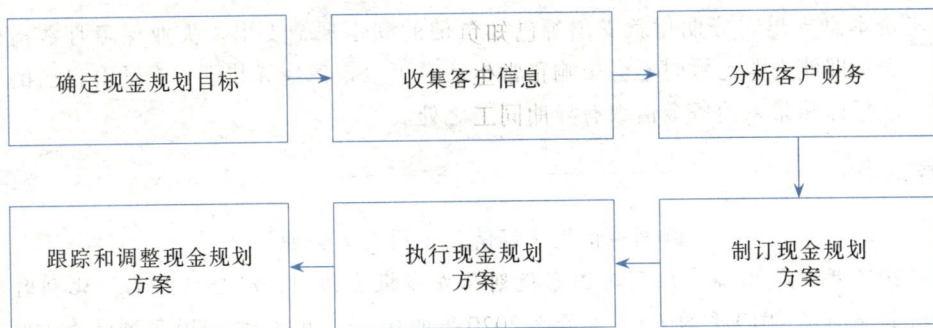

图 5-1 现金规划流程

2.现金规划相关财务指标的测算

古人云："天有不测风云，人有旦夕祸福。"个人或家庭在日常生活中难免会遇到一些意想不到的问题，如生病、受伤、伤残、失业等，这些意外将使个人或家庭面临较大的支出，甚至会使财产减少。因此，个人或家庭在正常的收入和支出之外，应或多或少地留有结余，即留下一笔紧急预备金，以备不时之需。在家庭经济生活中，紧急预备金扮演着十分重要的角色。由于这笔资金可以随时动用，因此要有较好的流动性，但以现金方式持有，又将产生机会成本，因此，如何测算一个家庭应持有的紧急预备金呢？这里，我们将用到一些重要的财务指标——紧急预备金倍数、失业保障月数、意外或灾害承受能力等。

（1）紧急预备金倍数

紧急预备金倍数是指个人或家庭的流动性资产与每月支出的比率，它反映个人或家庭支出能力的强弱。资产流动性是指支出在保持价值不受损失的前提下变现的能力。流动性强的资产能够迅速变现而价值不减损，现金及现金等价物是流动性最强的资产；流动性弱的资产不易变现或在变现过程中会不可避免地损失一部分价值，日常用品类资产的流动性显然较弱。紧急预备金倍数的计算公式如下：

紧急预备金倍数=流动性资产÷每月支出

从上述公式可以看出，该比率反映家庭流动性资产可以应付几个月的总支出。一般来说，流动性资产应该能够应付3~6个月的支出，过少会导致紧急状况出现时没有钱用，过多会使得资金丧失获得投资收益的机会，使用效率降低。如家庭收入稳定，家庭负担较轻，或投保了医疗险或产险，或有备用贷款信用额度，则紧急预备金倍数可以减少；若家庭收入不稳定，家庭负担较重，如较长时间待业，则应增加紧急预备金倍数，一般建议能够应付5~6个月的支出。

（2）失业保障月数

失业保障月数的计算公式为：

失业保障月数=存款、可变现资产或净资产÷月固定支出

从上述公式可以看出，失业保障月数就是在失业或失能的情况下，现有的存款、可变现资产或净资产可支撑几个月的开销。依照保障的资产范围，可分为存款、可变现资产与净资产三项。其中，可变现资产包括股票、基金等，不包括汽车、房地产、古董、字画等变现性较差的资产。除了生活费用以外，固定支出还包

括房贷本息支出、分期付款支出等已知负债的固定现金支出。失业保障月数指标高，表示即使失业也暂时不会影响正常生活，可以审慎地寻找下一个适合自己的工作。该指标和紧急预备金倍数有异曲同工之处。

理财故事

欧洲疫情重创经济　上百万人失业[①]

2020年3月20日，比利时国家规划局发布报告预测，受疫情影响，比利时经济增长率将从2019年的1.4%下降至2020年的0.4%。比利时2020年预计有100万人失业。

爱尔兰就业与社会保障部部长雷吉娜·多尔蒂表示，受疫情影响，爱尔兰失业人口可能多达40万人，占爱尔兰总就业人口的近1/5。

欧洲廉价航空公司瑞安航空公司也曾宣布，所有公司员工4月和5月工资减半；总部位于瑞典的北欧航空公司也表示，约1.2万名员工停薪留职；葡萄牙航空公司则决定关闭其全部90条国际航线中的75条。

沃尔沃汽车集团宣布，受疫情影响，约两万名员工将停薪留职。此前，德国宝马集团、大众汽车集团、戴姆勒股份公司等陆续宣布暂停部分车辆的生产。罗马尼亚达契亚汽车厂等也宣布暂时停产。德国知名汽车专家费迪南德·杜登赫费尔说，疫情造成的影响将成为自二战以来欧洲汽车工业面临的"最大威胁"。

为了缓解疫情对经济和社会造成的负面影响，欧洲各国陆续推出或加码经济刺激计划，以帮助企业和个人渡过难关。2020年3月20日，欧盟委员会提议，临时性全面放松欧盟对各成员国的预算约束规则，支持成员国政府动用财政政策对抗疫情、支持经济。

（3）意外或灾害承受能力

意外或灾害承受能力的计算公式为：

意外或灾害承受能力 =（可变现资产+保险理赔金-现有负债）÷基本费用

保险包括人身保险（寿险及意外险）及产险（房屋险或家财险）。不管是亲人突然发生变故还是天灾导致的财产损失，都将影响家庭的财务安全。我们从这个角度考虑要准备几年的生活费，即如果家庭成员发生变故，其遗属需要多久才能从变化的经济影响中恢复过来。如果该比率大于1，代表个人或家庭对意外或灾害承受能力较强；如果该比率小于1，则表示意外或灾害的损失将影响个人或家庭短期生活水平；如果该比率为负数，说明个人或家庭没有任何保障，当资产发生减损时，其负债状况依旧严重。因此，如果个人或家庭意外或灾害承受能力偏低，最好的改善方式是加保寿险、意外险、房产险或家财险，加强家庭保险保障。

---

① 高士佳. 欧洲疫情重创经济 预计将有上百万人失业[EB/OL].（2020-03-22）[2025-01-30]. https://news.cctv.com/2020/03/22/ARTIVPiMxkQkqrPHQzR65hAz200322.shtml.
。

五、任务实践

课前完成分组，小组内分配实践任务，并完成以下实践任务：

1.完成客户家庭财务初步分析，并完成表5-5；

2.分角色扮演客户及理财经理，向客户展示和讲解现金规划方案。

表5-5　　　　　　　　　客户现金规划需求分析

根据对客户家庭财务报表的分析可以知道，客户目前流动性资产为____
（元），每月支出为____（元），客户家庭的紧急预备金倍数为____；根
据该客户家庭成员的职业及收入的稳定程度，我们判断该客户家庭需要准备____
倍的紧急预备金以支付家庭日常开支和满足家庭的应急要求。因此，我们认为该客户需要
持有____现金保证家庭成员正常生活____个月的时间。从客户现有资产
配置来看，该客户的家庭紧急预备金（合理/不合理）。

六、任务完成评价

（一）自我评价

1.通过本次学习，我学到的知识点、技能点有：____

____

不理解的有：____

____

2.我认为在以下方面还需要深入学习并提升岗位能力：____

____

3.在本次工作和学习过程中，我的表现可得到：□😺　□😊　□😟

（二）组员互相评价

表5-6　　　　　　　　　任务完成评价表

项目	评价内容：请在对应的考核项目□打"√"或打"×"	学生评价等级（学生互评）		
		😺	😊	😟
学习态度与职业素养测评	□能够保持良好的团队沟通和合作 □工作细致、态度端正			
职业技术与技能评价	得分（每空1分，满分100分） □75~100分，优秀 □60~74分，合格 □0~59分，不合格			
小组评语与建议		组长签名： 　　　年　　月　　日		
教师评语与建议		评价等级： 教师签名： 　　　年　　月　　日		

任务二　配置现金规划工具

一、任务导航

表5-7为现金规划工作前准备工作任务单，请查看本小组任务目标、任务知识点、任务技能点、学习时间节点及学习资源。

表5-7　　　　　　　　　　　现金规划工作前准备工作任务单

任务基本描述：为客户配置合适的现金规划工具				
任务目标	任务知识点	任务技能点	学习时间节点	学习资源
为客户配置现金规划工具	•掌握货币市场基金、回购等现金类工具的特点	•能够快速查询货币市场基金、回购等现金类工具的收益	•课前准备 •课堂展示	•微课资源
执行现金规划方案	•了解现金规划方案调整策略	•能够及时调整现金规划方案	•课后拓展	•微课资源 •百度搜索

二、前导知识和技能测试

1.前导知识5.2
2.技能测试5.2

前导知识5.2

技能测试5.2

三、任务案例

曹先生，现年32岁，已婚，在某国企上班，育有一子。通过跟理财经理初步沟通，曹先生了解到目前其家庭的紧急预备金倍数为3.17。根据其家庭成员的职业及收入的稳定程度判断，该家庭需要有3~4倍的紧急预备金以支付家庭日常开支和满足家庭的应急要求，即需要持有38 349.3~51 132.4元现金，以保证家庭成员正常生活3~4个月的时间。对于该笔资金，曹先生想了解可配置的现金类工具有哪些？

任务要求：请为曹先生出具现金规划工具配置方案。

四、任务知识殿堂

（一）现金等价物的概念

现金是指可任意支配、随时使用的纸币、硬币等。现金具有普遍的可接受性，可以立即用来购买商品、货物、劳务或偿还债务。家庭持有的现金通常用来满足日常生活开支。

现金等价物是指持有期限短、流动性强、易于转换为确定金额的现金、价值变动风险很小的金融工具。我们可以看出，现金等价物具有以下4个特点：

第一，期限短；

第二，流动性强；

第三，易于转换为确定金额的现金；

第四，价值变动风险很小。

其中，期限短、流动性强所强调的是现金等价物的变现能力，而易于转换为确定金额的现金、价值变动风险很小则强调了现金等价物的安全性。这里所说的期限短，一般是指从购买之日起3个月内到期。因此，自投资之日起3个月到期或清偿的国库券、商业本票、货币市场基金、可转让定期存单及银行承兑汇票等，皆可列为现金等价物。特别是3个月以内的银行承兑汇票，是非常标准的现金等价物。基于短期投资而购入的可流通股票，尽管期限短，变现能力也很强，但由于其变现的金额并不确定，价值变动的风险也较大，因此，它不属于现金等价物。

那么，作为个人和家庭来说，我们可以使用的现金类工具有哪些呢？

（二）现金等价物的种类

相比企业，家庭持有现金的动机与规模则不相同。对家庭来说，持有现金主要是为了预防不时之需，如家庭成员生病或者失业等导致对现金的需求。企业持有现金主要是基于交易性需求、预防性需求和投机性需求。在可获得工具上，两者也存在差别。家庭持有的现金主要以现金、储蓄存款和货币市场基金为主；企业持有的现金资产除上述形式外，还有其他类型的货币市场工具。相对而言，家庭可利用的现金类工具更少一些。对于个人和家庭来说，现金规划的一般工具包括现金、储蓄存款、货币市场基金。

1.储蓄存款

目前，国内储蓄机构的储蓄业务一般包括活期存款、定活两便、整存整取、零存整取、存本取息、个人通知存款、定额定期等。其中，能在3个月内到期或者能够随时变现的储蓄存款可视同个人或家庭的现金等价物，例如活期存款、定活两便等。

2.货币市场基金

货币市场基金是指投资于货币市场上短期（1年以内，平均期限120天）有价证券的一种投资基金。这种基金资产主要投资于短期货币工具，如国库券、商业票据、银行承兑汇票、政府短期债券、企业债券等，是一种功能类似于银行活期存款，而收益却高于短期银行存款的低风险投资产品。其特点如下：

（1）流动性强

货币市场基金有类似于活期存款的便利。其买卖方便，资金到账时间短，流动性很强。

（2）安全性高

根据《货币市场基金监督管理办法》，货币市场基金是只投资于货币市场工具，每个交易日可办理基金份额申购、赎回的基金。

（3）收益率相对活期储蓄较高

货币市场基金的收益率远高于银行7天通知存款的收益率。

（4）投资成本低

买卖货币市场基金没有认购费、申购费和赎回费，只有管理费，总成本较低。

（5）分红免税

货币市场基金的分红免收个人所得税。

理财故事

余额宝缘何风光不再①

截至2024年10月10日，余额宝的7日年化收益率为1.478%。这就意味着如果投资者在余额宝中存入10万元，1年的预期收益大约为1 498元。需要注意的是，余额宝的收益率是波动的，7日年化收益率是基于过去7天的收益来估算的年利率，因此实际收益可能有所不同。而在2013年，余额宝的收益率曾一度达到7%，缘何余额宝风光不再？

1.市场利率的回归：2013年，余额宝的年化收益率高达7%，这是一个非常态的现象。随着市场利率的逐渐稳定，余额宝的收益率也开始向货币基金的常规收益率靠拢。这种收益率的下滑是市场回归正常状态的体现。

2.银行流动性的改善：与2013年相比，银行间市场没有出现"钱荒"现象，流动性相对宽松。这就意味着银行不再像以前那样急需资金，因此对资金的需求减少，导致货币市场的收益率下降。

3.技术进步的影响：支付宝利用其互联网转账系统，实现了从散户到大户的角色转换，降低了运营成本，并在货币市场上获得了更高的议价能力。这种技术进步使得支付宝能够以高于散户存款利息的收益率吸引资金，但是随着市场环境的变化，这种优势不再明显。

4.传统金融机构的竞争：随着传统金融机构对互联网金融的竞争意识增强，它们开始利用自身的支付结算系统和庞大的客户基础推出自己的货币基金产品。这些传统金融机构的介入，使得余额宝等互联网货币基金面临更大的竞争压力，收益率自然受到影响。

5.余额宝业务的成熟：天弘基金表示，余额宝业务已经进入成熟期，客户行为规律性强，形成了独特的客户生态圈。这就意味着余额宝的增长速度可能放缓，收益率的下降也是业务成熟期的一个自然现象。

3.同业拆借

同业拆借是指金融机构（主要是商业银行）之间为了调剂资金余缺，利用资金融通过程的时间差、空间差、行际差来调剂资金而进行的短期借贷。同业拆借的资金主要用于弥补短期资金的不足、票据清算的差额以及满足临时性的资金短缺需要。同业拆借市场交易量大，能及时反映资金供求关系和货币政策意图，影响货币

---

① 曹韵仪.跌入"1时代" 宝宝类理财缘何风光不再[EB/OL].（2020-06-08）[2025-01-30]. http://money.people.com.cn/n1/2020/0608/c42877-31738656.html。

市场利率,因而是货币市场体系的重要组成部分。

同业拆借利率的形成机制分为两种:一种是由拆借双方当事人协商确定,这种机制下形成的利率主要取决于拆借双方拆借资金愿望的强烈程度,利率弹性较大;另一种是借助经纪商,通过公开竞价确定。后一种机制下形成的利率主要取决于市场拆借资金的供求状况,利率弹性较小。在国际货币市场上,最典型的、最有代表性的同业拆借利率是伦敦银行同业拆借利率(LIBOR),它是浮动利率融资工具的发行依据和参照。同业拆借市场的参与者包括各类商业性金融机构,主要有商业银行以及非银行金融机构。它们根据自身资产负债状况决定对同业拆借的供应或需求。同业拆借的期限一般以 1～2 天最为常见,期限最短的是隔夜拆借。期限较短的拆借称为头寸拆借,期限较长的拆借则称为同业借贷。

4.回购与逆回购

回购市场是通过回购协议进行短期货币资金借贷所形成的市场。回购是指在出售证券时,与证券的购买商签订协议,约定在一定期限后按原价或约定价格购回所卖证券,从而获得即时可用资金的一种交易行为。从本质上说,回购协议是一种以证券为抵押品的抵押贷款。

回购市场多以电信方式完成交易,通常没有集中、固定而有形的场所,只有少数交易通过市场交易商完成。

逆回购协议与回购协议实际上是一个问题的两个方面。逆回购协议是从资金供应者的角度出发,相对于回购协议而言的。在回购协议中,卖出证券取得资金的一方同意按约定期限以约定价格购回所卖出的证券;在逆回购协议中,买入证券的一方同意按约定期限以约定价格出售其所买入的证券。从资金供应者的角度看,逆回购协议是回购协议的逆操作。回购产品示意图如图5-2所示。

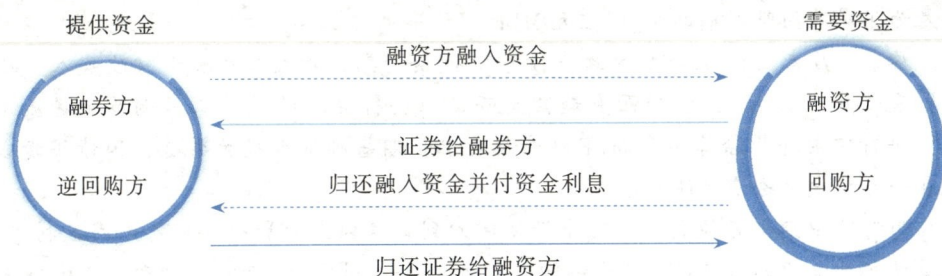

图 5-2 回购产品示意图

央行回购协议是中央银行常用的货币政策工具之一,通过回购和逆回购操作来调节市场流动性和利率水平。以央行回购协议为例,回购就是中国人民银行作为融资方,以手中所持有的债券作质押向金融机构融入资金,并承诺到期再买回债券并付出一定的利息。逆回购就是中国人民银行作为融券方,向一级交易商购买有价证券,并约定在未来特定日期将有价证券卖给一级交易商的交易行为,逆回购为央行向市场上投放流动性的操作。

在回购市场上,利率是不统一的,利率的确定取决于多种因素,这些因素主要有:

（1）用于回购的证券的品种和特性

证券的信用度越高，流动性越强，回购利率就越低；否则，利率就会相对高一些。

（2）回购期限的长短

一般来说，期限越长，不确定因素也就越多，因而利率也越高，但并不总是这样，实际上利率是可以随时调整的。

（3）交割的条件

如果采用实物交割方式，回购利率就会较低；如果采用其他交割方式，利率就会相对高一些。

（4）货币市场其他子市场的利率水平

回购协议的利率水平不可能脱离货币市场其他子市场的利率水平单独确定；否则，该市场将失去吸引力。它一般是参照同业拆借市场利率确定的。由于回购交易实际上是一种用较高信用的证券，特别是政府证券作抵押的贷款方式，风险相对较小，因而利率也较低。根据2017年5月22日起实施的新修改的《上海证券交易所交易规则》《上海证券交易所债券交易实施细则》，普通个人投资者可以作为逆回购方，通过证券质押式回购融出资金，但不能作为回购方融入资金。另外，普通个人的投资可以参与股票质押式回购交易。

思政园地

央行开展5 682亿元7天逆回购操作[①]

2024年9月，中国人民银行开展了5 682亿元逆回购操作，并延期续做到期中期借贷便利（MLF）。在资金面较为平稳的背景下，央行实施大额逆回购操作，主要是为了对冲同时到期的5 910亿元MLF。

尽管9月末之前还会处于政府债券发行高峰期，加之9月属于财政收入"小月"和支出"大月"，资金面有趋紧态势，但央行会通过多种工具调节市场流动性。央行需要寻找除降准和MLF以外新的中长期基础货币投放渠道，国债买卖或将在一定程度上扮演上述角色。

为对冲中期借贷便利和公开市场逆回购到期等因素的影响，央行以固定利率、数量招标方式开展了5 682亿元逆回购操作，操作利率为1.70%。此外，9月18日到期的MLF将于9月25日续做。由于9月18日有4 875亿元逆回购和5 910亿元MLF到期，公开市场实现净回笼5 103亿元。

对于个人投资者来说，比较熟悉的逆回购产品是国债逆回购，它是一种短期资金融通工具，允许投资者通过国债回购市场将资金短期借出，从而获得固定的利息收益。由于是以国债作为质押物，国债逆回购的风险非常低，几乎等同于国债本身的信用等级。国债逆回购的收益率通常高于同期银行存款利率，尤其是在月底、年底或者资金面紧张时，收益率可能有显著提高。另外，国债逆回购有多种期限可

---

① 张子怡.9月18日央行开展5 682亿元7天期逆回购操作[EB/OL].（2024-09-18）[2024-01-30].https://www.chinanews.com.cn/cj/2024/09-18/10287788.shtml.

选，包括1天、2天、3天、4天、7天、14天、28天、91天和182天等，资金到期后自动到账，可用于其他投资或提现；国债逆回购还具有操作便捷的特点，投资者只需要拥有证券账户，即可在交易日通过证券交易平台进行操作，无须复杂的手续。相比其他投资方式，国债逆回购的手续费相对较低，例如，做10万元1天期逆回购，佣金费用仅需1元。

国债逆回购的品种在上海证券交易所和深圳证券交易所都有上市，分别以"GC"和"R"开头的代码进行交易。上交所的国债逆回购品种交易金额为10万元起，深交所的交易基金为1000元起。投资者可以根据自己的资金情况和对流动性的需求，选择合适的品种进行投资。

在进行国债逆回购操作时，需要注意市场上的资金供求状况，特别是在季末、年末等关键时间点，收益率可能有较大的波动。

总的来说，国债逆回购是一种适合风险偏好较低、追求稳定收益的投资者的短期理财工具。投资者可以通过逆回购市场在保持资金流动性的同时，获得相对较高的收益。上交所回购产品一览表见表5-8。

表5-8　　　　　　　　　　　上交所回购产品一览表

上交所回购品种	代码	资金到账	2021年最高年化收益率
1天国债回购	204001	T+1	10%
2天国债回购	204002	T+2	8.905%
3天国债回购	204003	T+3	8.025%
4天国债回购	204004	T+4	8.795%
7天国债回购	204007	T+7	7.000%
14天国债回购	204014	T+14	4.900%
28天国债回购	204028	T+28	4.000%
91天国债回购	204091	T+91	3.150%
182天国债回购	204182	T+182	3.000%

理财故事

国债逆回购交易规则和操作方法

交易时间：国债逆回购的交易时间为每个交易日的9：30-11：30和13：00-15：30，其余时间不进行交易。

交易门槛：沪深两市逆回购门槛没有区别，基本上都是1000元以上，并且以1000元的整数倍递增。

交易费用：国债逆回购的交易费用按品种和金额来计算，废除了最低5元的限制。例如，1天期的逆回购手续费为0.001%，即每10万元1天收费1元，按天计息，30元封顶。

交易代码与名称：国债逆回购的交易代码为204开头的六位数字，交易简称为GC开头的三位数字。例如，204001为GC001，表示1天期的国债逆回购。

交易方式：投资者可以通过证券账户在交易软件或手机App上申报，选择逆回购方向，输入交易代码、数量、价格等信息，提交后等待成交。

价格与数量：价格为年化利率，单位为百分比，最小变动单位为0.005%。数量为国债的张数，1张为100元，最小变动单位为10张。

交易期限：国债逆回购的交易期限有1天、2天、3天、4天、7天、14天、28天、91天和182天共9个品种，对应的交易代码和简称分别为204001-GC001、204002-GC002、204003-GC003、204004-GC004、204007-GC007、204014-GC014、204028-GC028、204091-GC091和204182-GC182。

交易结算：国债逆回购的交易结算采用T+0清算、T+1交收的方式，即当天申报成交的资金，当天进行清算，次日进行交收。到期后，本金和利息自动返还到投资者的证券账户，无须再进行操作。

操作方法：投资者可以通过查询资金流水和持仓变动来了解交易情况。投资者需要在证券公司开设一个证券账户。在完成开户后，投资者需要将一定的资金注入证券账户中。这些资金可以是投资者的自有资金，也可以是借入的资金。需要注意的是，用于国债逆回购交易的资金应当是闲置资金。在选择好交易品种后，投资者可以通过证券公司的交易系统下单交易。下单时，投资者需要输入交易金额和交易期限等信息。交易系统会根据市场情况自动计算出交易价格和交易费用。投资者确认无误后，即可提交交易指令。

5.商业票据

商业票据是一种由企业或金融机构发行的，可在二级市场流通和转让的短期债务工具。这类票据的存续期限从极短的隔夜到通常不超过45天不等。商业票据通常通过折扣方式发行，而非支付利息，发行企业在票据到期时按面值偿还。商业票据的主要优势在于其出色的流动性和灵活的到期结构，这使得投资者能够精确控制投资期限。此外，投资者有机会购买来自多个行业和领域的商业票据，实现风险的分散化。

商业票据市场的繁荣建立在商业票据广泛流通的基础上，一个国家商业票据市场的成熟度与商业票据的流通性密切相关。商业票据市场的运作涉及多个关键要素，包括：

第一，发行主体，既包括金融机构也包括非金融机构；

第二，商业票据的面值和到期期限；

第三，销售流程，涵盖销售渠道和销售策略；

第四，信用评级，这是销售的必要条件；

第五，发行成本，除了利息外，还包括信用额度支持费、代理发行费和信用评级费；

第六，投资主体，涉及中央银行、非金融机构、投资机构、政府机构、养老金、其他基金组织以及个人投资者。

6.银行承兑汇票

银行承兑汇票是一种由银行出面担保，对商业汇票进行承兑的金融工具。银行通过承兑成为票据的主要债务人，而原始出票人则承担次要责任。银行承兑汇票的主要优势包括：

（1）高信用等级和强大的承兑能力

一旦银行对汇票进行承兑，即承诺在到期时无条件支付票面金额，这就将商业信用提升至银行信用的层面。对于企业而言，拥有银行承兑汇票几乎等同于持有现金。

（2）强大的流动性和高度的灵活性

银行承兑汇票可以通过背书的方式进行转让，也可以申请贴现，从而不会占用企业的流动资金。

（3）降低资金成本

对于那些信誉良好、银行信任的企业，它们只需缴纳一定比例的保证金，即可申请开具银行承兑汇票，用于日常的采购和销售活动；待到付款日期临近时，再将相应的资金转给银行。

由于这些优势的存在，银行承兑汇票在市场上广受欢迎。

7.短期政府债券

短期政府债券是一国政府部门为了满足短期资金需求而发行的一种期限在1年以内的债务凭证。政府在资金困难时，可通过发行政府债券来筹集资金，以弥补资金缺口。短期政府债券是指各级政府或由政府提供信用担保的单位发行的短期债券，是政府承担责任的短期信用凭证，期限为3、6、9、12个月。

从广义上看，政府债券不仅包括国家财政部门发行的债券，还包括地方政府及政府代理机构发行的债券。从狭义上看，政府债券仅指国家财政部门所发行的债券。西方国家一般将财政部门发行的期限在1年以内的短期债券称为国库券，所以从狭义上说，短期政府债券市场就是指国库券市场。短期政府债券具有违约风险低、流动性强、交易成本低和收入免税的特点。

五、任务实践

课前完成分组，小组内分配实践任务，并完成以下实践任务：

1.为客户配置现金规划工具，并完成表5-9；

2.分角色扮演客户及理财经理，向客户展示和讲解现金规划配置方案。

表5-9　　　　　　　　　客户现金类资产配置方案

序号	现金类产品	产品名称	产品介绍	配置金额

六、任务完成评价

（一）自我评价

1.通过本次学习，我学到的知识点、技能点有：＿＿＿＿＿＿＿＿＿＿＿
＿＿＿＿＿＿＿＿＿＿＿＿＿＿＿＿＿＿＿＿＿＿＿＿＿＿＿＿＿＿＿＿

不理解的有：＿＿＿＿＿＿＿＿＿＿＿＿＿＿＿＿＿＿＿＿＿＿＿＿＿＿
＿＿＿＿＿＿＿＿＿＿＿＿＿＿＿＿＿＿＿＿＿＿＿＿＿＿＿＿＿＿＿＿

2.我认为在以下方面还需要深入学习并提升岗位能力：＿＿＿＿＿＿＿＿
＿＿＿＿＿＿＿＿＿＿＿＿＿＿＿＿＿＿＿＿＿＿＿＿＿＿＿＿＿＿＿＿

3.在本次工作和学习过程中，我的表现可得到：□😎　□🙂　□🙁

（二）组员互相评价

表5-10　　　　　　　　　任务完成评价表

项目	评价内容：请在对应的考核项目□打"√"或打"×"	学生评价等级（学生互评）		
		😎	🙂	🙁
学习态度与职业素养测评	□能够保持良好的团队沟通和合作 □工作细致、态度端正			
职业技术与技能评价	得分（每空1分，满分100分） □75~100分，优秀 □60~74分，合格 □0~59分，不合格			
小组评语与建议		组长签名： 　　　　年　　月　　日		
教师评语与建议		评价等级： 教师签名： 　　　　年　　月　　日		

项目六 退休规划

项目导读

　　张伟是一位45岁的IT项目经理，工作稳定，家庭和睦。他一直梦想着在退休后，能够环游世界，享受悠闲的生活。然而，随着年龄的增长，他开始意识到，要实现这个梦想，仅依靠工作期间的收入是不够的。他需要一个详细的退休规划，以确保他的退休生活既舒适又充实。理财经理金经理将根据张伟的理财目标，帮助张伟设计一个退休规划方案，让他了解如何规划和管理他的财务，以享受无忧无虑的退休生活。

项目目标

思政目标：
➢引导学生理解国家养老保障政策的民生关怀，增强对中国特色社会保障体系的认同，厚植家国情怀与社会责任感。
➢在制订养老与退休规划时，培养学生提前规划、责任担当的意识，通过科学配置养老资产，助力构建应对人口老龄化的家庭与社会协同机制。
➢在退休规划风险分析中，融入金融安全与稳健投资理念，教育学生树立审慎的养老理财观，防范养老资金管理风险，维护个人与家庭财务稳定。

知识目标：
➢理解退休规划的重要性。
➢掌握退休资金需求的计算方法。
➢了解不同的退休储蓄和投资工具。

技能目标：
➢能够根据个人情况制订切实可行的退休规划。
➢能够制订有效的储蓄和投资策略，以实现退休规划目标。
➢能够跟踪和理解影响退休规划的新政策、市场趋势和金融产品，更新及调整退休规划。

学习任务及课时分配

表6-1　　　　　　　　　　　　学习任务及课时分配

活动序号	学习活动	课时安排
1	认识社会保障制度	2课时
2	制订养老与退休规划	2课时

任务一　认识社会保障制度

一、任务导航

表 6-2 为认识社会保障制度任务单，请查看本小组任务目标、任务知识点、任务技能点、学习时间节点及学习资源。

表 6-2　　　　　　　　　　　　认识社会保障制度任务单

任务基本描述：认识社会保障制度，了解其组成和功能

任务目标	任务知识点	任务技能点	学习时间节点	学习资源
获取社会保障制度信息	·理解社会保障制度的基本概念 ·了解社会保障制度的主要组成部分	·区分不同类型的社会保障制度 ·识别社会保障制度的关键要素	·课前准备 ·课堂展示	·微课资源
梳理社会保障制度信息	·掌握养老保险、医疗保险、失业保险等的具体内容 ·理解社会保障制度的运行机制 ·掌握社会保障制度的改革与发展	·分析社会保障制度的优缺点 ·评估社会保障制度对社会的影响	·课前准备 ·课堂展示	·微课资源 ·百度搜索

二、前导知识和技能测试

1. 前导知识 6.1
2. 技能测试 6.1

前导知识 6.1

技能测试 6.1

三、任务案例

党的二十届三中全会指出，"在发展中保障和改善民生是中国式现代化的重大任务"。增进民生福祉是发展的根本目的，进一步全面深化改革，要以促进社会公平正义、增进人民福祉为出发点和落脚点。

任务要求：请查阅《中共中央关于进一步全面深化改革 推进中国式现代化的决定》，理解"在发展中保障和改善民生"的内涵。

四、任务知识殿堂

（一）社会保障的定义及体系

社会保障是养老规划的基石，它为老年人提供了必要的经济支持和心理安全感，是实现老年人口"老有所养、老有所依"的重要保障。社会保障提供了退休后

的基本养老金，确保老年人在退休后有稳定的收入来源，满足其基本生活需要。通过社会保障体系，个人风险被社会化，即由社会集体分担个人的养老风险，减少个人因长寿、疾病或经济波动等不确定因素带来的影响。社会保障体系通过养老金等形式实现收入再分配，帮助缩小退休前后的收入差距，保障老年人的生活质量。一个健全的社会保障体系有助于减少贫困和不平等，提高社会整体的福利水平，从而促进社会稳定和谐。随着我国人口老龄化的加剧，社会保障体系需要不断调整和改革，以适应老年人口增加带来的挑战，确保养老资源的合理分配。

社会保障是指国家通过立法，积极动员社会各方面资源，保证无收入、低收入以及遭受各种意外灾害的公民能够维持生存，保障劳动者在年老、失业、患病、工伤、生育时的基本生活不受影响，同时根据经济和社会发展状况，逐步增进公共福利水平，提高国民生活质量。

中国的社会保障体系由以下几部分组成，分别是社会保险、社会救助、社会福利、社会优抚等四种保障形式。我国社会保障体系如图6-1所示。

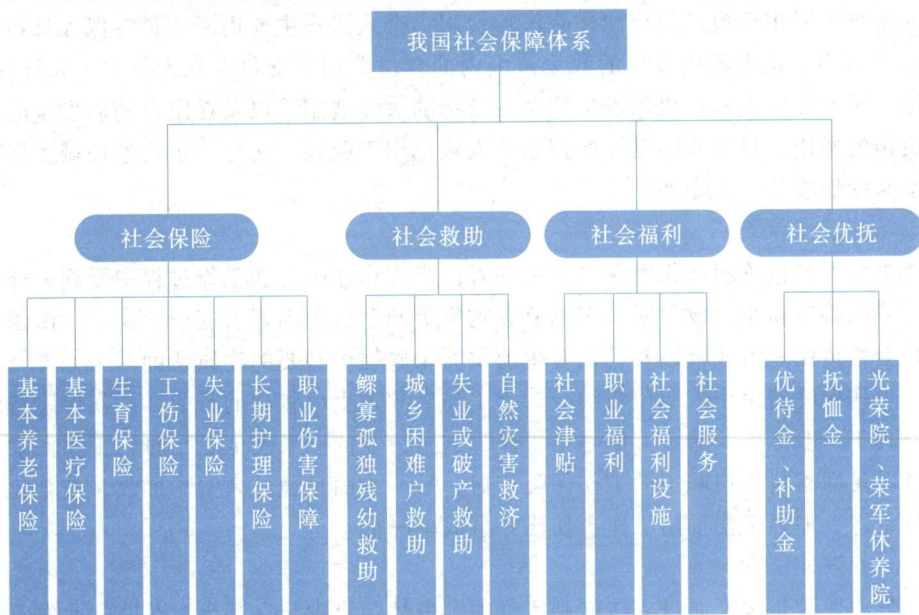

图6-1 我国社会保障体系

1.社会保险

社会保险即社保，是国家依法建立的一种社会保障制度，保障公民在年老、疾病、工伤、失业、生育等情况下依法从国家和社会获得物质帮助的权利。社会保险的主要项目包括养老保险、医疗保险、工伤保险、失业保险、生育保险。

(1) 养老保险

养老保险是劳动者在达到法定退休年龄退休后，从政府和社会得到一定的经济补偿、物质帮助和服务的一项社会保险制度。国有企业、集体企业、外商投资企业、私营企业和其他城镇企业及其职工，实行企业化管理的事业单位及其职工，必须参加基本养老保险。

新的参统单位（指各类企业）单位缴费费率确定为10%，个人缴费费率确定为

8%；个体工商户及其雇工、灵活就业人员及以个人形式参保的其他各类人员，根据缴费年限实行的是差别费率。参加基本养老保险的个人劳动者，缴费基数在规定范围内可高可低，多交多受益。职工按月领取养老金必须达到法定退休年龄，并且已经办理退休手续；所在单位和个人依法参加了养老保险并履行了养老保险的缴费义务；个人缴费至少满15年。

（2）医疗保险

城镇职工基本医疗保险制度是根据财政、企业和个人的承受能力所建立的保障职工基本医疗需求的社会保险制度。

所有用人单位，包括企业（国有企业、集体企业、外商投资企业和私营企业等）、机关、事业单位、社会团体、民办非企业单位及其职工，都要参加基本医疗保险。城镇职工基本医疗保险基金由基本医疗保险社会统筹基金和个人账户构成。

城镇职工基本医疗保险费由用人单位和职工个人共同缴纳。其中，单位按照缴费基数的6%比例缴纳，计入统筹账户；个人按照2%比例缴纳，计入个人账户。统筹账户主要用于报销门诊和住院医疗费用；个人账户主要用于支付参保人员在定点医疗机构、定点药店发生的政策范围内的自付费用，支付参保人员本人及配偶、父母、子女在定点医疗机构发生的个人负担的医疗费用，以及在定点药店发生的个人负担的费用。目前我国已开始探索个人账户用于配偶、父母、子女参加城乡居民基本医疗保险等个人缴费。

（3）工伤保险

工伤保险也称职业伤害保险。劳动者由于工作原因并在工作过程中受到意外伤害，或因接触粉尘、放射线、有毒有害物质等职业危害因素引起职业病后，由国家和社会给负伤、致残者以及死亡者生前供养亲属提供必要的物质帮助。

工伤保险费由用人单位缴纳，对于工伤事故发生率较高的行业，工伤保险费的费率高于一般标准。这一方面是为了保障这些行业的职工发生工伤时，工伤保险基金可以足额支付工伤职工的工伤保险待遇；另一方面是通过高费率征收，使企业有风险意识，加强工伤预防工作，使伤亡事故率降低。

（4）失业保险

失业保险是国家通过立法强制实行的，由社会集中建立基金，对因失业而暂时中断生活来源的劳动者提供物质帮助的制度。

（5）生育保险

生育保险是针对生育行为的生理特点，根据法律规定，在职女性因生育子女而导致劳动者暂时中断工作、失去正常收入来源时，由国家或社会提供的物质帮助。生育保险待遇包括生育津贴和生育医疗服务两项内容。

生育保险由单位缴费，个人不缴费。单位缴费比例由当地人民政府确定，但最高不超过职工工资总额的1%。生育保险的给付包括生育医疗费用的报销和生育津贴。其中，生育津贴按照职工所在用人单位上年度职工月平均工资计发，生育津贴相当于因生育休产假或计划生育手术休假期间的工资。

2.社会救助

社会救助是指国家和社会对由于各种原因而陷入生存困境的公民，给予财物接济和生活扶助，以保障其最低生活需要的制度。社会救助作为社会保障体系的一个组成部分，具有不同于社会保险的保障目标。社会保险的目标是防范劳动风险，而社会救助的目标则是缓解生活困难。

自20世纪90年代以来，我国相继建立起低保、医疗救助、住房救助、教育救助、就业救助、临时救助等制度，改革五保供养和灾害救助制度。2014年，国务院颁布《社会救助暂行办法》，形成以基本生活保障为核心、专项救助为基础、临时救助为补充的社会救助体系，初步实现了新型社会救助制度的定型化、规范化和体系化；2020年，中共中央办公厅、国务院办公厅在《关于改革完善社会救助制度的意见》中要求"坚持统筹兼顾，加强政策衔接，形成兜底保障困难群众基本生活的合力"；2023年，国务院办公厅在转发民政部等部门《关于加强低收入人口动态监测 做好分层分类社会救助工作的意见》中也提出"实现救助资源统筹衔接、救助信息聚合共享、救助效率有效提升"的目标。

根据《社会救助暂行办法》，我国社会救助的类型主要包括最低生活保障、特困人员供养、受灾人员救助、医疗救助、教育救助、住房救助、就业救助、临时救助等。其中，最低生活保障救助的范围是：国家对共同生活的家庭成员人均收入低于当地最低生活保障标准，且符合当地最低生活保障家庭财产状况规定的家庭，给予最低生活保障。最低生活保障家庭收入状况、财产状况的认定办法由省、自治区、直辖市或者设区的市级人民政府按照国家有关规定制订。特困人员的救助范围是：国家对无劳动能力、无生活来源且无法定赡养抚养扶养义务人或者其法定义务人无履行义务能力的老年人、残疾人以及未成年人给予特困人员救助供养。

中国的社会救助体系强调托底保障，旨在构建更加公平、包容的社会安全网，确保每个公民的基本生活权利不受侵犯。随着社会经济的发展，中国的社会保障体系也在不断完善，以更好地满足人民群众的需求。

3.社会福利

社会福利是社会保障的重要组成部分，是指国家或者社会在法律和政策范围内，向全体公民或者特定群体提供的，旨在改善和提高其生活质量的各种资金帮助、优价服务和社会性制度。社会福利具有普遍性、特殊性和保障方式多样性等特点，旨在满足社会成员的基本生活需要，提升其生活水平，并促进社会的和谐与稳定。

社会福利主要包括以下内容：

（1）公共福利

为全体社会成员提供的普遍性福利，如公共卫生、基础教育等领域的服务。

（2）职业福利

为本单位、本行业从业人员及其家属提供的特定福利，如企业年金、住房补贴等。

（3）特殊群体福利

针对老年人、儿童、妇女、残疾人等特殊群体提供的专门福利，如老年人高龄津贴、残疾人康复服务等。

4.社会优抚

社会优抚是中国社会保障制度的重要组成部分。社会优抚制度的建立，对于维持社会稳定、保卫国家安全、促进国防和军队现代化建设、推动经济发展和社会进步具有重要的意义。社会优抚是国家和社会依法对有特殊贡献者及其家属，尤其是现役军人、复员退伍军人以及军烈属等优抚对象实行物质照顾、生活和工作安置、精神抚慰的褒扬性、补偿性、优待性、综合性的特殊社会保障。

2004年以来，优抚对象的保障范围不断扩大。2004年，将初级士官纳入评病残范围，并取消了患精神病义务兵和初级士官不能评残的限制；2006年，将带病回乡退伍军人纳入国家定期生活补助范围；2007年，将部分参战退役人员、参加核试验的军队退役人员纳入优抚对象；2011年，将60周岁以上农村籍退役士兵、部分老年烈士子女、铀矿开采退役人员纳入优抚对象……截至2024年，全国享受国家定期抚恤补助的优抚对象已超过892万人。

2024年8月5日，根据中华人民共和国国务院、中华人民共和国中央军事委员会令〔第788号〕公布的第三次修订的《军人抚恤优待条例》，抚恤优待对象包括：（1）军人；（2）服现役和退出现役的残疾军人；（3）烈士遗属、因公牺牲军人遗属、病故军人遗属；（4）军人家属；（5）退役军人。根据《优抚对象补助经费管理办法》，中央财政每年根据各省（自治区、直辖市）当年各类优抚对象群体人数和规定补助标准安排优抚对象抚恤和生活补助中央财政补助资金。各地可统筹使用中央财政补助资金和地方财政安排的补助资金，用于发放优抚对象定期抚恤金和生活补助，以及国家按规定向优抚对象发放的一次性生活补助等。

（二）社会保障的发展及目标

1.我国社会保障的发展历程

我国社会保障发展的每一阶段都是建立在整个国家经济基础的发展上的。与西方国家以高负债率来维持高额福利待遇不同，我国社会保障体系一直是稳步推进的。

（1）初创阶段（1949—1978年）

中华人民共和国成立后，国家面临经济恢复与社会重建的巨大挑战。新中国成立初期的社会保障体系主要是为了保障工人、农民的基本生活需求。

1951年，《劳动保险条例》发布，这是新中国第一部社会保障法规，标志着新中国社会保障制度正式建立，主要为国有企业职工提供养老、医疗、工伤等保障。20世纪50年代到60年代，农村合作医疗制度开始实行，农民通过集体经济支付部分医疗费用。这一时期的社会保障主要针对城镇职工，农村人口的保障体系相对薄弱。保障内容以劳动保险为主，强调国家对工人的责任，但教育、住房和养老服务等社会福利涉及较少。当时国家工作的重点是在快速恢复经济和满足工人基本需求的基础上，推动工业化发展进程。因此，社会保障的覆盖范围和内容相对有限。1966年，劳动保险管理机构被撤销。1969年2月，财政部规定国营企业一律停止提取劳动保险金。在整个20世纪70年代，社会化的劳动保险又被办成了"企业保险"。

（2）改革开放初期（1978—1992年）

改革开放初期，社会保障改革打破了企业包揽的模式，初步形成了社会化的保障体系。这一时期的改革为后来的社会保障制度的全面建设奠定了基础。

1984年，国家有关部门制订了《城镇集体所有制企业、事业单位职工养老保险暂行条例》。1986年10月以后，入职国企的职工实行合同制，缴纳养老保险。1988年，国务院颁布《关于深化企业医疗保险制度改革的指导意见》，推动医疗保险从企业负担向社会统筹转变。1991年，国家通过了《关于企业职工养老保险制度改革的决定》，规定实行基本养老保险、企业补充养老保险和职工个人储蓄性养老保险相结合的养老保险制度，费用由国家、企业、个人共同负担。从1993年开始，国家陆续对国企的全民固定工试行全员劳工合同制，随后在各地推广。"社会统筹与个人账户相结合"的模式是为应对养老保险制度所存在的问题而进行的一项重大改革。这一模式在全国范围内推广实施，并成为目前中国城镇职工基本养老保险的核心模式。

（3）制度建设阶段（1993—2000年）

20世纪90年代，随着人口老龄化加剧，依赖单一社会统筹的养老金支付方式已经难以为继。

1997年，《国务院关于建立统一的企业职工基本养老保险制度的决定》发布，开始在全国范围内推行基本养老保险制度，企业与个人共同缴费，建立社会统筹与个人账户相结合的模式。1998年，《国务院关于建立城镇职工基本医疗保险制度的决定》发布，标志着城镇职工基本医疗保险制度正式建立。1999年4月，《住房公积金管理条例》发布，住房公积金制度取代了原来的福利分房制度，企业和职工开始依法缴纳住房公积金。

在这一时期，社会保障制度逐渐扩展至城镇企业职工，覆盖面逐渐扩大。社会保障制度的建立为市场经济的稳定发展提供了重要支持。

（4）全面推进与制度完善（2001—2010年）

进入21世纪，中国社会保障制度逐步走向全面覆盖，国家致力于建立更加完善、覆盖城乡的社会保障体系。

自2003年开始，中央财政对中西部地区除市区以外的参加新农村合作医疗的农民，每年按人均10元安排合作医疗补助资金。这是中国政府历史上第一次为解决农民的基本医疗问题进行大规模投入。这一制度从2010年开始全面实施，陆续覆盖广大农民。2009年国家启动了新型农村社会养老保险制度，2011年起推广到城镇居民，进一步扩大了保障范围。

这一阶段的社会保障改革进一步缩小了城乡差距，覆盖面不断扩大，实现了基本保障的全民覆盖目标。城乡居民医疗保险和养老保险制度的建立，使得社会保障体系更加完善。

（5）深化改革与全民覆盖（2011年至今）

随着中国进入全面建成小康社会的关键时期，社会保障体系面临新的挑战，如人口老龄化、城乡发展不平衡等。

2014年，《国务院关于整合城乡居民基本养老保险制度的意见》发布，国家决定整合城乡居民养老保险制度，建立统一的城乡居民基本养老保险制度。2016年，全国基本实现全民医保覆盖，城乡居民医保合并，覆盖率达到95%以上，基本实现了"全民医保"。2022年4月21日，国务院办公厅发布《关于推动个人养老金发展的意见》，明确参加人每年缴纳个人养老金的上限为12 000元。同年11月4日，五部门联合发布《个人养老金实施办法》；11月25日，人力资源和社会保障部宣布，个人养老金制度启动实施；12月，开始个人养老金试点。自2023年1月1日起，我国开展了养老保险公司商业养老金业务试点。

中国社会保障体系的演变历史是国家经济社会发展的缩影，从最初的劳动保险和合作医疗制度，到现在覆盖城乡的基本养老、医疗保险体系，中国的社会保障制度经历了不断的改革与完善，为保障民生、促进社会和谐发挥了重要作用。

2.我国社保保障体系的发展目标

建设中国特色社会保障体系是中国式现代化的重要内容。2012年12月，习近平总书记在中央经济工作会议上指出，"要坚持全覆盖、保基本、多层次、可持续方针，加强城乡社会保障体系建设，继续完善养老保险转移接续办法，提高统筹层次"。2021年2月，习近平总书记在主持十九届中共中央政治局第二十八次集体学习时，要求围绕"全覆盖、保基本、多层次、可持续"等目标加强中国社会保障体系建设。2022年，党的二十大报告明确提出"健全覆盖全民、统筹城乡、公平统一、安全规范、可持续"的多层次社会保障体系目标要求。党的二十届三中全会审议通过的《中共中央关于进一步全面深化改革 推进中国式现代化的决定》（以下简称《决定》），将"聚焦提高人民生活品质"纳入进一步全面深化改革的"七个聚焦"之一，将"坚持以人民为中心"作为改革开放以来，特别是新时代全面深化改革的宝贵经验和进一步全面深化改革的重大原则。《决定》强调，在发展中保障和改善民生是中国式现代化的重大任务，必须坚持尽力而为、量力而行，完善基本公共服务制度体系，加强普惠性、基础性、兜底性民生建设，解决好人民最关心、最直接、最现实的利益问题，不断满足人民对美好生活的向往。

第一，完善收入分配制度，构建初次分配、再分配、第三次分配协调配套的制度体系。提高居民收入在国民收入分配中的比重，特别是劳动报酬在初次分配中的比重。完善劳动者工资决定、合理增长、支付保障机制。支持发展公益慈善事业。

第二，完善就业优先政策，健全高质量充分就业促进机制和就业公共服务体系。解决结构性就业矛盾，支持高校毕业生、农民工、退役军人等重点群体就业。统筹城乡就业政策体系，优化创业促进就业政策环境。

第三，健全社会保障体系。完善基本养老保险全国统筹制度，健全社保基金保值增值和安全监管体系。逐步提高城乡居民基本养老保险基础养老金。扩大失业、工伤、生育保险覆盖面，取消在就业地参保户籍限制。

第四，深化医药卫生体制改革，实施健康优先发展战略，健全公共卫生体系。促进医疗、医保、医药协同发展和治理，促进优质医疗资源扩容下沉和区域均衡布局。

第五，健全人口发展支持和服务体系，完善人口发展战略，健全覆盖全人群、全生命周期的人口服务体系。完善生育支持政策体系和激励机制，推动建设生育友好型社会。

　　积极应对人口老龄化，完善发展养老事业和养老产业政策机制。发展银发经济，创造适合老年人的多样化、个性化就业岗位。按照自愿、弹性原则，稳妥有序推进渐进式延迟法定退休年龄改革。优化基本养老服务供给，培育社区养老服务机构，健全公办养老机构运营机制，鼓励和引导企业等社会力量积极参与，推进互助性养老服务，促进医养结合。加快补齐农村养老服务短板。改善对孤寡、残障失能等特殊困难老年人的服务，加快建立长期护理保险制度。

思政园地

中国获社保杰出成就奖是实至名归[①]

　　2016年11月，在巴拿马召开的国际社会保障协会（ISSA）第32届全球大会上，"社会保障杰出成就奖"（2014—2016）被授予了中华人民共和国政府，这是对中国社会保障改革与制度建设所取得的卓越成就的高度认可。国际社会保障协会是全球社会保障领域最重要的国际组织，"社会保障杰出成就奖"是该组织对某一个国家在社会保障方面作出的非凡承诺和杰出成就的世界性认可。中国在近30年特别是近10年间已经取得的社会保障发展成就，表明这次获奖是实至名归。

　　2015年10月9日，国际社会保障协会秘书长康克乐伍斯基（Hans-Horst Konkolewsky）先生访问中国人民大学，在主持完他的报告会后，我们进行了友好的交流。在交流中我们达成的一个重要共识就是社会保障的发展虽然在个别或少数国家出现了波折，但总体上向前发展之势不可阻挡，因为包括中国在内的许多发展中国家都在发展自己的社会保障事业，中国更是以自己的行动与成果为当代世界社会保障的发展作出了巨大的贡献。我们都认为，衡量社会保障发展的指标主要有两个：一是覆盖人口，表明社会保障制度发展的广度；二是保障水平，表明社会保障制度发展的深度。中国已经建立了普遍性养老金制度、全民医保制度，而且持续多年不断提升养老金水平与医保水平，仅此两项基本制度安排就使全世界的社会保障覆盖人口大幅度增加、保障水平大幅度提升。因此，我认为，中国社会保障发展对世界社会保障发展的贡献并不亚于中国经济增长对世界经济发展的贡献。中国创造了当今世界国民经济持续高速增长的奇迹，也正在创造社会保障快速发展的奇迹。在近年来出席中欧议会交流机制、中法议会交流机制、中德议会交流机制及参与接待日本国会代表团、意大利议会代表团、越南国会代表团并作为主谈社会保障与社会政策的中方代表，我都发表过上述观点。

　　从横向比较来看，中国的经济发展与社会保障发展所取得的成就得益于全球化和我们自己奉行的改革开放政策。同样是在全球化背景下，有的国家成功了，有的国家却遭遇了麻烦；有的国家赢得了经济增长与社会保障发展的双重成果，有的国家却失去了经济发展机会并陷入社会保障危机。最根本的一条其实就是政治担当与政治智慧。凡是遭遇危机且难以摆脱危机的国家都有一个共性，就是政治家的担当精神与政治智慧不够，而能够化危为机者则绝对是政治家有担当并且所做决策充满

---

　　① 郑功成.中国获社保杰出成就奖是实至名归[EB/OL].（2016-11-21）[2025-01-30]. https://www.mohrss.gov.cn/wap/xw/rsxw/201611/t20161121_259937.html.

智慧。在这方面，中国绝对是一个正面的例子。

中国近30年来在社会保障领域所取得的成就，取决于中国共产党与中国政府对社会保障改革与制度建设的高度重视。尽管改革的道路并非一帆风顺，现实中的制度安排还存在种种不足，但坚持改革、坚持不断提升人民福祉的追求始终未变，历届党和政府都作出了巨大的努力，特别是近10年来，更是在自上而下的大力推动下，中国进入了全民社保的时代。党的十八大以来，习近平总书记发出的"人民对美好生活的向往，就是我们的奋斗目标"庄严承诺正在不断内化为相关制度安排，社会保障制度无论从覆盖面还是从保障水平、管理创新上均上了一个新的台阶，居民收入增长长期滞后于国内生产总值增长速度的局面已经改变，消费成了中国经济增长的第一引擎，经济发展与社会保障及改善民生之间客观上已经进入了一个良性互动的新阶段。因此，国际社会保障协会将"社会保障杰出成就奖"授予中国政府，不仅是对中国社会保障发展的高度认可，而且将进一步鼓励各国社保工作者关注并学习中国经验，并通过完善自己国家的社会保障制度来造福本国人民。

当然，对中国而言，获奖是一件大好事，但我们还要始终牢记，社会保障发展是一个持续不断的过程，它只有连续不断的新起点而不会有终点，因为人民对福利的诉求源自内心并且会伴随国家的发展而不断升级。特别是在当前，我们还要面对社会保障领域中的各种现实问题与挑战。因此，中国政府还需要更大的政治勇气与政治智慧来加快促使社会保障制度真正走向成熟、定型；而立足于国家治理与人民世代福祉，通过全面深化改革来优化制度安排，持续不断地通过健全社会保障制度来增进人民福祉并使之持续发展，无疑是必由之路。

五、任务实践

课前完成分组，小组内分配实践任务，并完成以下实践任务：

情景模拟实训：完成表6-3中的实践任务。

表6-3　　　　　　　　认识我国社会保障体系实践任务

工作任务	认识我国社会保障体系	教学模式	任务驱动
建议学时	2学时	教学地点	一体化实训室
任务描述	1.掌握我国社会保障体系的内容； 2.掌握社会保险体系的内容； 3.理解"在发展中保障和改善民生"的内涵		
任务信息	1.查找资料，用思维导图的方式画出我国社会保险体系的框架。 2.阅读《中共中央关于进一步全面深化改革 推进中国式现代化的决定》（2024年7月18日中国共产党第二十届中央委员会第三次全体会议通过），试制作一份宣传册或海报，向公众宣传关于"在发展中保障和改善民生"的内涵，以及关键改革措施		
学习准备	纸、笔或思维导图软件		

六、任务完成评价

（一）自我评价

　　1.通过本次学习，我学到的知识点、技能点有：＿＿＿＿＿＿＿＿＿＿＿

＿＿＿＿＿＿＿＿＿＿＿＿＿＿＿＿＿＿＿＿＿＿＿＿＿＿＿＿＿＿＿＿＿

　　不理解的有：＿＿＿＿＿＿＿＿＿＿＿＿＿＿＿＿＿＿＿＿＿＿＿＿＿＿

＿＿＿＿＿＿＿＿＿＿＿＿＿＿＿＿＿＿＿＿＿＿＿＿＿＿＿＿＿＿＿＿＿

　　2.我认为在以下方面还需要深入学习并提升岗位能力：＿＿＿＿＿＿＿＿

＿＿＿＿＿＿＿＿＿＿＿＿＿＿＿＿＿＿＿＿＿＿＿＿＿＿＿＿＿＿＿＿＿

　　3.在本次工作和学习过程中，我的表现可得到：□😎　□😊　□😟

（二）组员互相评价

表6-4　　　　　　　　　　　任务完成评价表

项目	评价内容：请在对应的考核项目□打"√"或打"×"	学生评价等级（学生互评）		
		😎	😊	😟
学习态度与职业素养测评	□能够保持良好的团队沟通和合作 □工作细致、态度端正			
职业技术与技能评价	得分（每空1分，满分87分） □60~87分，优秀 □35~59分，合格 □0~34分，不合格			
小组评语与建议		组长签名： 　　　　　年　　月　　日		
教师评语与建议		评价等级： 教师签名： 　　　　　年　　月　　日		

任务二　制订养老与退休规划

一、任务导航

　　表6-5为制订养老与退休规划工作任务单，请查看本小组任务目标、任务知识点、任务技能点、学习时间节点及学习资源。

表6-5　　　　　　　　制订养老与退休规划工作任务单

任务基本描述：制订养老与退休规划，了解养老规划的基本概念和策略				
任务目标	任务知识点	任务技能点	学习时间节点	学习资源
测算养老退休金	•理解养老规划的基本概念 •了解我国养老规划的主要组成部分	•能够识别养老规划的关键要素 •能够测算基本养老金计提金额 •能够测算养老金需求缺口	•课前准备 •课堂展示	•微课资源 •百度搜索
制订养老与退休规划方案	•理解退休时的支出情况，包括日常生活支出、医疗支出等 •掌握养老退休金计算的方法 •√掌握制订退休规划的一般步骤	•能够运用退休规划的原则 •能够制订符合个人需求的退休规划方案	•课前准备 •课堂展示	•微课资源 •百度搜索

二、前导知识和技能测试

前导知识6.2

1. 前导知识6.2
2. 技能测试6.2

三、任务案例

技能测试6.2

案例背景：

王先生，45岁，在一家科技公司担任高级工程师，年收入20万元。王太太，42岁，自由职业者，年收入5万元。

家庭状况：有一对子女，一个15岁，另一个10岁。

退休目标：60岁退休，希望在二线城市拥有舒适的退休生活，包括日常生活开销、子女教育费用、医疗保健费用、休闲娱乐活动、定期旅游。

假设：

通货膨胀率：3%；

预期寿命：80岁；

储蓄和投资年化收益率：5%；

生活费用：每年6万元；

子女教育费用：每年12万元（每个孩子6万元）；

房屋相关费用：每年3万元（物业费、维修费等）；

交通费用：每年2万元；

其他费用：每年1万元（包括通信、衣物、个人护理等）；

退休后医疗保健费用占生活费用的10%，休闲娱乐费用占生活费用的20%，交通费减少了25%；

退休后王先生退休社保养老金为6 000元、王太太为3 000元（假设退休后不再变化），现有投资资产50万元，投资收益率为5%，是养老准备金，退休后不再投资。

任务要求：为王先生家庭进行退休需求分析，计算养老金缺口，并向客户展示退休规划方案。

四、任务知识殿堂

（一）退休规划概述

1.退休规划的重要性

（1）确保基本生活需求

随着工作收入的停止发放，如何确保日常生活中的食物、住所、医疗等基本开支成为每个退休人士必须面对的问题。退休规划通过对个人财务的合理安排，使退休金和其他储蓄能够持续、稳定地覆盖这些基本开销。没有合理的退休规划，退休人士可能面临经济紧缩、生活质量下降，甚至无法维持基本生活的困境。因此，退休规划的重要性在于它为退休生活提供了必要的经济保障，确保退休者在失去工作收入后，依然能够维持相对稳定和舒适的生活状态，避免因经济压力影响晚年的幸福感和生活质量。

（2）应对长寿风险

根据第七次人口普查（普查标准时点为2020年11月1日零时）数据，我国65岁以上老龄人口已达1.9亿人，占全国总人口的13.5%。随着人口老龄化的加剧，养老已不再仅仅是老年人需要面对的问题。随着医疗科技的进步和生活水平的提高，人们的平均寿命不断增长，这就意味着退休后的生存期可能比预期更长。如果没有提前进行周密的退休规划，退休人士可能发现自己的储蓄和养老金在漫长的退休生活中逐渐耗尽，从而在晚年陷入财务困境。

退休规划通过提前预估退休后的生活成本和寿命，帮助个人合理安排资金，确保即使在长寿的情况下，也有足够的财务资源支撑日常生活。因此，退休规划能够帮助人们从容应对长寿带来的潜在经济压力。

（3）规避经济风险

个人可能面临通货膨胀、投资亏损、医疗费用上涨等多重经济风险。这些风险不仅会侵蚀退休金的购买力，还可能导致个人财务状况不稳定，使得退休人士的生活陷入不确定和焦虑之中。通过提前进行退休规划，个人可以合理安排投资组合，分散风险，确保退休资金能够保值增值，同时也能够预备出应对突发医疗支出的资金，从而有效规避或减轻经济波动对退休生活的影响，保障退休后的经济安全和生活品质。

（4）拥有健康保障

随着中国人口老龄化的加剧，健康保障在退休规划中的地位愈发突出。在60以上群体中，慢性病发病率高达77%，这就意味着退休后的医疗费用将成为一项重要的支出。根据相关数据，老年人平均医疗费用是年轻人的3~5倍。假设一位退休人士每月的医疗保险费用为1 000元，如果平均寿命为85岁，那么从60岁到85岁的25年间，仅医疗保险一项的支出就高达30万元（不考虑通货膨胀）。这还不包括可能的重大疾病治疗费用、长期护理费用以及随着年龄增长而增加的其他健康相关支出。

如果没有合理的退休规划，这些费用就可能成为退休人士的巨大负担。通过提前进行退休规划，个人可以确保在退休后有足够的资金来支付医疗费用、定期体检和可能的长期护理费用，这样的保障不仅能够及时应对疾病的发生，还能够通过预防措施来维持身体的健康。因此，合理的退休规划可以帮助个人在退休后拥有稳定的健康保障，确保退休人士在面对健康风险时，能够维持生活质量，享受无忧的晚年生活。

（5）帮助家庭和社会减轻负担

退休规划的重要性不仅体现在个人层面，还体现在其对家庭和社会负担的减轻作用上。据统计，在中国所有家庭中，大约有1/4需要承担老年人的医疗和生活费用，这对许多家庭来说是一笔不小的开支。如果没有合理的退休规划，这部分费用很可能会迫使子女在工作和家庭之间作出艰难的选择，甚至可能导致家庭经济危机。

同时，退休规划的缺失也会给社会带来压力。国家和社会的养老保障体系虽然能够提供基本的养老支持，但面对日益增长的老年人口，如果没有足够的个人退休准备，社会保障体系将面临巨大的资金压力。例如，如果每位退休人士都依赖社会养老保险作为唯一的经济来源，那么社会养老保险基金的支付压力将大幅增加，这不仅影响养老保险基金的支付能力，还可能影响整个社会保障体系的稳定性。因此，通过进行合理的退休规划，个人可以提前为自己的晚年生活做好准备，有效减轻家庭和社会的负担，促进社会资源的合理分配和社会稳定。

（6）实现个人退休目标

退休规划也是确保个人能在离开职场后维持期望生活方式的关键。我们可以想象一下，一个在职场上辛勤工作了几十年的员工，梦想着退休后能够环游世界，享受悠闲的生活。然而，他如果没有提前进行规划，这个梦想很可能因为资金不足而变得遥不可及。

以张先生为例，他在45岁时开始为自己的退休生活进行规划，通过定投养老金、购买商业养老保险等方式，为自己积累了一笔可观的退休金。到了60岁退休时，张先生已经积累了一笔近200万元的退休金，这使得他不仅能够实现退休后每年两次出国旅行的愿望，还有余力参与各种兴趣班和社区活动，如学习钢琴、参加老年大学的课程、加入摄影俱乐部等。张先生的退休生活丰富多彩，既有经济上的安全感，也有精神文化上的满足感。通过进行合理的退休规划，个人能够确保自己在退休后拥有稳定的经济来源，从而享受心中所期望的、丰富多彩的退休生活。退休不仅是职场工作的结束，还是新生活的开始，而退休规划正是开启这段新旅程的关键。无论是旅行、兴趣爱好还是志愿服务，退休规划都可以帮助退休人士实现自己的退休目标。

2.我国退休养老体系

党的二十大报告提出，完善基本养老保险全国统筹制度，发展多层次、多支柱养老保险体系。推进多层次、多支柱养老保险体系建设，有利于促进养老保险制度可持续发展，满足人民群众日益增长的多样化养老保险需要。目前，中国的退休养老体系主要由三大支柱构成，分别是基本养老保险、企业年金（职业年金）和个人储蓄型养老保险（个人养老金），如图6-2所示。

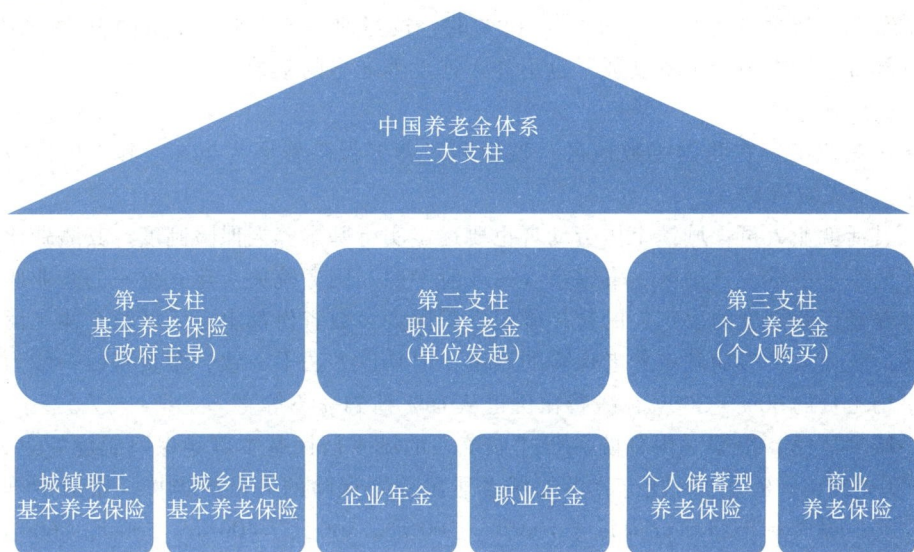

中国养老金体系
三大支柱

第一支柱 基本养老保险 （政府主导）	第二支柱 职业养老金 （单位发起）	第三支柱 个人养老金 （个人购买）
城镇职工基本养老保险 ／ 城乡居民基本养老保险	企业年金 ／ 职业年金	个人储蓄型养老保险 ／ 商业养老保险

图6-2　中国养老体系三大支柱

（1）基本养老保险

第一支柱是基本养老保险，这是中国养老体系的核心部分，由城镇职工基本养老保险和城乡居民基本养老保险组成。城镇职工基本养老保险主要覆盖城镇各类企业职工、机关事业单位工作人员，实行社会统筹与个人账户相结合的制度模式。城乡居民基本养老保险则主要针对农村居民和城镇非就业居民，以个人缴费、集体补助、政府补贴相结合的方式筹集资金。截至2024年3月，我国基本养老保险已经覆盖了超过10亿人，成为世界上覆盖人数最多的养老保险制度。

根据《中华人民共和国社会保险法》和《国务院关于建立统一的企业职工基本养老保险制度的决定》（国发〔1997〕26号）的规定，企业缴纳基本养老保险费的比例一般不得超过企业工资总额的20%，具体比例由省、自治区、直辖市人民政府确定。

①缴费基数

缴费是指企业和职工用以缴纳社会保险费的工资基数，用此基数乘以规定的缴费比例，即为企业和职工个人应缴纳的金额。基数的大小不仅决定应缴纳的社会保险费数额，而且影响职工社会保险待遇。

职工缴纳基本养老保险费的缴费基数是本人工资。在实际操作中，本人工资一般是指本人上年度月平均工资。月平均工资按国家统计局规定列入工资总额统计的项目计算，包括工资、奖金、津贴、补贴等收入。根据《职工基本养老保险个人账户管理暂行办法》（劳办发〔1997〕116号）的规定，职工本人一般以上一年度本人月平均工资为个人缴费工资基数（有条件的地区也可以本人上月工资收入为个人缴费工资基数）。新招职工（包括研究生、大学生、大中专毕业生等）以起薪当月工资收入作为缴费工资基数；从第二年起，按上一年实发工资的月平均工资作为缴费工资基数。

本人月平均工资低于当地职工平均工资60%的，按当地职工月平均工资的60%缴费；超过当地职工平均工资300%的，按当地职工月平均工资的300%缴费，超过部分不计入缴费工资基数，也不计入计发养老金的基数。

②缴费比例

城镇职工：在我国多数地区，城镇职工养老保险费率为24%，其中单位缴费16%、个人缴费8%。

灵活就业人员：城镇个体劳动者也要逐步实行基本养老保险制度，其缴费比例和待遇水平由省、自治区、直辖市人民政府参照《国务院关于建立统一的企业职工基本养老保险制度的决定》的精神确定。我国大多数省份都出台了城镇个体工商户和灵活就业人员参加基本养老保险的政策，但具体办法不一致，缴费基数一般为职工平均工资的60%~300%，缴费比例也从16%到21%不等。

城乡居民：根据《国务院关于建立统一的城乡居民基本养老保险制度的意见》（国发〔2014〕8号）的规定，参加城乡居民养老保险的人员应当按规定缴纳养老保险费。缴费标准目前设为每年100元、200元、300元、400元、500元、600元、700元、800元、900元、1 000元、1 500元、2 000元12个档次，省（自治区、直辖市）人民政府可以根据实际情况增设缴费档次，最高缴费档次标准原则上不超过当地灵活就业人员参加职工基本养老保险的年缴费额，并报人力和资源社会保障部备案。人力和资源社会保障部会同财政部，依据城乡居民收入增长等情况适时调整缴费档次标准。参保人自主选择档次缴费，多缴多得。

③领取条件

所谓退休，是指根据国家有关规定，劳动者因年老或因工、因病致残完全丧失劳动能力而退出工作岗位。2024年9月，第十四届全国人民代表大会常务委员会第十一次会议通过《全国人民代表大会常务委员会关于实施渐进式延迟法定退休年龄的决定》，批准了《国务院关于渐进式延迟法定退休年龄的办法》。根据《国务院关于渐进式延迟法定退休年龄的办法》的规定，从2025年1月1日起，男职工和原法定退休年龄为55周岁的女职工，法定退休年龄每4个月延迟1个月，分别逐步延迟至63周岁和58周岁；原法定退休年龄为50周岁的女职工，法定退休年龄每2个月延迟1个月，逐步延迟至55周岁。

从2030年1月1日起，将职工按月领取基本养老金最低缴费年限由15年逐步提高至20年，每年提高6个月。职工达到法定退休年龄但不满最低缴费年限的，可以按照规定通过延长缴费或者一次性缴费的办法达到最低缴费年限，按月领取基本养老金。鼓励职工长缴多得、多缴多得、晚退多得。基本养老金计发比例与个人累计缴费年限挂钩，基本养老金计发基数与个人实际缴费挂钩，个人账户养老金根据个人退休年龄、个人账户储存额等因素确定。

④基本养老保险计提计算

1997年，国务院下发《关于建立统一职工养老保险的决定》，按其要求，国家将职工分为老人、中人、新人。老人为在这之前退休的人员；新人为在这之后参加工作的人员；中人为1997年前参加工作，该决定实施后才退休的人员。所以，1997年以后参加工作的，都属于新人。

下面介绍新人的养老金计算方法：

退休后领取的养老金=个人账户养老金+基础养老金

个人账户养老金=个人账户累计储存额÷计发月数

基础养老金=（参保人员办理申领基本养老金手续时上年度全市职工月平均工资+本人指数化月平均缴费工资）÷2×（1%×缴费年限）

本人指数化月平均缴费工资=全省上年度在岗职工月平均工资×本人平均缴费指数

从上述公式来看，如果职工在职时的缴费基数越大，缴费年限越长，发放比例就越高。

退休年龄与计发月数如图6-3所示。

退休年龄	计发月数	退休年龄	计发月数
40	233	56	164
41	230	57	158
42	226	58	152
43	223	59	145
44	220	60	139
45	216	61	132
46	212	62	125
47	207	63	117
48	204	64	109
49	199	65	101
50	195	66	93
51	190	67	84
52	185	68	75
53	180	69	65
54	175	70	56
55	170		

图6-3　个人账户养老金计发月数表

| 示例6-1 | 假设王先生在北京市工作，他从1997年开始工作，计划在2025年退休，他的缴费年限为28年。以下是计算他退休后每月领取的养老金的步骤，考

虑了地域差异：

确定缴费基数：王先生历年平均缴费基数为北京市社会平均工资的100%。

计算基础养老金：

$$\text{基础养老金} = \text{退休上年度北京市在岗职工月平均工资} \times (1 + \text{本人历年平均缴费指数}) \div 2 \times \text{缴费年限} \times 1\%$$

$$= (\text{退休上年度北京市在岗职工月平均工资} + \text{本人指数化月平均缴费工资}) \div 2 \times \text{缴费年限} \times 1\%$$

假设2024年北京市在岗职工月平均工资为10 000元，王先生历年平均缴费指数为1（即他一直按照100%的缴费基数缴费），缴费年限为28年。

基础养老金=10 000×（1+1）÷2×28%=2 800（元）

计算个人账户养老金：

个人账户养老金=个人账户储存额÷计发月数

假设王先生个人账户储存额为400 000元，他计划在60岁退休，计发月数为139个月。

个人账户养老金=400 000÷139≈2 877.98（元）

计算总养老金：

总养老金=基础养老金+个人账户养老金

总养老金=2 800+2 877.98≈5 677.98（元）

所以，王先生退休后每月可以领取的养老金大约为5 677.98元。

（2）企业年金（职业年金）

第二支柱是企业年金（职业年金）。企业年金是一种补充养老保险，由企业及其员工共同缴费建立，旨在提高员工退休后的生活水平。职业年金则是针对机关事业单位工作人员的一种补充养老保险。企业年金和职业年金通常采取市场化运作，通过专业机构进行投资管理，以提高资金收益。企业年金和职业年金是中国养老保险体系的重要组成部分，它们都是补充养老金的制度安排，旨在提高退休人员的生活水平。

①适用群体

职业年金主要适用于机关事业单位及其编制内员工，主要采用省级集中委托投资运营的方式管理，统一程度较高。

企业年金主要适用于参加企业职工基本养老保险的各类用人单位及其职工，由用人单位和职工通过集体协商确定，而后制订企业年金方案，根据实际情况建立企业年金单一计划或者加入一个企业年金集合计划，具有一定的灵活性。

②缴费比例

职业年金所需费用由单位和员工个人共同承担。单位缴纳职业年金的比例为本单位工资总额的8%；个人缴费比例为本人缴费工资的4%，由单位代扣。单位和个人缴费基数与机关事业单位工作人员基本养老保险缴费基数一致。

企业年金的企业缴费每年不超过本企业职工工资总额的8%。企业和职工个人缴费合计不超过本企业职工工资总额的12%。具体所需费用，由企业和职工协商确定。

③领取方式和条件

职业年金的参保人员在退休时可以选择按月领取职业年金待遇，或者一次性用于购买商业养老保险产品。依据保险契约领取待遇并享受相应的继承权。职业年金还可以按照退休时对应的计发月数计发待遇标准，发完为止。工作人员需达到国家规定的退休条件，并依法办理退休手续后，才能领取职业年金。需要注意的是，职业年金不允许参保人员在退休时一次性领取全部待遇。

企业年金的参保人员在退休时可以选择多种领取方式，可以从个人企业年金账户中按月、分次或者一次性领取企业年金。此外，也可以将个人账户的资金全部或部分用于购买商业养老保险产品，依据保险合同领取待遇并享受相应的继承权。职工需达到国家规定的退休年龄，并依法办理退休手续后，才能领取企业年金。

（3）个人储蓄型养老保险（个人养老金）

第三支柱是个人储蓄型养老保险，这包括个人自愿购买的各类商业养老保险产品，以及近年来国家推出的个人税收递延型商业养老保险试点（自 2024 年 12 月 15 日起，个人养老金制度在全国范围内实施）。个人储蓄型养老保险强调个人责任，鼓励个人通过商业保险产品进行自我保障，以弥补基本养老保险和企业年金的不足。个人养老金实行个人账户制，缴费完全由参加人个人承担，自主选择购买符合规定的储蓄存款、理财产品、商业养老保险、公募基金等金融产品，实行完全积累，按照国家有关规定享受税收优惠政策。

劳动者参加个人养老金制度，应当通过国家社会保险公共服务平台、全国人力资源和社会保障政务服务平台、电子社保卡、掌上 12333App 等全国统一线上服务入口或者商业银行渠道，在信息平台开立个人养老金账户。个人养老金账户用于登记和管理个人身份信息，并与基本养老保险关系关联，记录个人养老金缴费、投资、领取、抵扣和缴纳个人所得税等信息，是参加人享受税收优惠政策的基础。

个人养老金缴费由参加人个人承担，目前每年缴费上限为 12 000 元，可以按月、分次或者按年度缴费；缴费额度按自然年度累计，次年重新计算，方式十分灵活。个人养老金资金账户里的资金，可以自主选择购买符合规定的储蓄存款、理财产品、商业养老保险、公募基金等个人养老金产品。

个人养老金资金账户封闭运行，参加人达到以下任一条件的，可以按月、分次或者一次性领取个人养老金：

第一，达到领取基本养老金年龄；

第二，完全丧失劳动能力；

第三，出国（境）定居；

第四，国家规定的其他情形。

参加人领取个人养老金时，商业银行会通过信息平台核验参加人的领取资格，并将资金划转至参加人本人社会保障卡银行账户。

思政园地

个人养老金制度将推进全面实施[①]

据新华社报道，2024 年 1 月，人力和资源社会保障部在新闻发布会上表示，在

[①] 姜琳，李延霞.个人养老金全面实施：有何新变化？能否提前取？[EB/OL].（2024-12-13）[2025-01-30].https://www.gov.cn/zhengce/202412/content_6992491.htm。

36个城市及地区先行实施的个人养老金制度，目前运行平稳，先行工作取得积极成效，下一步将推进个人养老金制度全面实施。

从整个社会保障情况看，截至2023年年底，全国基本养老、失业、工伤保险参保人数分别为10.66亿人、2.44亿人、3.02亿人，同比增加1 336万人、566万人、1 054万人。全年三项社会保险基金收入7.92万亿元，支出7.09万亿元，年底累计结余8.24万亿元，基金运行总体平稳。

人力和资源社会保障部表示，下一步将积极推进养老保险全国统筹，确保养老金按时足额发放；持续扩大企业年金覆盖面；推动有条件的村集体经济组织补助城乡居民养老保险参保人缴费，增加个人账户积累；促进灵活就业人员和新就业形态劳动者参加养老保险；开展工伤保险跨省异地就医直接结算试点。

个人养老金制度是政府政策支持、个人自愿参加、市场化运营的补充养老保险制度，年缴费上限为12 000元，属于第三支柱保险中有国家制度安排的部分。人力和资源社会保障部的数据显示，目前开立账户人数超过5 000万人。

2024年9月24日，在国新办举行的"推动高质量发展"系列主题新闻发布会上，时任人力资源社会保障部副部长李忠介绍，人力资源社会保障部将按照系统集成、协同高效的要求，持续深化改革，推动社会保障体系高质量、可持续发展。夯实稳健运行的制度基础，进一步完善企业职工基本养老保险全国统筹，研究扩大年金制度覆盖范围的政策措施，在全国推开个人养老金制度，扩大基金市场化投资运营规模，健全社保基金保值增值体系。此外，持续扩大社会保险覆盖面，健全灵活就业人员、农民工、新就业形态人员社保制度，扩大新就业形态就业人员职业伤害保障试点，落实放开灵活就业人员参保户籍限制政策，让更多的人群纳入保障范围。

（二）制订养老与退休规划方案

制订退休（养老）规划是一个全面考虑个人在退休后维持一定生活水平的长期财务规划的过程。制订退休（养老）规划其实就是要清楚地了解自己退休后的各项支出情况，包括但不限于各项生活开支以及其他消费等，并且要清楚地知道如何在不工作的情况下依然有足够的财务资源可以满足自己的各种需求。

制订一个科学合理的退休养老规划并认真执行，将为退休人士幸福的晚年生活保驾护航。

1.制订养老与退休规划的原则

（1）安全性和稳定性原则

确保养老金的安全是首要原则，所以要选择低风险的投资方式，如国债、银行存款等，以保障退休后的基本生活需求不受市场波动的影响。同时，还应避免高风险投资，防止因投资失误而导致养老金损失。

（2）提前规划原则

鉴于人口老龄化趋势明显和人均寿命不断延长，退休后的生存期可能长达二三十年，因此，提前进行规划和积累退休基金至关重要，这样才能有足够的时间让资金增值，以应对长期的退休生活需求。

（3）多元化投资原则

不应依赖单一收入来源，而是应该构建多元化的投资组合，包括社保养老金、企业年金、商业养老保险、个人储蓄和投资等，以便分散风险，提高养老金的整体抗风险能力。

（4）明确目标原则

制订退休规划时，应设定清晰的退休生活目标，对于自己期望的生活质量要有清醒的认识，包括生活费用预算、居住条件、休闲活动等，以便有针对性地进行财务规划和资源分配。

（5）风险承受能力原则

根据个人的年龄、健康状况、财务状况和风险偏好，选择合适的养老投资工具。保守型投资者可能更倾向于储蓄和债券，而风险承受能力较高的投资者可以考虑股票和基金。

（6）灵活性原则

退休规划应具备一定的灵活性，以适应个人职业生涯变化、家庭状况变动、市场环境变化等因素，确保规划的可行性和适应性。

（7）动态调整原则

随着个人经济状况、市场利率、通货膨胀率等因素的变化，退休规划应定期进行审视和调整，以确保规划的持续有效性和目标的最终实现。

（8）法律遵从原则

制订退休规划时，应充分考虑国家和地方关于养老的法律和政策，合理利用税收优惠、养老保险等政策，确保退休规划的合法性和合规性。同时，要关注法律法规的变动，及时调整退休规划，以适应新的法律环境。

2.制订退休规划的一般步骤

（1）确定退休目标

明确的退休目标让个人可以更有针对性地制订财务策略，确保在退休时能够拥有足够的财务资源来支持自己所期望的生活方式。退休目标为个人的财务规划提供了明确的方向和动力。

首先，要确定退休年龄。这不仅关系到一个人何时开始享受退休生活，还直接影响一个人的财务规划和退休金的累积。在考虑退休年龄时，除了个人的健康状况和职业规划，还应考虑国家的退休政策、养老金的领取条件以及个人储蓄和投资的情况。如果计划提前退休，就要确保有足够的储蓄和投资收益来支撑更长时间的退休生活。反之，如果选择延迟退休，就可以利用这段时间增加储蓄，提高养老金的领取额度。因此，明确期望的退休年龄是一个综合个人情况、社会政策和经济状况的决策过程。

其次，要设定退休后的生活标准和生活质量目标。在规划退休生活时，设定清晰的生活标准和生活质量目标对于确保退休生活的幸福感和满足感至关重要。这包括对退休后的日常开支、休闲娱乐、医疗保健等方面进行详细的预算规划。一般情况下，退休后的某些开支会减少，如交通费和工作服装费；而另一些开支，如休闲旅游和医疗保健费用，可能会增加。因此，需要根据自己的生活习惯和兴趣爱好，合理设定退休生活的预算，并考虑通货膨胀和潜在的医疗费用上涨等因素。通过这样的提前规划，一个人可以确保退休后的生活质量不会因为财务问题而受到影响。

最后，规划退休后的居住地、生活方式和活动。退休后的居住地选择是一个重要的决定，它将影响你的生活成本、社交圈子和日常生活的便利性。在选择居住地时，除了要考虑气候、医疗资源和生活成本外，还应考虑家庭因素、朋友网络和社区环境。对生活方式进行规划包括保持积极的生活态度、健康的饮食习惯和适量的体育锻炼，这些都是提高生活质量的基石。此外，规划退休后的活动也非常重要。个人可以考虑继续学习，参加社区活动，或者投身志愿服务，这些活动不仅能够丰富个人的退休生活，还能帮助个人保持与社会的联系，有利于心理健康。通过精心规划，个人的退休生活可以更加多姿多彩。

（2）计算资金需求和退休后的总费用

要精确计算退休后的总费用，确定为了享受舒适的退休生活所需积累的资金总额，有许多工作要做。

退休养老规划生活目标自测表见表6-6。

表6-6　　　　　　　　　退休养老规划生活目标自测表

姓名：							
预计退休年龄：							
目标退休地点：							
需要支出项目	详细内容	预算/目标	完成情况	希望支出项目	详细内容	预算/目标	完成情况
基本生活费用	食物、水电费等			休闲娱乐	电影、旅游、健身等		
医疗保健	医疗保险、常规体检等			学习提升	老年大学、在线课程等		
房屋相关费用	物业费、维修费等			社交活动	聚餐、参加社团等		
交通费用	公共交通、私家车维护等			旅游预算	国内外旅游		
养老服务支出	医疗护理、生活照料、护工费用等			健康管理	健身房会员、营养补充等		
其他				其他兴趣爱好	如收藏、摄影等		
合计	必需支出总计			合计	希望支出总计		

首先，必须明确退休后的预期生活费用，这包括对日常生活的基本开支、医疗保健费用、休闲娱乐活动以及其他个人或家庭特定需求的全面估算。这一估算应当全面且完整，包括但不限于：

①日常生活的基本费用

这涉及日常生活的必要开支，如食品杂货、水电煤气费、通信费、衣物及个人护理用品等。这些费用构成了生活成本的基础，是退休后维持基本生活品质的必要支出。

②医疗保健费用

随着年龄的增长，医疗保健费用往往成为退休生活中的重要开支。这包括医疗保险费、常规体检费、牙科护理费、处方药物费用以及可能的长期护理费用。

③休闲娱乐支出

退休生活不仅要满足基本生活需求，还要享受生活的乐趣，因此，要对旅游、文化活动、运动健身、兴趣爱好等方面的费用作出预算。

④其他可能的支出

这包括房屋维修费用、税费、意外支出储备金以及特定的个人或家庭责任，如子女教育基金、孙辈支持等。

其次，必须考虑通货膨胀对各种费用的影响。随着时间的推移，物价水平会不断上升，这就意味着未来年份的各种费用将比现在更高。因此，需要将未来的预期费用按照一定的通货膨胀率折算回当前的价值，以确保计算的准确性和实用性。

最后，需要确定退休生活的预期年数。这通常基于个人的健康状况、家族寿命史以及预期的退休年龄来估算。

通过综合考虑上述因素，我们可以计算出退休期间所需的总费用，从而为退休规划和资金储备奠定坚实的基础。这一过程不仅有助于确保退休生活的财务安全，还能帮助个人制订合理的储蓄和投资策略，以应对未来可能的经济挑战。具体测算步骤如下：

①确定退休时点

确定个人的退休年龄，通常根据国家法定退休年龄或个人计划退休年龄来进行。

②界定养老金期望水平

根据个人对生活品质的要求、健康状况、兴趣爱好等因素，估算退休后的生活费用。此外，还要考虑退休后可能发生的额外支出，如旅游、医疗等。在实际测算中，可以从供给和需求两个角度进行。

A.收入替代法

收入替代法是根据个人退休前收入的一定比例来确定退休后的养老金需求。这种方法假设退休后的生活开支与退休前的收入水平有一定的比例关系。

其步骤如下：

步骤1：确定一个合适的收入替代率，即退休后每年需要的收入占退休前年收入的比例。常见的替代率范围在60%至80%之间，具体取决于个人的生活方式、健康状况、债务情况等。

步骤2：计算退休前的年收入。退休前的年收入主要包括工资、奖金、津贴等。

步骤3：计算退休后所需的养老金。用替代率乘以退休前的年收入，就可以得出退休后每年需要的养老金。

B.生活费用项目法

生活费用项目法是通过详细列出退休后的生活费用项目，估算每项费用的具体金额，从而确定退休后的总支出。

其步骤如下：

步骤1：列出费用项目。这主要包括住房、食品、交通、医疗保健、娱乐、旅游等所有预期的开支。

步骤2：估算每项费用。根据当前的费用水平和预期的通货膨胀率，估算退休后每项费用的具体金额。比如，退休后交通费用下降，休闲旅游费用上升，医疗费用上升等，将各个项目进行调整估算。

步骤3：计算总支出。将所有费用项目的估算金额加总，就可以得出退休后的总支出。

C.计算退休当年养老金需求

根据当前估算的养老金期望水平、通货膨胀率，预测退休当年的生活费用。

计算公式为：

退休当年养老金需求=当前养老金期望水平×（1+通货膨胀率）$^{（退休年龄-当前年龄）}$

即：

$$FV = PV \times (1 + r)^n$$

其中：FV是退休当年的养老金（未来价值）；PV是当前养老金期望水平（现值）；r是通货膨胀率；n是从现在到退休的年数（退休年龄-当前年龄）。

D.计算退休后总支出

以退休当年养老金作为年金，以通货膨胀率作为年金增长率来计算退休后的总支出。

计算公式为：

第n年养老金=退休当年养老金×（1+通货膨胀率）$^{（n-1）}$

即：

$$FV_n = FV \times (1 + r)^{n-1}$$

其中：n为退休后的第n年。

E.折现到退休时点

使用折现率将退休后各年的养老金折现到退休时点，以计算总需求。

计算公式为：

折现值=$\sum$（第n年养老金 / （1 + 折现率）^{n}）

即：

$$PV = \sum_{n=1} \frac{FV_n}{(1 + r)^n}$$

其中：n为退休后的第n年。

（3）估算退休后的收入

估算预期的退休收入来源，如退休金、个人养老金、投资收益等。在估算时，应确定退休金计划的类型（如确定收益计划或确定缴费计划）。如果确定了收益计划，那么要了解退休时可以领取的固定月收入。如果确定了缴费计划，要计算个人账户的累计金额，并估算可能的领取方式（如定期领取或一次性提取）。

个人可以访问当地人力资源和社会保障局的官方网站，估算根据个人的工作时间和收入水平，在退休时可以领取的社会保障福利；计算个人退休账户（如个人养老金或其他退休储蓄账户）的当前余额；评估非退休账户的投资组合，包括股票、债券、共同基金、房地产等，基于其历史表现和市场预期，估算这些投资的年均回报率。

需要注意的是，这些估算都是基于当前的经济情况和市场预期，而实际退休收入可能会受到多种因素的影响，包括经济周期、政策变动、个人健康状况等。因此，要持续关注相关动态，适时调整退休规划，并定期或不定期地评估收入来源的稳定性和可持续性，确保退休生活的经济安全。

（4）测算养老金缺口

在计算出预期的退休收入后，我们需要将其与预期的退休支出进行比较，以确定是否存在资金不足的情况。养老金缺口可以通过以下公式计算：

养老金缺口=预期退休总支出-预期退休总收入。

|示例6-2| 李先生与他妻子同岁，今年35岁，夫妻两人都打算60岁退休，当前一家人一年的生活费用为8万元。考虑到通货膨胀因素，退休后两人的生活支出调整系数为1，且生活费用会以3%的速度增长；预计两人可以活到85岁，并一次性投入20万元作为退休启动基金，计划每年年末投入一笔固定的年金作为养老金储蓄，暂不考虑社保等问题。假定退休前投资回报率为6%，退休后采用保守的投资策略，投资收益率为3%，退休第一年的生活费用为8万元。

根据上述材料估算李先生夫妻退休后的养老资金需求，并估算李先生夫妻退休养老资金的缺口。

|解析| 李先生夫妻打算60岁退休，预期寿命为85岁，则退休后的生存年限是25年，退休第一年生活费支出为8万元。退休后的资金投资回报率3%与通货膨胀率3%相抵消，则：

李先生夫妻退休养老资金=8×25=200（万元）

也就是说，李先生夫妻在60岁退休时，需要准备好200万元的退休养老资金。

目前，夫妻俩一次性投入20万元作为启动基金，可计算这笔基金在退休时的总价值。根据复利终值公式：

$$FV = PV \times (1 + i)^N$$

其中：N为投资年限，I为投资收益率，PV为现值，FV为终值。已知：$N = 25$，$I = 6\%$，$PV = 200\,000$，则：

$$FV = 858\,374 \text{（元）}$$

退休养老资金的缺口=2 000 000-858 374=1 141 626（元）

也就是说，李先生夫妻的退休养老资金缺口有1 141 626元。

（5）进行养老金赤字调整

如果出现养老金赤字，不仅会威胁到退休人士的基本生活需求，还可能引发广泛的社会经济问题。因此，需要准确测算养老金总需求，并在出现赤字时采取有效措施。以下是如何在养老金可能出现赤字的情况下进行调整和应对的策略：

①削减养老金需求

面对养老金可能出现的赤字，我们需要重新审视和调整退休生活预期。这就意味着要削减不必要的开支，如减少奢侈消费和娱乐活动，以及考虑延迟退休计划，以增加养老金的积累时间。同时，减少退休后的债务负担也很重要，应努力在退休前偿还房贷、车贷等大额债务。此外，我们还应调整退休规划，比如选择在生活成本更低的地区居住，以降低退休后的生活成本。

②增加养老金供给

在削减养老需求的同时，增加养老金的供给同样也很重要。个人可以通过提高储蓄率，将更多的收入放在退休储蓄账户中。同时，还可以优化投资组合，寻求更高的投资回报率，不过要注意风险控制，以保障养老金的安全增值。利用政府提供的税收优惠储蓄工具，如个人养老金账户，也是增加养老金供给的有效途径。此外，个人也可以考虑延迟退休，或者退休后从事兼职或临时工作，以增加收入来源。

③综合调整策略

为了确保养老金的充足，我们需要采取一系列综合调整策略。比如，提高个人的金融素养，学习财务管理知识，有助于更好地管理自己的养老金；将非必需的房产变现或出租，可以为养老金账户注入额外的资金；家庭成员之间相互支持也是缓解养老金压力的一种方式。同时，还可以充分利用社会保障体系，申请老年金、低收入补贴等政府援助项目。如果条件允许，购买商业养老保险产品也可以作为养老金的有益补充。当然，合理的遗产规划可以确保养老金的长期可持续性，避免提前消耗财务资源。

示例6-3 在示例6-2中，我们已经知道，李先生夫妻的退休养老资金缺口为1 141 626元。该资金缺口将通过每年年末投入一笔固定的年金来弥补。根据示例6-2的资料，李先生夫妻退休前投资收益率为6%，那么，李先生每年需定投多少才能获得足够的退休养老资金？

解析 根据：

$$FV = A \times \frac{(1+i)^n - 1}{i}$$

其中：n 为定投年限，i 为投资收益率，A 为每年定投金额。已知：$n = 25$，$i = 6\%$。

则：

$A = 20\,808$（元）

也就是说，李先生夫妻从现在起，每年定投20 808元才能够保证他们夫妻在退休前获得足够的退休养老资金。我们也可以用Excel的年金计算公式来求得，在空白单元格中输入=PMT（6%，25，1 141 626，0），就可以确定每年要定投的金额为20 808元。

（6）制定退休规划方案

制定退休规划方案的重点在于选择合适的养老规划工具，这是确保养老金资金缺口得到有效填补的关键。在多样化的金融产品和服务中，挑选出最能满足自己退休生活需求的工具，需要综合考虑个人的风险承受能力、投资期限、预期回报率以及资金的灵活性等因素。个人可以根据养老金缺口和个人风险承受能力等，选择合适的退休储蓄和投资工具，如个人退休账户、养老保险、股票、债券、基金等。（具体可参考项目十投资规划。）

（7）实施和监控退休规划方案

监控和调整退休规划方案是确保退休目标得以顺利实现的重要环节。这要求个人定期检查退休账户的情况，包括储蓄额的增长情况、投资收益以及可能的风险波动。同时，个人还要对投资组合进行必要的调整，以保持其与市场动态和个人风险承受能力的匹配。通过这些定期审查，个人可以评估当前退休规划方案的有效性，及时发现退休规划方案潜在的问题和不足，从而对退休规划方案采取相应的调整措施。这可能涉及增加储蓄额度、改变投资策略、调整退休时间表或重新规划退休后的生活方式。监控和调整退休规划方案，确保退休规划方案的灵活性和适应性，能够帮助个人在面对不断变化的经济环境时，依然能够稳步推进，最终实现既定的退休目标。

五、任务实践

课前完成分组，小组内分配实践任务，完成表6-7中的实践任务，并完成表6-8。

表6-7　　　　　　　　　　　　　　　实践任务表

工作任务	编制养老规划方案	教学模式	任务驱动和情景演练
建议学时	2学时	教学地点	一体化实训室
任务描述	1.根据任务案例整理客户基本信息，填制"养老规划方案流程单"，完成表6-8； 2.进行任务完成情况评价		
学习准备	1.使用Excel或其他财务软件进行计算； 2.提交详细的计算过程和结果； 3.分析王先生和王太太的退休规划方案，并提出改进建议； 4.填写表6-8"养老规划方案流程单"		

表6-8　　　　　　　　　　养老规划方案流程单

个人信息
姓名：
年龄：
职业：
月收入：
退休目标：
期望退休年龄：
期望退休地点：
期望退休生活标准：
期望退休生活方式和活动：
支出项目

项目	细节	预计支出（退休当年）
基本生活费用	食物、水电费等	
医疗保健	医疗保险、常规体检等	
休闲娱乐	旅游、健身、兴趣爱好等	
子女教育	学费、课外辅导等	
房屋相关费用	物业费、维修费等	
交通费用	公共交通、私家车维护等	
其他		
合计		

收入来源

项目	预计收入（退休时价值）
养老金	
社会保障	
投资收益	
其他	
合计	

续表

养老金缺口：

项目	金额 （元）
预期退休总支出	
预期退休总收入	
养老金缺口	

具体计算过程：

赤字调整策略：

养老规划工具选择：

退休规划策略：

六、任务完成评价

（一）自我评价

1.通过本次学习，我学到的知识点、技能点有：＿＿＿＿＿＿＿＿＿＿＿＿＿＿

＿＿＿＿＿＿＿＿＿＿＿＿＿＿＿＿＿＿＿＿＿＿＿＿＿＿＿＿＿＿＿＿＿＿

不理解的有：＿＿＿＿＿＿＿＿＿＿＿＿＿＿＿＿＿＿＿＿＿＿＿＿＿＿＿＿

＿＿＿＿＿＿＿＿＿＿＿＿＿＿＿＿＿＿＿＿＿＿＿＿＿＿＿＿＿＿＿＿＿＿

2.我认为在以下方面还需要深入学习并提升岗位能力：＿＿＿＿＿＿＿＿＿＿

＿＿＿＿＿＿＿＿＿＿＿＿＿＿＿＿＿＿＿＿＿＿＿＿＿＿＿＿＿＿＿＿＿＿

3.本次工作和学习过程中，我的表现可得到：□😎 □🙂 □😟

（二）组员互相评价

表6-9　　　　　　　　　　　　　　任务完成评价

项目	评价内容：请在对应考核项目□打"√"或打"×"	学生评级等级（学生互评）		
		😎	🙂	😟
学习态度与职业素养测评	□能够保持良好的团队沟通和合作 □工作细致、态度端正			
职业技术与技能评价	得分（每空1分，满分87分） □60~87分；优秀 □35~59分；合格 □0~34分；不合格			
小组评语与建议	组长签名： 　　　　　　　　　年　　月　　日			
教师评语与建议	评价等级： 教师签名： 　　　　　　　　　年　　月　　日			

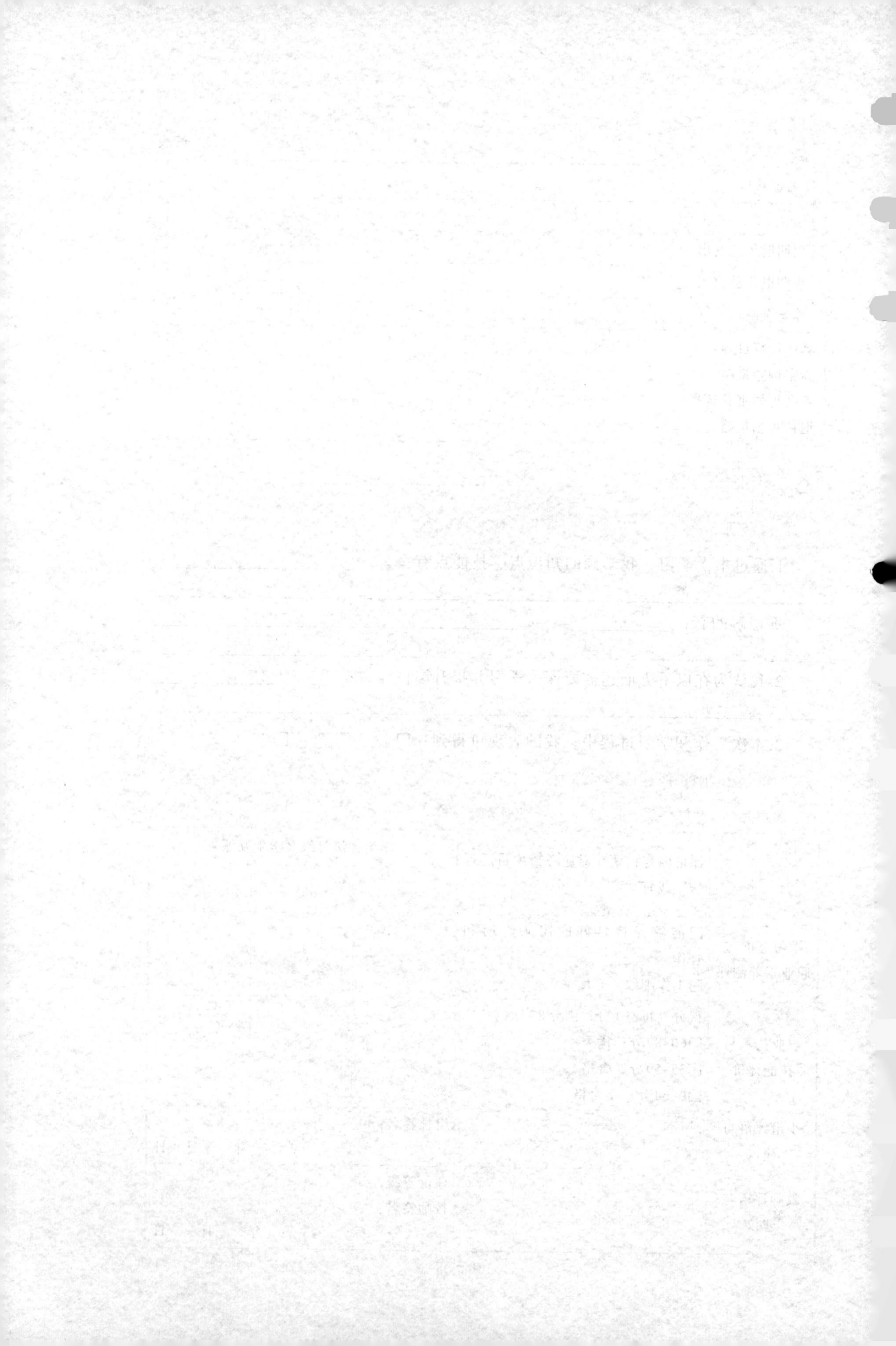

项目七 子女教育金规划

项目导读

2021年《中国家庭教育消费白皮书》的数据显示，我国家庭各阶段教育支出占家庭年收入的20%以上。子女教育支出从孩子出生，甚至出生前就已经开始，一直持续到子女完成高等教育。子女教育金规划是长期规划，每个家长都望子成龙、望女成凤，因此，子女教育成为备受人们关注的社会问题。如今，在子女成长过程中，家庭需要准备大量的教育经费，家庭子女教育金规划就显得尤为重要。

项目目标

思政目标：
➤在子女教育金规划教学中，引导学生理解教育对家庭和社会发展的基础性作用，强化重视教育投入的责任意识与家国情怀，助力构建知识型社会发展格局。
➤通过教育金规划工具的学习，培养学生理性消费与长远投资的财富观，倡导量入为出、优先教育的家庭理财理念，推动形成重视教育、科学规划的社会风尚。
➤在教育费用测算与风险分析中，渗透合规意识与风险防范教育，引导学生运用合法合规的金融工具进行教育金规划，保障家庭财务安全，维护金融市场秩序。

知识目标：
➤掌握教育金规划相关概念和理论。
➤掌握教育金规划工具和策略。
➤熟悉教育金规划的流程。

技能目标：
➤能够根据客户家庭情况进行教育金需求分析。
➤能够制订适合客户家庭情况的教育金方案。

学习任务及课时分配

表 7-1　　　　　　　　　　　　学习任务及课时分配

活动序号	学习活动	课时安排
1	认识教育金规划工具	2课时
2	子女教育金规划	4课时

任务一　认识教育金规划工具

一、任务导航

表7-2为认识教育金规划工具任务单，请查看本小组任务目标、任务知识点、任务技能点、学习时间节点及学习资源。

表7-2　　　　　　　　　　　认识教育金规划工具任务单

任务基本描述：认识教育金规划工具，能根据客户的需求提供教育金规划建议				
任务目标	任务知识点	任务技能点	学习时间节点	学习资源
认识教育金规划工具	·掌握教育金规划的原则和特点 ·掌握教育年金保险、教育金储蓄、教育金信托等产品的特性	·能够根据客户的需求提供合适的教育金规划工具	·课前准备 ·课堂展示	·微课资源

二、前导知识和技能测试

前导知识7.1

1.前导知识7.1
2.技能测试7.1

技能测试7.1

三、任务案例

张女士和李先生是一对普通的夫妻，两人都在企业工作，家庭收入稳定。随着孩子逐渐长大，孩子的教育问题成为他们生活中的重点关注事项。

他们的孩子小明今年8岁，即将升入小学三年级。为了给小明提供更好的教育资源，张女士和李先生打算让小明在未来就读一所优质的私立学校，并且计划让他在高中毕业后出国留学。然而，他们深知，教育费用是一笔不小的开支，需要提前做好规划。

张女士和李先生开始仔细研究各种教育金规划方案。他们发现，身边有不少朋友选择了购买教育年金保险，这些朋友认为这种方式既可以为孩子的教育提供一定的保障，又能实现资金的储蓄和增值。同时，他们也了解到，还可以通过定期投资基金、储蓄等方式来积累教育资金。

但是，张女士和李先生对这些方式的具体操作及优缺点并不十分清楚，他们不知道该如何根据自己家庭的经济状况和未来的教育目标，选择合适的教育金规划工具。此外，他们也担心在规划过程中会出现一些意外情况，比如家庭收入的变化、投资市场的波动等，从而影响教育金的储备。

作为张女士的专属理财顾问，请你为客户张女士讲解教育金规划工具，并初步制订教育金规划方案，确保张女士的孩子能够顺利完成学业，实现自己的梦想。

四、任务知识殿堂

(一) 教育金规划的必要性

"一定要对人力资本、对教育进行投资，它带来的回报是强有力的。变化的中国需要增加人力资本投资。"2000年，诺贝尔经济学奖得主詹姆斯·赫克曼在北京大学一次演讲中表示教育投资回报率高达30%。

事实上，早就有经济学家把家庭对子女的培养看作一种经济行为：在子女成长初期，家长将财富用在子女的成长上，使其得到良好的教育。这样，当子女成年后，其可以获得的收益远远大于当年家长投入的财富。事实上，一般情况下，受过良好教育的人，无论是在收入上还是在地位上，往往都高于没有受过良好教育的同龄人。从这个角度来看，教育投资是个人财务策划中最有回报价值的一种，它几乎没有负面效应。

在我国，养育子女（按照一个孩子计算）到底要花费多少钱？根据《中国生育成本报告2024》的资料，把一个孩子抚养到成年（满18岁）平均需要花费53.8万元，见表7-3。

表7-3　　　　　　　　　全国0~17岁孩子的平均养育成本

不同阶段的养育成本	支出（元）	合计（元）	占总养育成本比例
怀孕期间的成本	10 000	10 000	1.86%
分娩和坐月子费用	1 5000	15 000	2.79%
0~2岁婴儿的养育成本	平均每年24 538	73 614	13.67%
3~5岁幼儿的养育成本	平均每年36 538	109 614	20.36%
6~14岁孩子的养育成本	平均每年27 007	243 063	45.15%
15~17岁孩子的养育成本	平均每年29 007	87 021	16.17%
0~17岁孩子的养育成本		538 312	100.00%

虽然中国法律规定18岁是成年年龄，父母没有义务抚养已满18岁的子女，但实际上，大多数大学生的学费和生活费仍然是父母支付的，所以还需要估算大学四年的养育成本。

公立大学的学费随专业的不同而有所不同，一般为每学年5 000~8 000元，个别专业（例如艺术、音乐表演等专业）为每学年8 000~10 000元。民办大学的学费一般为每学年1.2万~2万元，住宿费为每学年1 000~2 000元。公立大学和民办大学平均每学年学费按1万元计算，住宿费按每学年1 500元计算，生活费按每月2 000元计算，则大学本科期间，每年的养育成本为：10 000+1 500+24 000=35 500（元），4年共142 000元。

按照以上方法估算，孩子从出生至大学本科毕业的养育成本平均为680 312元，即约68万元，见表7-4。

表7-4　　　　　　　　　　　孩子从出生至大学本科毕业的平均养育成本

不同阶段的养育成本	合计（元）
0~17岁孩子的养育成本	538 312
大学4年的养育成本	142 000
从出生至大学本科毕业的养育成本	680 312

资料来源：梁建章，黄文政，何亚福.中国生育成本报告2024[EB/OL]．（2024-03-03）[2025-01-30]. https://mp.weixin.qq.com/s?__biz=MzIxMDYxMTY5OA==&mid=2247591761&idx=1&sn=025100c819bb9163c6e28ddb94e47226&chksm=9762dbcca01552da290a167a2914da51bea10a7d44a852399fa4819d79fbb21f7596790c85a4&scene=27.

养育成本高意味着家庭在孩子成长过程中需要承担巨大的经济负担。从孩子出生开始，各种费用，如奶粉、尿布、婴儿服装等开支就接踵而至。随着孩子逐渐长大，教育费用成为养育成本中的重要组成部分。在幼儿园阶段，优质的私立幼儿园学费可能高达每年数万元，再加上兴趣班、课外辅导等费用，开支不容小觑。在中小学阶段，虽然是义务教育，但课外辅导班、学习资料、校服等费用也不少。而到了高中和大学阶段，学费、书本费、生活费等费用更是大幅度增加。如果考虑到孩子可能有出国留学的需求，那么费用更是天文数字。面对如此高昂的养育成本，若没有合理的教育金规划，家庭很容易陷入经济困境。

在高养育成本下，教育金规划能够帮助家庭确保孩子获得稳定的优质教育资源。通过提前规划，家庭可以为孩子选择更好的学校，无论是私立学校还是重点公立学校。这些学校通常拥有更好的师资力量、教学设施和教育环境，能够为孩子的成长提供更有利的条件。同时，教育金规划还可以为孩子安排各种课外培训和兴趣班，培养孩子的综合素质和特长。例如，音乐、绘画、体育等特长培训不仅可以丰富孩子的课余生活，还可能为孩子的未来发展开辟新的道路。在竞争激烈的社会环境中，优质的教育资源是孩子成功的重要保障，而教育金规划则是实现这一目标的关键手段。

教育金规划是一种长期的家庭财务策略，可以有效缓解养育成本高带来的经济压力。通过提前储蓄、投资教育年金保险、合理规划家庭收支等方式，家庭可以为孩子的教育储备足够的资金。例如，每月定期把一定数量的资金放在教育储蓄账户，或者购买具有长期收益的教育年金保险产品，都可以在孩子需要教育资金时，为其提供有力的支持。此外，教育金规划还可以帮助家庭合理安排其他开支，避免在孩子教育方面过度消费而影响家庭的整体经济状况。从长远来看，教育金规划不仅可以为孩子的未来奠定坚实的基础，还可以保障家庭的经济稳定和可持续发展。

理财故事 ▬▬▬▬▬▬▬▬▬▬▬▬▬▬▬▬▬▬▬▬▬▬▬▬▬▬▬▬▬▬▬▬▬▬ ▬

0~17岁孩子的平均养育成本如何估算[①]

2024年2月20日，由梁建章等多位学术专家组建的"育娲人口研究智库"发

① 节选自梁建章，黄文政，何亚福.中国生育成本报告2024[EB/OL]．（2024-03-03）[2025-01-30]. https://mp.weixin.qq.com/s?__biz=MzIxMDYxMTY5OA== &mid=2247591761&idx=1&sn=025100c819bb9163c6e28ddb94e47226&chksm=9762dbcca01552da290a167a2914da51bea10a7d44a852399fa4819d79fbb21f7596790c85a4&scene=27.

布了《中国生育成本报告2024》（以下简称《报告》）。《报告》依据《中国统计年鉴2023》的数据，估算了最新的中国育儿费用。以下是估算全国家庭孩子0~17岁的平均养育成本的具体过程：

养育成本包括如下两大部分：

一是消费性支出，包括教育支出和非教育支出两大类。其中，教育支出包括保姆费、托儿费、学杂费，教材、参考书、课外书费，教育软件费，学习所用的交通费、择校费、在校伙食住宿费、课外辅导费，以及其他教育费用。非教育支出包括食品支出、衣物支出、居住支出、日用品支出、医疗保健支出、交通和通信支出、娱乐支出等。

二是非消费性支出，包括保险支出、人情往来支出、捐款等。

消费性支出是养育成本的主要部分，非消费性支出只占养育成本的很小部分。《报告》估算的养育成本主要是指消费性支出。

根据2022年全国居民人均消费支出数据，如果各个年龄段的消费支出是相同的，那么把孩子抚养到刚刚年满18周岁的平均支出为24 538×18=441 684（元）。其中，城镇孩子的平均养育成本为30 391×18=547 038（元），农村孩子的平均养育成本为16 632×18=299 376（元）。

但是实际上，各个年龄段的消费支出并不是相同的，所以上述的估算成本并不准确。下面我们分别估算不同阶段的平均养育成本。

首先是怀孕期间的成本，包括办卡建档、营养品、产前检查等费用以及备孕用品费用，平均支出为1万元。

其次是分娩和坐月子费用，包括住院费用、顺产或剖腹产费用，以及部分产妇采用无痛分娩的费用。这项费用的高标准和低标准之间相差很大，平均支出为1.5万元。如果产后去月子中心，则费用更高。

0~2岁婴幼儿的养育成本，一方面，婴幼儿不需要烟、酒和通信等方面的支出；另一方面，婴幼儿的奶粉和尿布支出比成年人更高。我们假设0~2岁婴幼儿与成年人的人均消费支出相同，则平均每年为24 538元，3年共73 614元。

3~5岁幼儿的养育成本，在人均消费支出的基础上，再加上平均每月1 000元（即每年12 000元）的幼儿园或学前教育支出，则平均每年养育成本为24 538+12 000=36 538（元），3年共109 614元。

6~17岁孩子的教育成本较高，而父母自身的教育支出则少得多。例如，北京大学中国社会科学调查中心（ISSS）发布的中国家庭追踪调查CFPS 2010-2018的数据显示，孩子的养育成本占家庭收入的比例接近50%，而其中教育支出占养育成本的比例达34%。

根据国家统计局的数据，2022年，全国居民人均支出构成中，教育文化娱乐支出为2 469元。假设有一个普通的三口之家（父亲、母亲、正在上中学的孩子），那么这个家庭2022年的教育文化娱乐总支出为2 469×3=7 407（元）。在正常情况下，这个家庭的教育文化娱乐支出中，孩子占了大部分，父母亲只占一小部分。所以，我们可以估算这个家庭孩子的教育文化娱乐支出为2 469×2=4 938（元），而父母亲的教育文化娱乐支出为2 469元。

根据上述估算方法，我们可以把6~14岁孩子的养育成本在人均消费支出24 538元（已经包含一项教育文化娱乐支出2 469元）的基础上，再加上一项教育文化娱乐支出2 469元。也就是说，按照2022年的价格计算，平均每年养育成本为24 538+2 469=27 007（元），9年共243 063元。

考虑到高中阶段不再是义务教育，并且有部分高中学生是在校住宿，所以我们把15~17岁高中3年的养育成本在6~14岁孩子养育成本的基础上，每年再加上2 000元，即平均每年养育成本为27 007+2 000=29 007（元），3年共87 021元。

（二）教育金规划的特征

教育金规划与一般规划的区别在于，教育金必须专款专用，其使用目的非常明确。与其他资金不同，教育金不能被随意挪用或用于其他消费。例如，家庭在面临经济困难时，可能会考虑减少一些非必要开支，但一般不会轻易动用子女的教育金，因为这关系到孩子的未来发展。具体而言，教育金规划具有以下特征：

1.无时间弹性

子女各个教育阶段的开始和结束时间是相对固定的，到期必须支付费用，不像购房规划、退休规划那样，如果财力不足可延后实现。这就使得子女的教育金需求在时间上缺乏弹性。孩子一般在6岁左右上小学、在18岁左右上大学。家长可以根据这些时间节点，提前规划教育金需求与供给，以确保在孩子需要的时候有足够的资金支持。

2.无费用弹性

在进行退休规划时，若财力不足，可以选择降低退休后的生活水平；在进行购房规划时，若财力不足，可以选择偏远一点的地区购置房产。但是，子女教育经费相对固定，不会因人而异，该项费用对每个孩子来说都是一样的。

3.无规划弹性

从子女出生到其独立，总共要花费多少教育金是无法准确估算的。花费多少教育金和子女的学习能力和资质有关，不同资质的子女在求学期间所花的费用差距较大。

（三）教育金规划的原则

基于教育金规划的以上特征，教育金规划应遵循以下原则：

1.规划时间提早化

教育金规划需要充分考虑时间价值，因为资金的积累需要时间。越早开始规划，就有越多的时间来筹备教育金，通过长期的储蓄、投资等方式，可以充分利用复利效应，实现资金的增值。例如，从孩子出生开始就进行教育金规划，比等到孩子上小学才开始规划，能够积累更多的资金。

由于教育金规划的时间跨度较长，在这个过程中可能发生各种变化，如家庭收入的变化、教育政策的调整、子女的兴趣爱好变化等，因此，提前规划时，要预留一定的调整时间，以便在情况发生变化时，及时调整教育金规划。例如，如果家庭收入增加，可以适当增加教育金储备；如果子女决定选择不同的教育路径，也可以相应地调整规划。

2.目标规划灵活化

虽然教育金规划要有明确的目标并严格执行，但也要保持一定的灵活性，以适应可能发生的变化。例如，子女教育目标可能会随着孩子年龄的增长和兴趣爱好的变化而进行调整，家庭的经济状况也可能发生变化。在这种情况下，教育金规划要及时进行调整，以满足新的需求。

一般情况下，可以在教育金规划中预留一定的资金灵活性空间，或者选择一些具有灵活性的教育金规划工具，例如部分教育年金保险产品可以在一定条件下调整保额和缴费期限等。

在教育金规划具有一定灵活性的情况下，要遵循宁多勿少原则，相对宽松地准备教育金，以便满足子女教育的不同选择，使孩子能够修读自己喜欢的专业，而不留遗憾。如果到时候有多余的资金，也可留作家长自己的退休准备金。

3.投资渠道多样化

不同家庭的子女有不同的教育和培养方法，不同的教育和培养方法所花的费用相差较大。家庭应充分利用各种教育经费筹集渠道，如奖学金、国家和商业银行的教育贷款、教育保险、基金等，为孩子准备充足的教育金。

父母可以利用教育年金保险或10~20年的储蓄保险来准备一部分子女教育金。年金保险和储蓄保险的特点是收益稳定但偏低，具有保证给付的性质，可满足强制储蓄的需求。同时，如果选择教育年金保险作为子女教育金的一部分，其保费豁免功能能够保证子女教育金储备总额不受父母身故或失能的影响。

（四）教育金规划的工具选择

子女的教育金规划过程实质上就是对子女教育金筹备的过程、一个投资积累的过程。一般来说，教育金的来源有两个：一方面，教育金可以来自助学贷款、奖学金和助学金或勤工俭学等，这部分教育金由受教育者本人通过自己的努力来获得；另一方面，教育金更多地来源于父母，家长通过投资或储蓄进行教育金的积累。如果客户较早地进行教育金规划，其面临的财务负担就相对较轻、风险较低。所以，与其他投资规划相比，教育金规划更重视长期投资工具的运用和管理。以下介绍几种教育金规划的主要投资工具：

1.教育年金保险

教育年金保险是一种为子女教育金规划而设计的保险产品。

（1）产品特点

教育年金保险要求投保人按照合同约定定期缴纳保费，这有助于家长为孩子的教育进行强制储蓄，避免因为其他消费需求或突发情况而挪用教育资金，确保在孩子需要教育费用时有足够的资金支持。

例如，从孩子出生时起，家长就可以为孩子购买教育年金保险，每月或每年缴纳一定的保费，经过多年的积累，到孩子上大学或研究生时，就可以领取一笔可观的教育金。

教育年金保险的收益是确定的，在投保时就可以明确知道未来在不同阶段可以领取的金额。这就为家长提供了明确的教育金规划，家长不用担心市场波动或其他不确定因素影响孩子的教育金。

例如，教育年金保险合同中可能规定，孩子在18岁上大学时可以领取一定金额的教育金，在22岁大学毕业时可以领取另一笔教育金，这些金额都是在投保时就确定好的，不会因为市场情况的变化而改变。

（2）保障功能

部分教育年金保险产品具有一定的保障功能。例如，如果投保人在缴费期间不幸身故或全残，保险公司可能会豁免后续保费，孩子的教育金保障仍然有效。这就为家庭提供了额外的经济保障，确保孩子的教育不会因为家庭变故而受到影响。

（3）保险责任

在孩子特定的教育阶段，如高中、大学、研究生等，保险公司将按照合同约定给付生存保险金。这些生存保险金可以用于支付孩子的学费、书本费、生活费等与教育相关的费用。

例如，孩子在15岁上高中时，每年可以领取一定金额的生存保险金，用于支付高中阶段的教育费用；孩子18岁上大学时，其领取的生存保险金可能会更多，以满足大学阶段的费用需求。

当教育年金保险合同到期时，保险公司会给付满期保险金。满期保险金通常是一笔较大的金额，可以用于孩子的创业、婚嫁或继续深造等。

例如，在孩子25岁时，教育年金保险合同到期，保险公司会给付一笔满期保险金，孩子可以用这笔钱作为创业资金，开启自己的职业生涯。

2.教育储蓄

教育储蓄是一种专门为学生支付非义务教育阶段所需教育金的专项储蓄。

（1）特点

教育储蓄通常享受一定的利率优惠，一般高于同期普通储蓄利率。这就使得教育储蓄在长期积累过程中，能够获得相对较多的利息收益，为孩子的教育金增添一份保障。

例如，在同样的存款金额和期限下，教育储蓄的利率可能比普通活期储蓄的利率高出一定比例，使资金在储蓄过程中实现更多的增值。

教育储蓄采用零存整取的方式，每月固定存入一定金额的款项。这种方式有助于培养家庭的储蓄习惯，逐步积累教育金。

比如，家长可以根据家庭的经济状况，每月为孩子存入几百元或上千元不等的金额，经过一段时间的积累，到孩子需要教育金时，就可以一次性取出一笔较为可观的款项。

教育储蓄的利息收入免征个人所得税，这就进一步提高了教育储蓄的实际收益。在积累子女教育金的过程中，家长无须为利息收入缴纳税款，这使得资金能够更充分地为孩子的教育服务。

假设有同样的存款金额和利率，没有利息税的教育储蓄相比需要缴纳利息税的普通储蓄来说，最终获得的收益会更高。

（2）面向对象

教育储蓄主要面向在校小学四年级（含四年级）以上的学生。这就明确了教育储蓄的资金用途，它专门用于学生的非义务教育阶段，如高中、大学、研究生等教育支出。只有符合条件的学生家长才能办理教育储蓄，这保证了资金的针对性和有效性。

（3）办理流程

学生家长或监护人可以到银行办理教育储蓄开户手续。开户时，需要提供学生的户口簿或身份证、家长的身份证等有效证件。银行工作人员会根据提供的证件进行审核，并为客户办理开户手续。

开户后，家长或监护人可以按照约定的金额和期限，每月定期存入款项。教育储蓄可以选择现金存入或转账存入等方式。银行会为客户提供存款凭证，记录每次存款的金额和时间。

（4）存款额度限制

教育储蓄有存款额度限制，每户本金合计最高限额为2万元。这就意味着在整个教育储蓄的存款过程中，本金总额不能超过这个限额。家长在办理教育储蓄时，要合理规划存款金额，确保不超过限额。

（5）期限选择

教育储蓄的期限分为1年、3年和6年。家长要根据孩子的教育金规划和家庭的经济状况合理选择。如果孩子距离接受非义务教育的时间较长，就可以选择较长的期限，以获得更多的利息收益；如果孩子距离接受非义务教育的时间较短，就可以选择较短的期限，确保资金的灵活性。

比如，孩子现在上小学四年级，距离上高中还有几年时间，家长可以选择6年期限的教育储蓄，为孩子的高中教育积累资金。如果孩子已经上初中了，距离上高中时间较短，家长就可以选择3年期限的教育储蓄，以便在孩子上高中时能够及时支取。

3.教育金信托

子女教育金信托是信托委托人（如家长）基于财产规划的目的，将其财产所有权委托给受托人（如信托机构），使受托人按照信托协议的约定为受益人（如客户子女）的利益或特定目的，管理或处分信托财产的行为。子女教育金信托就是由父母委托一家专业信托机构帮忙管理自己的一笔财产，并通过合同约定这笔钱用于支付子女未来的教育和生活费用。当然，专业机构也要为自己提供的服务收取费用。随着信托业的发展，子女教育金信托将在子女教育金规划中发挥重要作用。

设立子女教育金信托具有多方面的积极意义：

（1）鼓励子女努力奋斗

家长在设立信托时，可以给孩子制订相应的目标，只有孩子达到预定目标，才能取得相应的资金。这就能给孩子一定的激励，促使其努力学习、工作。家长仅给孩子提供必要的学习和生活费用，其他费用要由子女通过自己的努力而获得，这样还能培养孩子勤俭节约、靠自己辛勤工作实现愿望的价值观。

（2）防止子女养成不良嗜好

受托人对教育金的直接管理还可以防止受益人对资金的滥用。对于为数不少的海外留学生而言，信托的这个特征具有突出的意义。青少年往往不具备足够的自控能力，如果他们直接拥有大量资金，那会是一种巨大的风险，而将教育资金置于信托之中，则可以解决此类问题。设立子女教育金信托后，委托人通过受托人定期支付孩子在国外的各种相关费用，基本满足孩子的学习和生活方面的开支。这样就可以免去家长对孩子的担忧，也使孩子无法肆意挥霍父母的血汗钱。

（3）从小培养理财观念

设立子女教育金信托后，孩子在大学的生活、学习方面的开支都与银行、信托机构等紧密联系在一起，这就能从小培养孩子节俭、合理规划的理财意识。同时，受托人也会对孩子的学习、生活起到一定的监督作用，无形中为孩子增加了一个监护人。

（4）规避家庭财务危机

设立子女教育金信托后，可以避免因家庭财务危机而给孩子的学习和生活造成不良影响，能够实现风险隔离，这是设立子女教育金信托的最大优势。有些家长为孩子的教育奋斗了几十年，甚至大半辈子，一旦家长或家庭发生意外，孩子的教育经费可能就得不到保障。如果设立子女教育金信托，信托财产具有法律上的独立性，可以避免未来因父母企业经营状况的变化或未来债务清偿问题而发生变动，这样就能保障孩子将来的学业和工作，父母也就没有后顾之忧了。

（5）专业理财管理

受托人一般是具有雄厚实力的资深机构或者是来自投资理财领域的专业理财规划师，其成熟、丰富的理财投资经验可以使信托财产得到最好的规划和配置，以保证子女将来的学业和生活。

教育金规划工具丰富多样，银行储蓄安全稳定，教育年金保险保障与储蓄兼顾，债券风险较低且收益稳定，基金种类丰富且收益潜力大，股票高收益、高风险，国家助学贷款有政策扶持，教育储蓄利率优惠且免征利息税，教育金信托由专业人员管理且实行资产隔离，家长可根据家庭的实际情况和需求进行合理选择与搭配，为子女教育提供坚实的资金保障。

五、任务实践

课前完成分组，小组内分配实践任务，并完成以下实践任务：

情景模拟实训：小组讨论为客户张女士推荐合适的教育金规划工具，并说明推荐的理由。

六、任务完成评价

（一）自我评价

1.通过本次学习，我学到的知识点、技能点有：＿＿＿＿＿＿＿＿＿＿＿＿

＿＿＿＿＿＿＿＿＿＿＿＿＿＿＿＿＿＿＿＿＿＿＿＿＿＿＿＿＿＿＿＿＿＿

不理解的有：_____

_____

2.我认为在以下方面还需要深入学习并提升岗位能力：_____

_____

3.在本次工作和学习过程中，我的表现可得到：□😎　□🙂　□🙁

（二）组员互相评价

表7-5　　　　　　　　　　　任务完成评价表

项目	评价内容：请在对应的考核项目 □打"√"或打"×"	学生评价等级（学生互评）		
		😎	🙂	🙁
学习态度与 职业素养测评	□能够保持良好的团队沟通和合作 □工作细致、态度端正			
职业技术与 技能评价	得分（每空1分，满分100分） □75~100分，优秀 □60~74分，合格 □0~59分，不合格			
小组评语与 建议		组长签名： 　　　　年　　月　　日		
教师评语与 建议		评价等级： 教师签名： 　　　　年　　月　　日		

任务二　子女教育金规划

一、任务导航

表7-6为子女教育金规划工作任务单，请查看本小组任务目标、任务知识点、任务技能点、学习时间节点及学习资源。

表7-6　　　　　　　　子女教育金规划工作任务单

任务基本描述：为客户制订个性化子女教育金规划方案				
任务目标	任务知识点	任务技能点	学习时间节点	学习资源
测算子女教育金需求	• 掌握常见的子女教育金测算方法	• 能够准确测算子女教育金需求	• 课中小组合作 • 课堂展示	• 微课资源
测算子女教育金供给	• 了解子女教育金的主要来源	• 能够准确测算子女教育金缺口 • 为客户提供资金缺口解决方案	• 课中小组合作 • 课堂展示	• 微课资源 • 百度搜索

二、前导知识和技能测试

1.前导知识 7.2

2.技能测试 7.2

三、任务案例

陈先生请理财经理为自己 2 岁的儿子做教育金规划。他希望儿子在国内读完高中后，继续到国外留学。目前，国内普通大学、国内读研及留学的学费及生活费总费用每年分别为 25 000 元、10 000 元、50 000 元，并且以平均每年 2% 的速度增长。陈先生的儿子预计 18 岁开始到国外留学，读 4 年大学。假设陈先生的儿子进入大学后，每年学费及生活费的增长为 0。陈先生决定在儿子留学当年就准备好 4 年的留学费用。

理财经理建议陈先生为孩子设立一个教育基金，来支付孩子留学 4 年的学费和生活费。陈先生可以在每年年末投入一笔固定的钱，直到孩子上大学为止。假定年投资收益率为 5.60%。

要求：1.计算陈先生儿子的教育金缺口；

2.计算陈先生每月应定投多少金额。

四、任务知识殿堂

（一）测算子女教育金需求

我国的经济发展带来了教育支出的迅速增长。2022 年，全国教育经费总投入达到 61 329.14 亿元，同比增长 5.97%。其中，国家财政性教育经费为 48 472.91 亿元，同比增长 5.75%，占总教育经费的比例约为 79.08%。国家财政性教育经费占 GDP 的比例在 2012 年占 4%，在 2022 年继续保持在 4.01%。此外，家庭教育支出也呈现增长趋势。2018—2019 学年，全国家庭教育支出平均为 1.13 万元，家庭在每一个孩子身上平均花费 8 139 元。城镇家庭平均教育支出为 1.42 万元，一个孩子从学前 3 年到大学本科毕业，一个家庭的教育支出大约为 23.3 万元。另外，根据《2017 中国家庭教育消费白皮书》的资料，我国家庭教育支出占家庭年收入的 20% 以上，其中大学阶段的教育支出占到家庭年收入的 29%、学前教育阶段的支出占到家庭年收入的 26%、其他阶段的教育支出占到家庭年收入的 21%、辅导班的教育支出在教育消费中的占比最大。综合来看，不论是家庭还是整个社会，对教育越来越重视，在这方面的投入也越来越多。

中国大多数父母都望子成龙、望女成凤，希望给孩子最好的生活，让孩子接受最好的教育。不仅是教育费用逐年增长，家长还要考虑各种补课费、择校费等多项支出，家庭教育总投入可能会大大超出预算。子女从幼儿园到大学毕业，到底需要花费多少钱呢？这笔钱如何筹集？若有缺口，如何弥补？只有全面考虑这些问题，进行合理的规划，才能筹集足够的教育金，保证子女接受良好的教育。

子女教育成本可以分为两部分：一部分是确定性成本，主要是学杂费；另一部分是选择性成本，包括择校费、学前班支出、才艺班支出、辅导班支出以及出国留学费用等。

1.确定性成本：学杂费

我们以上海市教育局2018年公布的部分收费标准作为参考依据，再参照其他资讯来源，把我国教育成本中的学杂费归纳为如下几个方面：

（1）公办学校

①9年义务教育免学费

1986年《中华人民共和国义务教育法》颁布以来，各级政府依法实施9年义务教育。小学6年与初中3年为义务教育，目前采取一费制，免学费，只交杂费、制服费等。据估计，小学每年平均教育支出在1 000元左右，初中每年平均教育支出在1 200元左右，对一般家庭而言负担不重。

②高中开始收学费

重点高中每学期学费1 200 ~ 2 000元，较一般高中每学期900元学费为高，重点高中每年学杂费等合计在2 800 ~ 5 000元。

③大学本科

据统计，公立大学的学费已从1995年的800元上升到2024年的5 000~8 000元（个别专业除外），住宿费由1995年的270元上升到2024年的800~3 000元。另外每月还需要生活费，外地大学生寒暑假返乡需要车票费。我们可以简单估算一下，以高职学生为例，每年的养育成本为：

学费6 000元/年+住宿费1 500元/年+生活费24 000元/年=31 500元/年

高职3年的总养育成本为：

1 500元/年×3=94 500元/年

④研究生

目前，我国硕士研究生的学费因学校类型（如公立或私立、中外合作办学）、专业性质（如学术型或专业型）、学科类别（如理工类、经管类、艺术类等）以及所在地区而有所不同。

我们可以简单估算一下，目前我国普通公立大学学术型硕士研究生的学费约为每年8 000元，普通公立大学专业型硕士研究生的学费约为每年1.5万~3万元，而私立大学或中外合作办学的硕士研究生学费可能达到每年3万~20万元。

（2）民办学校

民办学校作为公办学校的补充，不仅丰富了教育体系，还为学生和家长提供了更多选择，促进了教育的多元化和个性化发展。在中小学义务教育阶段，民办学校不多，学费是以成本核算的。民办初中的学费通常高于公办初中，其收费标准由学校自主确定，但需报当地教育部门备案。以广州市为例，民办初中学费差异较大，从每年2万元到每年十余万元不等。民办大学的学费以成本为依据确定，每年学费在2万元以上。

2.选择性成本

除上述确定性成本之外，对于有些家庭来说，子女教育金规划还要考虑一些选择性成本。比如，对于学前教育支出来说，公办幼儿园的平均费用相对较低，但是有入学区域限制；民办幼儿园的各方面条件和设施较好，费用也相对较高；而一些中外合办、双语教学的幼儿园每年收费更是高达数万元。从学前教育开始，父母还会培养孩子各方面的兴趣爱好，为他们选择各类才艺班，包括音乐、美术、舞蹈、体育、奥数、英语与计算机等课程。每年才艺班的费用达数万元及以上的家庭非常多。从小学开始，为了能进入更好的中学和大学，大多数孩子会参加辅导班和补习班，一些家长还给子女单独请家教，进行一对一辅导，根据老师的资历和水平不同，费用也有较大差异。

在高等教育阶段，部分家庭会选择让孩子出国留学。根据中国教育部发布的《2023年全国教育事业发展统计公报》的数据，2023年，中国出国留学人数约为62.5万人。其中，美国留学人数占比约为25%，英国留学人数占比约为22%，澳大利亚留学人数占比约为15%。

以美国留学为例，我们可以初步估算一下留学的费用：美国公立大学学费每年约为2万~4万美元，私立大学学费每年约为3万~6万美元，顶尖私立大学学费每年约为7万~8万美元。另外，还有生活费，每年约为1万~2万美元。由此可估算出高等教育阶段美国留学费用每年约为4万~10万美元。

（二）制定子女教育金规划方案

1.子女教育金规划步骤

子女教育金规划是一个复杂的规划过程，具体操作步骤如图7-1所示。

第一，列出期望子女将接受教育的程度，确定教育金规划的终点。比如子女大学本科毕业后是选择参加工作，还是选择继续深造，攻读研究生学位；是选择在国内接受高等教育，还是选择在国外接受高等教育，若选择出国深造，还需要考虑是就读公立大学还是私立大学。

第二，根据期望子女将接受教育的程度，估算当前子女教育所需的费用以及从现在开始到子女接受期望教育程度时的学费增长率，最终测算出届时子女上学所需的教育金。

第三，测算目前配置在子女教育金规划上的资金在子女接受所期望教育程度时能否满足上述教育金总需求。

第四，如有不足，则需计算按照目前的投资收益率，每月还需进行多少储蓄；如无法达成每月储蓄目标，则应考虑如何配置资产才能达到所需的更高的投资收益率。

2.子女教育金规划测算的演示

子女教育金规划通常使用目标基准点法。把基准点设在子女入学时点，如18岁上大学的当年，基准点之前是累积教育金的过程，是教育金的供给阶段；基准点之后是教育金支出的过程，是教育金的需求阶段。

（1）步骤一：测算入学第一年学费支出

一般情况下，我们知道当前的学费支出水平，但子女未来教育金的支出水平是未知的，而且受通货膨胀的影响，该支出一般来说会有所增长。因此，在测算时，

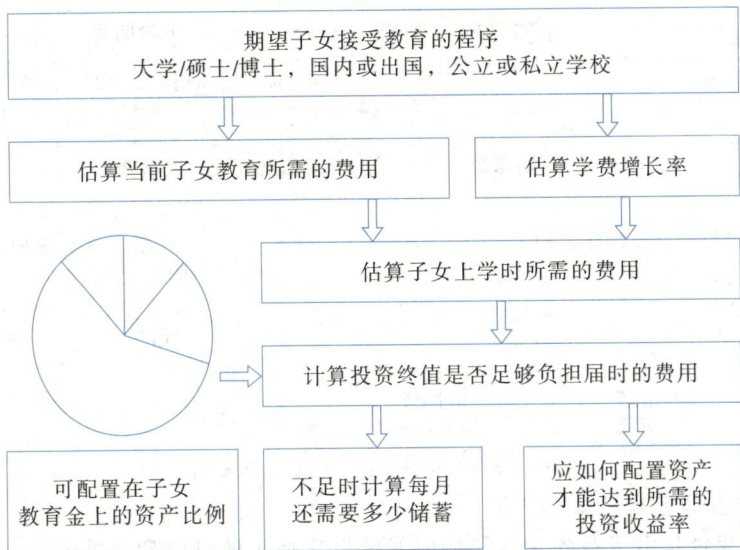

图7-1 子女教育金规划步骤

我们建议合理考虑学费增长率。假设当前的学费支出为 PMT_0，孩子于 n 年后上大学，年学费增长率为 g，则孩子上大学第一年的学费支出为：

$$PMT_n = PMT_0 \times (1 + g)^n$$

（2）步骤二：计算目标基准点的教育金总需求 PV

我们将每年学费支出看成年金 PMT，FV 则是子女毕业时留给他们的创业基金，接受高等教育的持续年限为 FVn，投资收益率为 I，年学费增长率为 g，且教育金支出一般默认为期初年金，因此，计算目标基准点的教育金总需求就相当于求期初增长型年金的 PV。

（3）步骤三：计算目标基准点的教育金总供给 FV

测算在子女上学当年能累积多少教育金，即求教育金的总供给。把目前已配置在教育金规划上的整笔资金作为现值 PV，每期定额投资作为年金 PMT，投资收益率为 I，目前到子女上大学当年的年数 N 为教育金准备年限，即可计算出届时教育金的总供给 FV。

（4）步骤四：计算目标基准点的教育金缺口

在步骤二和步骤三，我们分别计算出了在目标基准点的教育金总需求和教育金总供给，将两者相比较。如果教育金总供给大于教育金总需求，则子女教育目标可达成；反之，则不能实现。

（5）步骤五：教育金缺口的解决方案

若子女教育金规划目标不能实现，通常的解决方案是增加目前配置在子女教育金规划上的金额，或者增加定期定投金额，也可以适当调整资产配置，提高投资收益率。但是，对于教育金投资，不能冒太大的风险，以免发生子女上大学时无力支付高等教育学费的情况。

子女教育金规划现金流量图如图7-2所示。

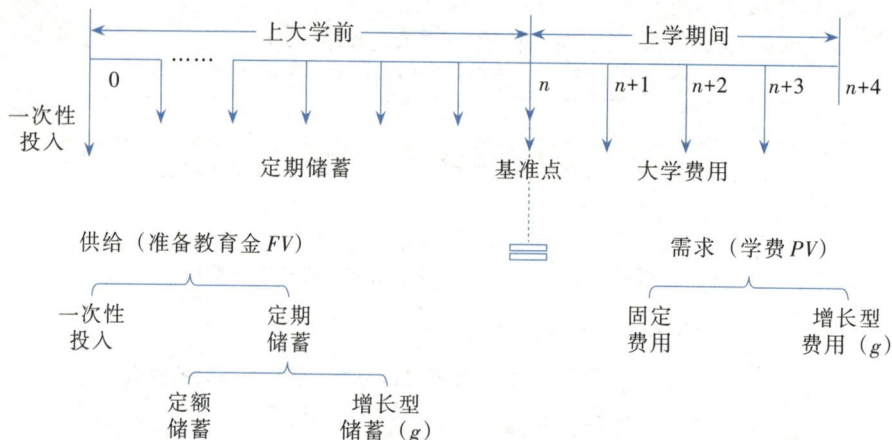

图 7-2   子女教育金规划现金流量图

3.子女教育金规划案例实训

【案例背景】由于曹先生本科的时候曾以交换生的身份到国外学习一年，受益颇多，因此，他希望他的儿子也能到国外读大学，感受不同的学习氛围。经过向理财顾问咨询，曹先生得知，目前到出国留学时的学习费用为每年 75 000 元，并且会以每年 5% 的速度增长（假设入学后学费及生活费增长为 0）。他的儿子离上大学还有 15 年，预计留学 4 年。曹先生已准备了 50 000 元作为儿子教育费用的投资资金，预期投资收益率为 9%。

【任务要求】

1.作为理财经理，请计算曹先生的儿子出国留学时的教育金缺口；

2.请计算曹先生每月应定投多少金额才能保证儿子可以顺利完成学业。

【案例解析】

第一步：测算入学第一年的学费支出。

目前到出国留学时的学习费用为每年 75 000 元，按照 5% 的增长率，15 年后，每年应交多少学费？

方法一：入学当年学费=当前学费×（1+学费增长率）^{n}

=75 000×（1+5%）^{15}

=155 919.61（元）

方法二：入学当年学费=FV（$rate$, $nper$, pmt, pv, $type$）

=FV（5%, 15, 75 000, 0, 0）

=-155 919.61（元）

第二步：计算目标基准点的教育金总需求 PV。

将出国留学时点作为目标基准点，计算出国留学 4 年的学费在留学当年的现值，即 PV。因为留学期间的学费不增长，且学费现金流一般视为期初发生，也就是期初模式，因此，该步骤相当于期初普通年金求现值。具体计算如下：

教育金总需求=PV（$rate$, $nper$, pmt, pv, $type$）

=PV（9%, 4, 155 919.61, 0, 1）

=-550 598.09（元）

第三步：计算目标基准点的教育金总供给 FV。

曹先生已准备了 50 000 元作为他的儿子教育费用的投资资金，此外无其他资金准备。我们计算现有准备金在基准点，即入学时点的终值。

$$教育金总供给=FV（rate，nper，pmt，pv，type）$$
$$=FV（9\%，15，0，0，50\ 000）$$
$$=-182\ 124.12（元）$$

第四步：计算目标基准点的教育金缺口。

$$教育金缺口=教育金总需求-教育金总供给$$
$$=550\ 598.09-182\ 124.12$$
$$=368\ 473.97（元）$$

第五步：计算每月应定投金额，以解决教育金缺口。

我们已经计算出在出国留学时点的教育金缺口为 368 473.97 元，计算前 15 年每月应等额储蓄多少才能弥补该教育金缺口，即求普通年金的 PMT。需要注意的是，此处要求每月储蓄，所以是按月复利，因此 $nper$ 需要输入月的期数，$rate$ 需要输入月利率。具体计算如下：

$$每月定投额=PMT（rate，nper，pv，fv，type）$$
$$=PMT（9\%/12，15\times12，0，368\ 473.97）$$
$$=-973.75（元）$$

五、任务实践

课前完成分组，小组内分配实践任务，并完成以下实践任务：

情景模拟实训：完成客户子女教育金规划分析，并完成表 7-7。

表 7-7　　　　　　　　　客户子女教育金规划分析

目前学费水平（元/年）		筹集资金年限（年）	
教育费用增长率（%）		目前已储备教育金（元）	
教育金总需求（元）		教育金缺口（元）	
每月定投资金（元）			

子女教育金规划测算过程：＿＿＿＿＿＿＿＿＿＿＿＿＿＿＿＿＿＿＿

＿＿＿＿＿＿＿＿＿＿＿＿＿＿＿＿＿＿＿＿＿＿＿＿＿＿＿＿＿＿＿＿＿

＿＿＿＿＿＿＿＿＿＿＿＿＿＿＿＿＿＿＿＿＿＿＿＿＿＿＿＿＿＿＿＿＿

＿＿＿＿＿＿＿＿＿＿＿＿＿＿＿＿＿＿＿＿＿＿＿＿＿＿＿＿＿＿＿＿＿

六、任务完成评价

（一）自我评价

1.通过本次学习，我学到的知识点、技能点有：＿＿＿＿＿＿＿＿＿＿＿

＿＿＿＿＿＿＿＿＿＿＿＿＿＿＿＿＿＿＿＿＿＿＿＿＿＿＿＿＿＿＿＿＿

不理解的有：＿＿＿＿＿＿＿＿＿＿＿＿＿＿＿＿＿＿＿＿＿＿＿＿＿＿＿

＿＿＿＿＿＿＿＿＿＿＿＿＿＿＿＿＿＿＿＿＿＿＿＿＿＿＿＿＿＿＿＿＿

2.我认为在以下方面还需要深入学习并提升岗位能力：＿＿＿＿＿＿＿＿＿＿＿＿

＿＿＿＿＿＿＿＿＿＿＿＿＿＿＿＿＿＿＿＿＿＿＿＿＿＿＿＿＿＿＿＿＿＿＿＿

3.在本次工作和学习过程中，我的表现可得到：□😎　□🙂　□🙁

（二）组员互相评价

表7-8　　　　　　　　　　　任务完成评价表

项目	评价内容：请在对应的考核项目 □打"√"或打"×"	学生评价等级（学生互评）		
		😎	🙂	🙁
学习态度与 职业素养测评	□能够保持良好的团队沟通和合作 □工作细致、态度端正			
职业技术与 技能评价	得分（每空1分，满分100分） □75~100分，优秀 □60~74分，合格 □0~59分，不合格			
小组评语与 建议	组长签名： 　　　　　　　　　年　　月　　日			
教师评语与 建议	评价等级： 教师签名： 　　　　　　　　　年　　月　　日			

项目八　居住规划

项目导读

　　在当前社会中，购房已成为许多家庭的重要规划与决策之一。本章介绍客户家庭规划中的一项重要内容——居住规划。首先我们将介绍常见的住房贷款，包括等额本息和等额本金还款方式，并且要了解贷款利率，包括LPR。其次我们将开始居住规划的学习任务，先进行租购决策分析，分析租房和购房二者的优缺点，并学会合理决策；然后将进行购房规划，根据客户当前的投资性资产与储蓄能力，测算在购房时点可负担的房价，并学会制订合理的换房计划。

项目目标

思政目标：
➤在房贷产品学习中，引导学生关注国家金融政策（如 LPR 机制），培养将个人理财规划与宏观经济政策相联结的意识，强化家国情怀与政策敏感度。
➤通过租购决策与购房规划教学，培育学生树立理性消费、量入为出的价值观，反对盲目攀比与过度借贷，助力构建健康可持续的家庭财务生态。
➤在购房资金测算与风险分析中，渗透金融合规与诚信教育，引导学生遵守信贷规则、审慎评估还款能力，筑牢金融安全与契约精神的思想防线。

知识目标：
➤掌握等额本息与等额本金两种房贷还款方式的基本原理、计算方法。
➤了解LPR（贷款市场报价利率）的概念、形成机制及对房贷利率的影响。
➤分析不同还款方式下，贷款总额、贷款期限、利率变动等因素对还款总额、月供金额及还款周期的影响。

技能目标：
➤能够自主搜集并整理关于房贷的相关信息，包括不同银行的贷款政策、利率水平等，并进行对比分析。
➤能够为客户制订合理的居住规划及贷款还款计划，并能在利率变动等不确定因素下灵活调整策略。
➤能够清晰地向家庭成员或专业人士阐述自己的贷款理由和还款计划。

学习任务及课时分配

表8-1　　　　　　　　　　　　　学习任务及课时分配

活动序号	学习活动	课时安排
1	认识房贷产品	2课时
2	居住规划	2课时

任务一　认识房贷产品

一、任务导航

表8-2为认识房贷产品工作任务单，请查看本小组任务目标、任务知识点、任务技能点、学习时间节点及学习资源。

表8-2　　　　　　　　　　　　认识房贷产品工作任务单

任务基本描述：认识常见的房贷产品				
任务目标	任务知识点	任务技能点	学习时间节点	学习资源
认识等额本息还款方式	•掌握等额本息还款方式的特点	•能够为客户计算等额本息还款下的利息、本金等数据	•课中小组合作 •课堂展示	•微课资源
认识等额本金还款方式	•掌握等额本金还款方式的特点	•能够为客户计算等额本金还款下的利息、本金等数据	•课中小组合作 •课堂展示	•微课资源 •百度搜索
认识贷款利率计算方式	•掌握LPR的概念	•能够准确测算LPR下的贷款相关数据	•课中小组合作 •课堂展示	•微课资源 •百度搜索

二、前导知识和技能测试

1.前导知识8.1
2.技能测试8.1

前导知识8.1

技能测试8.1

三、任务案例

孙先生2022年4月1日购买了一套总价为500万元的房子，首付300万元，剩余200万元申请商业贷款，贷款期限为20年，贷款利率为LPR（4.6%）+0.5%，按月等额本息还款。2023年6月20日，LPR下调到4.2%，假设从7月份开始执行最新房贷利率，则孙先生从7月份开始每月的月供减少多少？

四、任务知识殿堂

（一）等额本息还款方式

等额本息还款又称定期付息，即借款人每月按相等的金额偿还贷款本息，其中每月贷款利息按月初剩余贷款本金计算并逐月结清。在这种方法下，由于每月的还款额固定，对于借款人来说，还款压力相对均匀，便于规划家庭收支。

1.等额本息房贷产品的意义

等额本息房贷产品作为一种常见的贷款还款方式，其意义在于为借款人提供了一种稳定、可预测且相对合理的还款方式，有助于人们更好地管理自己的财务状况并应对长期的还款压力。具体体现在以下几个方面：

（1）稳定的还款计划

在等额本息还款方式下，每月的还款金额是固定的，这有助于借款人制订稳定的还款计划。借款人可以清晰地知道每个月需要还多少钱，从而避免因为还款金额变动而带来的财务压力。这种稳定性对于许多家庭来说非常重要，尤其是那些收入相对固定或预算较为紧张的家庭。

（2）便于财务管理

由于每月的还款金额相同，借款人可以更容易地进行财务管理。他们可以将固定的还款金额纳入月度预算中，确保每个月都有足够的资金用于还款，并合理安排其他生活支出。这种可预测性使得借款人能够更好地掌控自己的财务状况，避免因为还款而陷入困境。

（3）适用于长期贷款

等额本息还款方式通常适用于长期贷款，如房贷。对于购房者来说，房贷通常是一笔较大的支出，需要分摊到较长的期限内偿还。等额本息还款方式通过固定每月的还款金额，使购房者可以更加轻松地应对长期还款压力。同时，随着时间的推移，虽然本金还款逐渐增加，但借款人已经适应了这种还款方式，且还款金额是固定的，所以借款人能够更好地管理自己的财务。

（4）利息分摊合理

在等额本息还款方式下，虽然前期利息占比较大，但随着还款进度的推进，本金占比会逐渐增加。这种利息分摊方式相对合理，既考虑了借款人在还款初期的经济压力，又确保了贷款在整个期限内得到偿还。对于银行来说，这种还款方式有助于降低贷款风险，因为随着时间的推移，借款人的还款能力会逐渐增强。

（5）灵活性和适用性

虽然等额本息还款方式有其特定的适用场景和优势，但银行通常也会提供其他还款方式供借款人选择。借款人可以根据自己的实际情况和需求，选择最适合自己的还款方式。然而，对于许多购房者来说，等额本息还款仍然是相对合理和可行的选择，因为这种方式既能够确保稳定还款，又能够分摊合理的利息负担。

2.计算方式

在等额本息还款方式下，本金和利息平摊到每期均等地偿还，因此每期还款的现金流是相等的，从现金流角度看，属于普通年金，所以计算每期还款额的公式为：

每期还款额=$PMT(rate, nper, PV, FV, type)$

其中：

$rate$：为房贷利率。如果是按月还款，则为月利率。

月利率=贷款年利率÷12

$nper$：为房贷还款总期数。如果是按月还款，则为月总期数。

月总期数=贷款剩余期限×12

PV：为贷款总金额或者当前剩余贷款额。

FV：为最后一期剩余贷款本金。

type：为期末或者期初还款。如果期末还款，输入 0 或者不输入；如果为期初还款，则需要输入 1。

当期还款中的利息部分=上一期剩余本金×房贷利率

当期还款中的本金部分=本期总还款额-当期还款中的利息部分

需要注意的是，随着每月还款，剩余本金会逐渐减少，因此，每月利息也会相应减少。但是，在等额本息还款方式下，由于每月的还款额是固定的，所以本金和利息的占比会逐月发生变化。

还款总额为：

还款总额=还款月数×每月还款额

还款总利息为：

还款总利息=还款月数×每月还款额-本金

| 示例 8-1 | 王女士在 A 银行贷款 5 000 元，贷款期限为 5 年，年贷款利率为 9%，按年等额本息方式还款。则王女士每期还款额见表 8-3。

表 8-3　　　　　　　　等额本息方式下王女士贷款每期还款额

年度	初始借款	年总支付	年利息	年本金	年末金额
1	5 000.00	1 285.46	450.00	835.46	4 164.54
2	4 164.54	1 285.46	374.81	910.65	3 253.88
3	3 253.88	1 285.46	292.85	992.61	2 261.27
4	2 261.27	1 285.46	203.51	1 081.95	1 179.32
5	1 179.32	1 285.46	106.14	1 179.32	0.00
总计		6 427.31	1 427.31	5 000.00	

在等额本息还款方式下，每期的还款额相等，因此每期年支付额计算如下：$N = 5$，$I = 9\%$，$PV = 5\,000$，$FV = 0$，可求得 $PMT = 1\,285.46$。也就是说，每一期还款额均为 1 285.46 元，但是每一期的还款本金和利息是不一样的。我们以第一期（第一年度）为例，第一期还款利息为：5 000×9%=450（元），则第一期还款本金为：1 285.46-450=835.46（元）。我们再以第二期为例，第二期同样还款 1 285.46 元，但第二期剩余的本金为：5 000-835.46=4 164.54（元），则第二期还款利息为：4 164.54×9%=374.81（元），还款本金则为：1 285.46-374.81=910.65（元）。若不考虑货币时间价值，王女士该笔贷款在等额本息还款方式下共还款了 1 427.31 元总利息。

3.注意事项

（1）还款的稳定性与长期规划

稳定的还款额：在等额本息还款方式下，每月的还款额相同。这一特点使得借款人可以方便地制订家庭收支计划，避免因还款金额变动而影响日常生活。

长期还款规划：由于等额本息还款方式的期限通常较长，因此借款人需要做好长期还款的心理准备和财务规划，确保在贷款期限内能够按时足额还款。

（2）利息与本金的变化

利息逐月递减：随着贷款期限的增加，每月还款额中的利息部分会逐渐减少，而本金部分则会逐渐增加。这一特点有助于借款人在还款后期减轻利息负担。

本金占比递增：在还款初期，利息在还款额中占比较大，本金占比较小；但随着时间的推移，本金在还款额中的占比会逐渐超过利息占比。借款人应了解这一变化，以便更好地制订还款计划。

（3）提前还款相关事项

已还贷时间要求：银行通常要求借款人已还贷时间达到一定期限（如1年）后，才能申请提前还款。借款人应了解并满足这一要求，以免产生不必要的违约金或影响个人的信用记录。

提前预约：提前还款需要提前向银行预约，并可能需要填写相关申请表格或提供必要资料。借款人应提前了解银行的预约流程和所需材料，并按时前往银行办理手续。

最佳还款时间：在等额本息还款方式下，提前还款的最佳时间通常与贷款期限和利率等因素有关。一般来说，在贷款期限的前半段提前还款较为划算，因为此时利息在还款额中占比较大。具体的最佳还款时间还需要根据借款人的实际情况和银行的规定来确定。

（二）等额本金还款方式

等额本金还款是指贷款人将本金分摊到每个月内，同时付清上一还款日至本次还款日之间的利息。在这种还款方式下，每月偿还的本金是固定的，而利息逐月减少，因此每月还款额也逐月递减。

1.等额本金房贷产品的意义

（1）利息支出递减

在等额本金还款方式下，借款人每月偿还的本金是固定的，而随着本金的逐渐减少，利息支出也会逐月递减。这就意味着随着时间的推移，借款人每月的还款压力会逐渐减轻，因为需要支付的利息部分在不断减少。

（2）总利息支出较少

相较于等额本息还款方式，等额本金还款方式在整个贷款期限内所产生的总利息通常会更少。这是因为在等额本金还款方式下，每月偿还的本金是固定的，而利息是随着本金的减少而减少的，所以总利息支出相对较少。

（3）适合特定人群

等额本金还款方式适合当前收入稳定，且前期能承受较多月供，后期有子女教育等家庭大额支出预期的借款人。由于前期还款额较多，因此要求借款人有足够的资金储备来应对。同时，随着贷款期限的推移，月供逐渐减少，有助于借款人更好地规划未来的财务支出。

（4）提前还款优势明显

对于计划提前还款的借款人来说，等额本金还款方式具有显著的优势。由于每月还款额中本金部分固定，利息部分逐月递减，因此提前还款时可以节省更多的利息支出。此外，在等额本金还款方式下，利息的计算规则更符合提前还款的需求，这使得借款人在提前还款时能够更直观地了解节省的利息金额。

2.计算方式

在等额本金还款方式下，每月还款额由两部分组成：每月应还本金和每月应还利息。其计算公式为：

每月应还本金=贷款本金÷还款月数

每月应还利息=剩余本金×月利率

因此，每月还款额的完整公式为：

每月还款额=$\dfrac{贷款本金}{还款月数}$+（贷款本金-已归还本金累计额）×月利率

其中：已归还本金累计额是前 n 个月已还本金的总和，对于第 n 个月的还款计算，已归还本金累计额 =（$n-1$）× 每月应还本金。

每月利息=（贷款本金-已归还本金累计额）×月利率

第一，还款总利息。还款总利息不能通过简单的公式直接计算，因为它依赖每个月的利息支付，而每个月的利息支付随着剩余本金的减少而减少。但是，我们可以通过累加每个月的利息来计算总利息，或者使用Excel等电子表格工具进行辅助计算。

一个近似的计算方法是：如果月利率在整个贷款期限内保持不变（这在现实中通常是近似的，因为银行可能会调整利率），可以通过以下方式估算还款总利息：

$$还款总利息 \approx 贷款本金 \times 月利率 \times \dfrac{还款月数 \times（还款月数 + 1）}{2}$$

需要注意的是，这个公式是一个估算值，实际的还款总利息可能会因为利率调整、提前还款等因素而有所不同。

第二，还款总额。还款总额是贷款本金与还款总利息之和，但由于还款总利息需要单独计算，因此还款总额的公式为：

还款总额=贷款本金+还款总利息

| 示例 8-2 | 王女士在 A 银行贷款 5 000 元，贷款期限为 5 年，年贷款利率为 9%，按年等额本金方式还款。则王女士每期还款额见表8-4。

表8-4　　　　　等额本金还款方式下王女士贷款每期还款额

年度	初始借款	年总支付	年利息	年本金	年末金额
1	5 000	1 450	450	1 000	4 000
2	4 000	1 360	360	1 000	3 000
3	3 000	1 270	270	1 000	2 000
4	2 000	1 180	180	1 000	1 000
5	1 000	1 090	90	1 000	0
总计		6 350	1 350	5 000	

在等额本金还款方式下，每期的还款本金相等，因此每期年本金为：5 000÷5=1 000（元）。但是，除了偿还本金外，每期还需要偿还利息，而每期偿还的利息是

不同的，因此每期总支付额不同。第一期还款利息为：5 000×9%=450（元）。那么，第一期还款总支付额为：1 000+450=1 450元。我们再以第二期为例，同样地，第二期本金还款1 000元，第二期剩余本金为：（5 000-1 000）=4 000（元），第二期还款利息为：4 000×9%=360（元），第二期还款总支付额为：1 000+360=1 360（元）。如果不考虑货币时间价值，王女士该笔贷款在等额本金还款方式下一共还了1 350元总利息。

（三）等额本息与等额本金的区别与联系

1.等额本息与等额本金的区别

还款金额方面：等额本息每月的还款额是固定的，而等额本金的还款额是逐月递减的。

总利息方面：在相同条件下，等额本金还款方式的总利息支出较少。

适用人群：等额本息还款方式适合收入稳定的借款人，等额本金还款方式适合前期还款能力较强的借款人。

2.等额本息与等额本金的联系

两者都是常见的房贷还款方式，借款人可以根据自身的经济状况选择合适的还款方案。

（四）贷款利率

在房贷合同中会约定贷款利率，一般情况下，有两种常见的贷款利率确定方式：一种是浮动利率，就是以贷款首次提款日的贷款市场报价利率加（或减）一定的基点（1基点=0.01%）；另一种是当时确定贷款利率，则后续贷款期间利率不变。

这里提到的贷款市场报价利率，即我们常说的LPR，它是指由具有代表性的报价行根据本行对最优质客户的贷款利率，以公开市场操作利率（主要是指中期借贷便利利率）加点形成的方式报价，由中国人民银行授权全国银行间同业拆借中心计算并公布的基础性贷款参考利率，各金融机构应主要参考LPR进行贷款定价。

LPR的计算并非直接由个人或单一机构完成，而是由中国人民银行指定的多家报价行根据市场情况报出各自的贷款利率，再由全国银行间同业拆借中心进行加权平均计算得出的。个人在贷款时，银行会根据LPR及借款人的信用状况、贷款类型等因素确定具体的贷款利率。

思政园地

一揽子增量政策持续发力 "有力度的降息"举措提振市场信心[①]

2024年10月21日，中国人民银行公布了最新一期贷款市场报价利率，1年期和5年期以上贷款市场报价利率均同步下调。

中国人民银行授权全国银行间同业拆借中心公布，2024年10月21日，贷款市

① 刘洁.一揽子增量政策持续发力 "有力度的降息"举措提振市场信心[EB/OL]．（2024-10-21）[2025-01-30].https://news.cctv.com/2024/10/21/ARTIyZIo8GbiV1hYbhIVcpYo241021.shtml.

场报价利率为：1年期LPR为3.1%，5年期以上LPR为3.6%，较此前均下降0.25个百分点。本次1年期和5年期以上两个品种报价均下降25个基点，降幅较大，有助于促进社会融资成本稳中有降，扩大宏观经济总需求，支持物价合理回升，带动实体经济稳定增长。伴随着一揽子增量政策陆续推出，宏观政策在稳增长方向全面发力，LPR报价下调符合当前宏观经济政策的大方向，是把央行"有力度的降息"向实体经济传导的一个关键环节，为顺利完成全年经济社会发展目标任务提供了重要支撑。

┃示例8-3┃假设当前5年期以上LPR为4.65%，某银行在发放房贷时，可能会根据借款人的信用评级、贷款额度等因素，在LPR基础上进行上浮或下调。

例如，若上浮10%，则实际执行利率为：4.65%×1.1=5.115%。在签订贷款合同时，银行会明确告知借款人具体的执行利率及调整规则。

五、任务实践

课前完成分组，小组内分配实践任务，并完成以下实践任务：

情景模拟实训：完成客户孙先生房贷在LPR调整前后月供的测算，并完成表8-5。

表8-5　　　　　　　　　　　　　客户房贷月供测算

2023年6月20日，LPR下调到4.2%，假设从7月份开始执行最新房贷利率，对于孙先生来说，每月月供可减少多少？   LPR调整前，孙先生房贷月供测算：_____ _____   LPR调整后，孙先生房贷月供测算：_____ _____

六、任务完成评价

(一) 自我评价

1.通过本次学习，我学到的知识点、技能点有：_____

不理解的有：_____

2.我认为在以下方面还需要深入学习并提升岗位能力：_____

3.在本次工作和学习过程中，我的表现可得到：□ 😎　□ 🙂　□ 🙁

（二）组员互相评价

表8-6　　　　　　　　　　　　**任务完成评价表**

项目	评价内容：请在对应的考核项目 □打"√"或打"×"	学生评价等级（学生互评）		
		😎 666	🙂	🙁
学习态度与 职业素养测评	□能够保持良好的团队沟通和合作 □工作细致、态度端正			
职业技术与 技能评价	得分（每空1分，满分100分） □75~100分，优秀 □60~74分，合格 □0~59分，不合格			
小组评语与 建议		组长签名： 　　　　　　年　　月　　日		
教师评语与 建议		评价等级： 教师签名： 　　　　　　年　　月　　日		

任务二　居住规划

一、任务导航

　　表8-7为居住规划工作任务单，请查看本小组任务目标、任务知识点、任务技能点、学习时间节点及学习资源。

表8-7　　　　　　　　　　　　**居住规划工作任务单**

任务目标	任务知识点	任务技能点	学习时间节点	学习资源
任务基本描述：为客户进行居住规划分析和测算				
分析客户居住规划已有的资金	·掌握购买资金来源	·分析客户已有的购房资金	·课中小组合作 ·课堂展示	·微课资源
测算客户首付款资金	·掌握首付的计算方法	·能够准确测算客户在购房时点可以拿出的首付款	·课中小组合作 ·课堂展示	·微课资源 ·百度搜索
为客户提供房贷方案	·掌握贷款利率的概念； ·掌握房贷的还款方式	·能够准确测算客户可负担的贷款	·课中小组合作 ·课堂展示	·微课资源 ·百度搜索

二、前导知识和技能测试

　　1.前导知识8.2

　　2.技能测试8.2

前导知识8.2

技能测试8.2

三、任务案例

客户陈先生考虑到现在的房子面积太小和以后小孩念书等问题，与他妻子商量后决定5年后以申请商业性个人住房贷款、采用最低首付比例、贷款期限为20年的方式在武汉东湖新技术开发区购买一套学区房，采用等额本息还款方式。陈先生家庭目前年结余170 000元，目前当地的学区房为21 000元/平方米，房贷利率参考武汉各银行最新公布的贷款利率（5.97%）。陈先生计划将现有的56 000元定期存款全部用作购房准备金，预期投资收益率为9.37%。

陈先生在武汉万科城选中了一套房子，武汉万科城的贷款合作银行有中国建设银行、中国工商银行、中国农业银行、交通银行，陈先生在这四家银行中选择了一家利率最优惠的进行了贷款。

要求：1.分析客户的购房需求，确定其购房总价；

2.计算陈先生的每月月供。

四、任务知识殿堂

居住规划包括租房、购房、换房与房贷规划。居住规划对家庭资产负债状况与现金流产生重要的影响，其影响的时间将长达20~30年，是家庭理财的重大决策之一，也是理财经理为客户提供理财服务的重要内容之一。

从家庭生命周期来看，一个家庭的居住规划一般会经历租房购房决策、购房规划、换房规划等几个阶段。

在开展居住规划时，首先要根据家庭人口数量及对环境的要求，制订居住规划目标，确定居住需求。目标包括房屋的大小、地段、外部环境、交通状况等。根据目标测算租房价格或者购房总价款，并对客户当前的资产、收入状况进行分析，从而评估客户是否有能力达到目标。

当居住需求确定以后，首先是选择租房还是购房。如果决定购房，那么就要根据资产和收入状况决定购房总价，确定能拿出多少首付款，能承担多少贷款。其次就是根据总价，测算能够购买的面积。对于已经有房子的客户，可以通过换房规划来达到提升居住状况的目标。家庭生命周期中的居住规划如图8-1所示。

（一）租购决策：租房还是购房？

我国房地产市场正在从增量时代进入存量时代，住房租赁市场迎来了前所未有的发展机遇，租房规划也成为了居住规划的重要内容之一。对于刚毕业或者刚组建家庭的人来说，此时个人或家庭的资金积累较少，可能无法拿出购房资金，因此会涉及租房规划。

1.租房的优点

（1）资金运用自由，便于应对家庭收入变化

如果决定购房，就需要准备好购房的首付并且每个月都要负担房贷，相对而言资金压力会很大；而租房则相对更自由，如果家庭收入不高，可以先租赁较为便宜的房子，当收入提高后就可以换租更大或居住环境更好的房子了。在财务上，租房比购房的弹性更大。

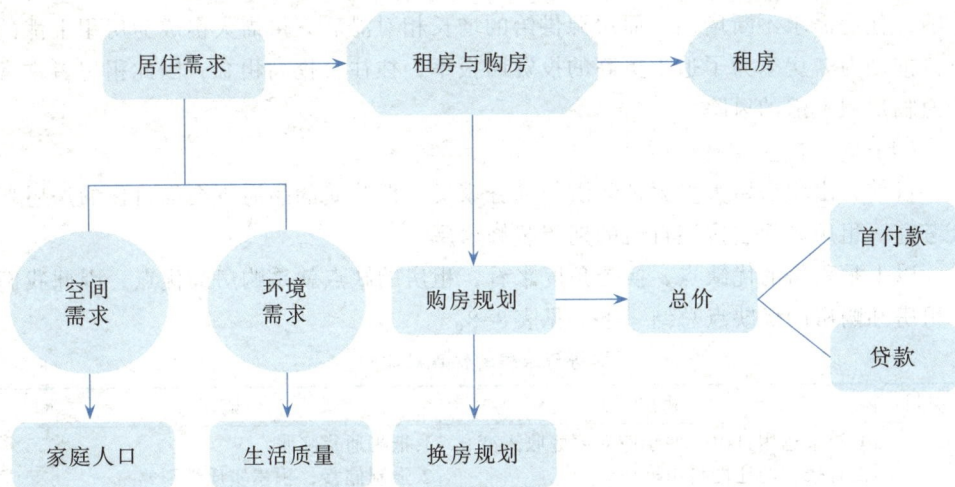

图8-1 家庭生命周期中的居住规划

（2）不用考虑房价下跌的风险

购房者在变现或换房转售时，会面临房价下跌的风险。相比较而言，由于房屋的所有权属于房东，租房者不用承担房价下跌的风险，因此不用考虑房价变化对自身财务状况的影响。

（3）房屋损毁风险由房东承担

当房屋出现重大瑕疵，比如漏水或火灾、地震毁损等情况时，租房者可以选择搬迁或重新租房，也可以要求房东进行修缮。但是对于购房者来说，这时就必须承担房屋有瑕疵或毁损的风险；即使将风险转嫁给保险公司，购房者仍要负担一笔财产保险费用。

（4）税费负担较轻

租房者无须缴纳任何税费，购房者则需要缴纳契税、中介费等税费，该笔费用也是一笔较大的开支。

（5）若不购房，首付款可用于投资

租房可以提供与购房相同的居住效用，但是对资金的需求更少，因此可以省下大笔资金。如果决定租房而不是购房，那么首付款等就可以用于投资，以寻找更有利的投资工具来实现其他理财目标。

2.租房的缺点

（1）无法运用财务杠杆追求房价差价利益

如果房价上涨，购房者只需要支付首付款，就可以享受房价上涨带来的收益，因此房价具有财务杠杆效应；而租房者因为没有房屋产权，也就无法享受运用财务杠杆追求房价差价的好处。

（2）面临非自愿搬离的风险

租房时，租房者可能遇到房东要收回房屋自住或者出售的情况，这时房东会要求租房者提前搬离。另外，即使没有出现这种特殊情况，按照租房合同，如果房东提前通知或者每年续约到期，租房者也要依约搬离。

（3）面临房租上涨的风险

因为通货膨胀是客观存在的，房租呈现逐年上升的趋势，尤其是经济发达的都

市圈，住房需求不断增加，而房源供给的增长相对滞后，供需失衡成为房租上涨的直接推动力。房东为了追求更高的投资回报率，往往会提高租金，因此租房者常常会面临房租上涨的风险。

（4）无法自主装修房屋

目前，出租房屋大多附带装潢与部分家具，但装潢的品质不会像自住的房屋那么考究。租房者无法按照自己的期望装修房屋。

以上是租房的优缺点，换个角度来看，租房的缺点就是购房的优点，因此我们将租房和购房的优缺点总结一下，见表8-8。

表8-8　　　　　　　　　　租房与购房的优缺点比较

项目	租房	购房
优点	1.资金运用自由，便于应对家庭收入变化 2.有较大的迁徙自由度 3.无须考虑房价下跌的风险 4.房屋损毁风险由房东承担 5.有能力享受更大的居住空间 6.税负较轻	1.抵御通货膨胀 2.强制储蓄，积累实质性财富 3.提高居住品质 4.满足拥有自己住宅的心理需求 5.房屋所有权带来的制度红利
缺点	1.无法运用财务杠杆享受房价差价好处 2.面临非自愿搬离的风险 3.面临房租上涨的风险 4.归属感和安全感较差	1.缺乏流动性：较难变现，应急时容易被迫降价 2.首付资金往往较多 3.维护成本高：修缮、物业等费用需持续投入 4.房屋贬值的风险：房屋损毁、市场价格下跌，或者由于社区管理不善造成房价贬值

3.租购决策——年成本法

对于同一标的物既可租也可售时，不同的人会在租购决策中作出不一样的选择。那么，如何进行决策呢？此处我们介绍一种方法——年成本法。

年成本法是逐年对居住房屋的成本进行考量，不考虑长期居住时货币时间价值的影响。就自住房屋而言，购房者的使用成本是首付款的机会成本、房屋贷款利息与住房维护成本，而租房者的使用成本是房租与房租押金的机会成本。租房年成本与购房年成本的计算公式分别为：

租房年成本=押金×机会成本率+年租金

购房年成本=首付款×机会成本率+贷款×贷款利率+年维修费用及税金-房价每年涨幅

比较租房年成本和购房年成本，成本小的更为划算。

从租房年成本和购房年成本的计算公式来看，购房总价是固定的，如果贷款利率不变，随着还款月份的增加，贷款余额逐渐减少，因此，购房年成本逐渐降低；如果将来房租不断上涨，则租房年成本逐渐上升。

当然，年成本法只是基于当前情况的一种比较，在进行租房或者购房决策时，还应该考虑其他因素的变化，比如房租是否呈增长趋势、房价是否呈增长趋势等。

示例8-4 王女士看上一套100平方米的住房，该住房既可租也可售。若租房，房租为每月9 500元，以1个月房租作为押金。若购房，总价为400万元，可申请200万元贷款，还款期限为20年，按年等额本息方式还款。假设房贷利率为8%，自备首付款200万元，房屋的维护成本为每年5 000元，预计房价将每年上涨800

元/平方米，押金与首付款的机会成本率均为5%。该房屋应该租还是购？

|解析| 租房与购房的年成本分析如下：

租房年成本：9 500×12+9 500×1×5%=114 475（元）

购房年成本：2 000 000×5%+2 000 000×8%+5 000-800×100=185 000（元）

由此可见，购房比租房年成本高70 525元，租房比较划算。

在上述案例中，如果预期房价会很快上涨，则购房年成本可能低于租房年成本，即购房优于租房。因此，租房与购房究竟何者更划算，决策者对未来房价涨跌的主观判断很重要。除此之外，利率的高低也会影响租购决策。房贷利率越低，购房的年成本越低，购房越划算。利率低时，折现率也低，这一点具体体现在下面所介绍的净现值法中。

（二）购房规划

1.购房能力分析——可负担房价的测算

对于购房规划来说，购房者面对的最主要问题是购房前首付款筹备与购房后贷款负担，这两者对家庭现金流与生活水平都将产生重大影响。陷入低首付陷阱或者去买使自己负担过高的房子，都是进行居住规划的大忌。那么，如何测算房屋总价与购房者的负担能力呢？

年收入概算法是以年收入作为衡量可负担贷款的基础。假定购房者有足够的资金或者通过一定的渠道能获得足够的资金作为房屋的首付款，我们只需要考虑房价与年收入的关系即可。一般来说，我们可以用下面这个公式进行测算：

最高可负担房价=可负担贷款金额÷贷款成数

其中：

可负担贷款金额=PV（预计还款年限N，房贷利率I，FV=0，可负担还款金额PMT
　　　　　　　　=-年收入×可负担房贷比率）

从这个简化公式可知，在同样的收入下，房贷利率越低，可负担的房价越高；收入中可负担房贷的比率越高，可负担的房价越高。按照经验，根据房贷负担计算的房贷上限一般为年收入的5~8倍。

|示例8-5| 林先生年收入10万元，其中30%可用来还房贷，房贷利率为6%，贷款成数为70%，可贷款20年。请分析林先生可负担的房子总价为多少？

|解析| 如果按照等额本息还款方式计算，首先推算林先生可负担贷款额度，已知：I=6%，n=20，PMT=-3，FV=0，得到PV=34.41（万元）。

再根据贷款成数，计算其最高可负担房价为：

最高可负担房价=34.41÷70%=49.16（万元）

最高可负担房价不到林先生年收入的5倍，符合经验判断，但前提是林先生能预先准备49.16×30%=14.75（万元）的首付款。

2.购房规划——目标精算法

购房规划常用的方法之一为目标精算法，该方法与子女教育金规划的目标基准点法类似，就是以购房时点n作为目标基准点，在基准点之前为积攒首付款的过程，n年之后至n+m年为还房贷的过程。目标基准法如图8-2所示。

购房规划可以分为两部分：前半段为攒首付，后半段为还贷款。我们将其现金

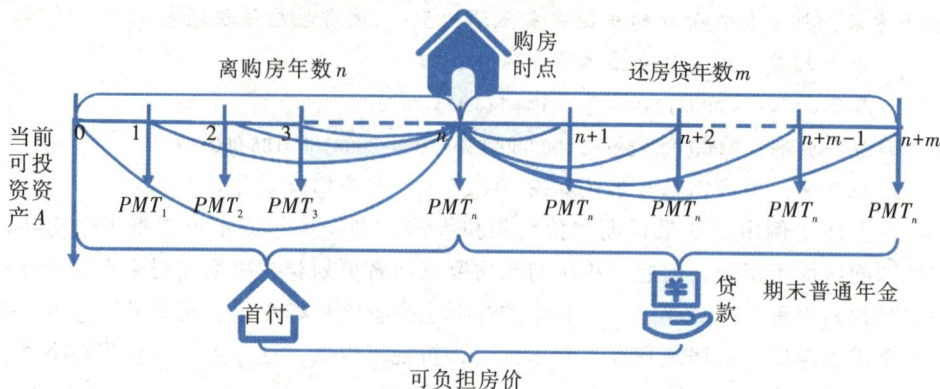

图8-2　目标精算法

流都放到基准点来看，对于前 n 年，就是将积攒首付款的现金流都放到基准点，相当于求 FV；对于后 m 年，就是将每期还贷款的现金流都放到基准点来看，相当于求现值。这样，我们就可以得到在购房时点 n 所能积攒的首付款和所能申请到的贷款，两者相加就是可负担总房价。

其中，首付款的现金流主要有两个来源：一个是当前客户已经积攒的可投资资产；另一个则是每期有收入，收入中可以拿出一部分进行首付款储蓄。

首付款即求 FV，其中：PMT_1=当前收入×负担比率，PV=当前可投资资产 A，i=投资报酬率。

需要特别注意的是，如果每年的收入是增长的，则每一年储蓄首付款的 PMT 也是增长的，那就变成增长型年金求终值。

对于贷款部分，仍假设客户将每年收入的一定比例用于偿还房贷，因此在基准点客户的贷款额即求 PV，其中：PMT_n=购房时点收入×负担比率，n=贷款期限，i=贷款利率。

需要注意的是，即使客户的收入每年是增长的，在计算贷款额的 PV 时，仍然要按照普通年金来计算，而不考虑收入的增长率。这是因为在实际操作中，客户在申请房贷时，银行仅审核客户当前的收入，而不考虑客户未来的收入。

|示例8-6| 为了让儿子进入重点学校学习，曹先生计划3年后在市区购买一套学区房，已知市区的学区房均价为21 000元/平方米。目前曹先生每年家庭年结余224 162.80元，有活期存款35 000元。通过向理财经理咨询，曹先生了解到，贷款后的月供与自己月税后收入的比值最多不能超过25%。由于这是曹先生贷款购买的第二套房子，房贷利率要上调至7%，贷款期限为20年，采用等额本息还款方式。曹先生计划将全部活期存款用作购房准备金（假设年投资收益率为9.5%）。

任务：请分析曹先生的购房需求，确定其购房总价。

|解析| 采用目标精算法，分别计算在3年后的购房时点，曹先生可负担的首付款及可申请到的贷款，两者相加就是其可负担的购房总价。

（1）首先计算购房时点可负担的首付款。曹先生可负担的首付款来源有两个：

来源一：当前活期存款在3年后的终值

N=3；I=9.5%，PV=35 000，可求得 FV=-45 952.63（元）。

来源二：年结余在 3 年后的终值

$N=3$，$I=9.5\%$，$PMT=224\ 162.80$，可求得 $FV=-738\ 397.87$（元）。

可负担的首付款=购房准备金终值+年结余终值=45 952.63+738 397.87=784 350.50（元）

（2）其次计算在购房时点曹先生所能申请到的贷款总额。

因为银行有规定，月供/月税后收入≤25%，因此曹先生的月供金额为：

月供金额=年税后收入÷12×25%=377 560.00÷12×25%=7 865.83（元）

由此可进一步求其在购房时点所能申请到的房贷，计算过程为：

$N=20×12=240$，$I=7\%$，$PMT=7\ 865.83$，可求得 $PV=-1\ 014\ 554.47$（元）。

（3）可负担买房总价=可负担首付款+可负担房屋贷款额

$$=784\ 350.50+1\ 014\ 554.47$$
$$=1\ 798\ 904.97（元）$$

3.换房规划——换房能力概算

随着家庭收入的增加、家庭人口的增加、家庭负担能力的提高，家庭会存在换房需求，那么换房规划需要注意哪些问题呢？相比于购房规划，换房规划需要多考虑一个问题——换房时，旧房能卖多少钱？

对于换房来说，最主要的问题是计算换房时需要筹集的首付款。计算公式为：

需筹集首付款=新房净值-卖旧房净值

$$=（新房总价-新房贷款）-（旧房总价-旧房贷款）$$

在换房规划中，需要注意的是，购买新房不是理财的唯一目标，若因此把所有的资产都用来满足换房需求而耽搁了子女教育金或退休金的筹措，则应考虑在准备充分之前暂时租房或暂不换房。

|示例 8-7| 李先生现有房产价值 100 万元，房贷月供（本息）6 000 元，房贷年利率为 4%，还需要 10 年才能还清。他准备卖掉旧房，购买价值 140 万元的新房。请计算为了购买新房，李先生还要向银行贷款多少？如果每月仍还款 6 000 元，新房的房贷需要多久才能够还清？

|解析| 新房的首付款来源于卖旧房的所得，我们首先计算卖旧房时旧房的剩余贷款本金，具体计算如下：

$n=10×12=120$，$I=4\%÷12=0.33\%$，$PMT=-6\ 000$，$FV=0$，可求得 $PV=592\ 621.05$（元），即旧房剩余房贷为 592 621.05 元，那么卖房可以得到 1 000 000-592 621.05=407 378.95（元），这笔钱用来支付新房的首付款。买新房还要向银行贷款多少呢？

新房还需要贷款=1 400 000-407 378.95=992 621.05（元）

4.使用住房公积金的购房规划

住房公积金是国家依法建立的，参保人员依法履行缴费义务和使用基金购（盖）房，由政府确保支付的住房资助计划。相较于商业银行的住房贷款，公积金贷款有其特点：

（1）住房公积金贷款利率比商业银行住房贷款利率低

以 2024 年 5 月 18 日的调整为准，5 年（含 5 年）以下住房公积金贷款年利率为 2.35%。2024 年 10 月 21 日，中国人民银行授权全国银行同业拆借中心公布的 1 年期贷款市场报价利率为 3.1%。5 年以上住房公积金贷款年利率为 2.85%。2024 年 10 月 21 日，中国人民银行授权全国银行同业拆借中心公布的5年以上贷款市场报价利率为3.6%。

（2）住房公积金贷款提前还款更加灵活

住房公积金贷款允许借款人在还款满1年后提前还款，且不收取违约金。这为借款人提供了更大的灵活性，尤其是在资金充裕时，可以减少利息支出。

（3）住房公积金使用灵活

住房公积金不仅可以用于购房，还可以用于租房、建造、翻建等，对解决人们的住房问题有很大帮助。

五、任务实践

课前完成分组，小组内分配实践任务，并完成以下实践任务：

情景模拟实训：完成客户居住规划方案分析，并完成表8-9。

表8-9　　　　　　　　　　　　　　居住规划表单

陈先生居住规划测算表单

客户购房资金情况分析		
目前年结余（元）	购房准备金（元）	
拟几年后买房（年）	拟贷款年数（年）	
房贷相关数据：		
还款期数	当地房价（元）	
投资报酬率（%）	房屋贷款利率（%）	
需测算数据		
可负担首付款（元）	可负担房屋贷款额（元）	
可负担买房总价（元）	房屋贷款占总价成数（%）	

房屋还款方式

买房总价	贷款方式	贷款金额	还款方式	首期还款额
	商业贷款☐ 公积金贷款☐ 组合贷款☐		等额本息还款☐ 等额本金还款☐	

居住规划测算过程：

_____

_____

_____

_____

六、任务完成评价

（一）自我评价

1.通过本次学习，我学到的知识点、技能点有：_____

_____

不理解的有：_____

_____

2.我认为在以下方面还需要深入学习并提升岗位能力：_____

_____

3.在本次工作和学习过程中，我的表现可得到：□😎 □🙂 □😟

（二）组员互相评价

表 8-10　　　　　　　　　　　任务完成评价

项目	评价内容：请在对应考核项目□打"√"或打"×"	学生评级等级（学生互评）		
		😎	🙂	😟
学习态度与职业素养测评	□能够保持良好的团队沟通和合作 □工作细致、态度端正			
职业技术与技能评价	得分（每空1分，满分100分） □75~100分；优秀 □60~74分；合格 □0~59分；不合格			
小组评语与建议		组长签名：　　　　　　　年　　月　　日		
教师评语与建议		评价等级： 教师签名：　　　　　　　年　　月　　日		

项目九　保险规划

项目导读

　　刘太太辞职回家照顾她的宝宝。她离职后没多久，她的丈夫刘先生就在一次车祸中身亡。直到这时，刘太太才意识到当初买的 500 万元保险对她来说有多重要。十几年前，刘先生和刘太太的第一个孩子出生后不久，一个当保险代理人的邻居金经理找上门来，他让夫妻俩认识到，刘先生是家里唯一的顶梁柱，所以他需要一份高额的人寿保险。万一刘先生不幸身故，这份保险可以给家人提供保障，这份保险要足够支持一家人的开销，直到孩子们上学为止。

项目目标

思政目标：
- 在人寿保险规划教学中，引导学生理解保险作为社会"稳定器"的民生保障功能，强化风险防范意识与家庭责任担当，助力构建安全和谐的社会风险防护网。
- 通过保险条款解读与产品分析，培育学生诚信为本的职业操守，倡导如实告知、合规投保的行业规范，筑牢金融伦理与法治意识的教育根基。
- 在寿险保额测算与方案制订中，渗透理性规划与科学决策的价值观，反对盲目投保或投机性理财行为，培养审慎客观的保险规划思维。

知识目标：
- 掌握不同保险险种的特点与作用。
- 掌握不同类型保险产品的保障范围与局限性。
- 掌握保险规划的基本原则和方法。

技能目标：
- 能够根据客户家庭情况进行风险评估。
- 能够准确制订适合客户家庭的保险规划方案。
- 能够向客户清晰地讲解保险规划方案并解答客户的疑问。

学习任务及课时分配

表 9-1　　　　　　　　　　学习任务及课时分配

活动序号	学习活动	课时安排
1	认识人寿保险的种类	2 课时
2	人寿保险规划	4 课时

任务一　认识人寿保险的种类

一、任务导航

表9-2为认识人寿保险的种类工作任务单，请查看本小组任务目标、任务知识点、任务技能点、学习时间节点及学习资源。

表9-2　　　　　　　　　认识人寿保险的种类工作任务单

任务基本描述：帮助客户厘清购买人寿保险的目标				
任务目标	任务知识点	任务技能点	学习时间节点	学习资源
解释人寿保险在家庭理财规划中的作用	·理解人寿保险的作用	·帮助客户树立购买人寿保险的理念	·课前准备 ·课堂展示	·微课资源
识别人寿保险的主要类型及特点	·了解每种人寿保险的特点、保障范围	·能够根据家庭成员的年龄、健康状况、财务状况等因素，选择合适的人寿保险产品	·课前准备 ·课堂展示	·微课资源 ·百度搜索

二、前导知识和技能测试

1.前导知识9.1
2.技能测试9.1

前导知识9.1

技能测试9.1

三、任务案例

刘先生想购买一份分红寿险，理财经理金经理与刘先生约定了时间，为其解释正在热销的分红寿险的条款。部分条款如下：

保险责任

在本合同有效期内，我们承担以下保险责任：

（一）身故保险金

被保险人于本合同生效之日起180天内身故，我们按已交保险费给付身故保险金，本合同终止。

被保险人于本合同生效之日起180天后身故，我们按以下约定给付身故保险金：

若被保险人身故时未满18周岁，身故保险金为已交保险费的［150%］倍与本合同当时的现金价值之和。

若被保险人身故时已满18周岁，身故保险金为基本保险金额与本合同当时的累积红利保险金额之和。

（二）生存保险金

被保险人于本合同生效后每满3年仍生存，我们按基本保险金额的 10% 给付生存保险金。

（三）红利分配

本公司将根据上一会计年度分红保险业务的实际经营状况，确定红利分配方案。红利分配形式包括现金红利和增额红利。

1.现金红利

您可以选择以下方式领取现金红利：

（1）现金领取；

（2）累积生息：红利留存在本公司，按我们确定的红利累积利率以年复利方式储存生息，您可以在需要时申请领取。

2.增额红利

增额红利以增加本合同的基本保险金额的方式进行分配。在本合同有效期内，我们将于每年合同生效日对应日根据所确定的红利分配方案增加本合同的基本保险金额。

任务要求：刘先生对上述合同条款有疑问，请根据上述条款解答刘先生咨询的问题。

四、任务知识殿堂

（一）人寿保险的背景知识

人寿保险在保单被保险人死亡后向特定的受益人给付保险金，这样，客户可以在身故后向特定的受益人提供经济支持。500万元的保险额度意味着客户不幸离世后，保险单上的受益人可以得到 500 万元赔偿金，而且受益人收到的赔偿金无须纳税。

1.人寿保险的职能

在决定要不要买人寿保险或买多少人寿保险之前，客户需要考虑自己的财务目标。与人寿保险相关的最主要的财务目标莫过于为被抚养人提供经济支持。如果家里的经济支柱身故，人寿保险的赔偿可以在很大程度上维持这个家庭的经济支出，其作用至关重要。人寿保险能在没有人赚钱养家的情况下，维持这个家庭未来的一部分开支。此外，人寿保险还可以帮助被抚养人偿还债务。如果客户是家里的经济来源，其他人靠其收入过日子，那么该客户就需要购买人寿保险。

如果没有其他人靠客户的收入生活，人寿保险就没那么必要了。比如，客户和配偶都有全职工作，而且配偶没有客户的收入也能过得很好，人寿保险的重要性就不大。如果客户没有其他家庭成员，那么他的人寿保险需求较小。

然而，许多没有被抚养人的人依然想给自己的继承人留下一笔钱，比如，客户可能想资助其外甥读大学，如果客户在外甥上大学之前就身故了，人寿保险就可以完成客户未了的心愿。或者客户想赡养父母，如果是这样，就把父母作为人寿保险的受益人；还可以办理一份人寿保险，把自己支持的慈善机构作为受益人。

每隔一段时间，都要重新思考一下当初的人寿保险决定。即使现在不想买人寿保险，以后也可能会买。如果已经有一份人寿保险了，未来也可能需要增加保额，以及增加或变更受益人。

许多保险公司都能提供人寿保险。理财经理会向客户介绍多种不同的人寿保险，帮助客户确定哪种人寿保险最符合客户的需要。理财经理也会帮客户确定需要的保障金额。许多人买了人寿保险之后，还能再活40年或更久，但还是希望人寿保险公司在他们死后提供保险利益。所以，保险公司保持良好的财务状况对保单持有人来说是很重要的，这样它才能一直存在，并且在多年以后保险单上的被保险人死亡后，履行自己的合同义务。

2.人寿保险背后的心理因素

心理因素可能打消人们购买人寿保险的念头。人们往往更关注使自己开心的事情，比如婚礼或度假，而不是死亡。这是人之常情。所以，人们不想思考自己的死亡，因而经常拖延购买人寿保险的决策。此外，一旦决定购买人寿保险，就要定期缴纳保费，却不能马上得到什么利益，因此，有些人宁愿把钱花在能够马上提供回报的产品或服务上，也不会购买人寿保险。

虽然购买人寿保险决策不像买衣服或股票那样让人兴奋，但它能带来更多的回报。购买合适的保险将给家庭提供"保护伞"，保证家庭经济状况不会因为个别家庭成员的身故而产生大的变动。

（二）人寿保险的种类

虽然购买人寿保险的原因是很明确的，但可供选择的保险有很多，以下介绍市售的人寿保险类型。

1.定期寿险

定期寿险是指在一段时间内提供保障的人寿保险，这段时间的长度通常为1年、5年、10年、20年或到被保险人指定的年龄时止，如65岁或70岁。在保险合同约定的期间，若被保险人死亡，保险人就按照合同约定的保险金额给付保险金。如果保险期限结束而被保险人仍然生存，则保险单失效，已经缴纳的保险费不退还，保险单不再有任何价值。所以，定期寿险属于消费型保险，不具备储蓄功能，没有现金价值。

我们举一个年轻的单身妈妈带3个孩子的例子。她打算给孩子们提供经济支持，直至孩子们大学毕业。虽然她的收入足够达成目标，但她还是想为自己的意外身故做好准备。她打算购买20年期的保险。如果她在这段时间内身故，她的孩子们就能得到保险单中规定的给付。如果满期后她还活着，保险单就失效了。即使有这样的限制，保险单仍然能够实现这位妈妈的目的，让她放心，因为她知道这段时间内孩子们可以得到足够的经济支持。等保险到期，孩子们已经可以自力更生了。

2.终身寿险

终身寿险是一种重要的保险产品，具有以下显著特点：

第一，从保障期限来看，终身寿险提供的是终身保障。自保险合同生效之时起，无论何时，只要被保险人不幸身故或全残，保险公司都将按照合同约定给付保险金。这种确定性的保障为被保险人及其家庭提供了长期的经济安全网。

第二，在现金价值方面，终身寿险通常具有较高的现金价值积累功能。随着时间的推移，保险单的现金价值会逐渐增加。这不仅为投保人提供了一种潜在的资金储备，在特定情况下，还可以通过保险单贷款等方式获取流动资金，以满足不时之需。

第三，对于家庭责任的承担，终身寿险发挥着关键作用。当被保险人离世时，保险金可以为家人提供经济支持，确保子女能够继续接受良好的教育，确保老人能够安享晚年，确保家庭的债务得以清偿，从而维持家庭的正常生活秩序。

第四，在财富传承方面，终身寿险具有独特优势。投保人可以指定受益人，明确保险金的分配方式，实现财富的定向传承。这种方式可以避免因遗产分配问题而引发的家庭纠纷，确保家族财富能够按照投保人的意愿顺利传承给下一代。

综上所述，终身寿险以其终身保障、现金价值积累、家庭责任承担和财富传承等功能，成为个人和家庭进行风险管理和财富规划的重要工具。

终身寿险的保费远高于定期寿险。终身寿险与定期寿险相比，最大的优势在于它不但提供可能的死亡保障，而且是一种长期储蓄手段。当然，客户也可以一边用较低的保费购买定期寿险，一边把省下来的钱存起来，按自己的意愿进行投资。

有的人喜欢终身寿险，因为它可以强迫人们把钱存起来。然而，终身寿险作为储蓄手段的效率是很低的，如果追求保值增值，还不如养成强制储蓄的习惯，在银行账户中设置自动存款或投资。

到底是选择定期寿险还是终身寿险，取决于客户的特定需要。如果客户只是想用人寿保险为受益人提供保障，定期寿险其实更适合。

如果客户活到了定期寿险的保险期满，再办理一份新的定期寿险就要缴纳更高的年度保费，但是，终身寿险的基础保费是不会变的。总的来说，要想满足人寿保险的需要，选择定期寿险通常是更便宜的。

3.两全保险

两全保险是一种具有独特优势的保险产品。

两全保险又称生死合险，其最大的特点在于在保险期间，无论被保险人在保险期限内生存还是在保险期间届满时身故，保险公司都将按照合同约定给付相应的保险金。

从生存保障角度来看，若被保险人在保险期间生存至合同约定的时间，保险公司将给付生存保险金。这可以为被保险人的未来生活提供一定的经济支持，可用于养老规划、子女教育储备等。

在身故保障方面，若被保险人在保险期间不幸身故，保险公司会向受益人支付身故保险金，为家人提供经济上的保障，确保家庭生活不会因被保险人的意外离去而陷入困境。

两全保险为人们提供了一种全面的风险保障解决方案，既考虑了被保险人的生存需求，又兼顾了被保险人身故后的家庭经济保障，是个人和家庭进行综合保险规划的重要选择之一。

4.投资连结险

投资连结险是一种较为特殊的保险产品。

从保障性质来看，投资连结险具备一定的保险保障功能，通常包括寿险保障等，为被保险人及其家人提供经济上的安全屏障。在被保险人发生意外身故等情况时，保险公司会按照合同约定给予相应的保险金赔付。

投资连结险的核心特点在于强大的投资属性。投资连结险设立多个不同风险收益特征的投资账户，投保人可以根据自己的风险偏好和投资目标，在这些账户中进行选择和分配资金。与传统保险产品相比，投资连结险的投资部分更具灵活性和主动性。

由于投资连结险的投资收益与市场表现紧密相关，所以其收益具有不确定性。在市场行情较好时，投保人可能获得较高的投资回报率；但是在市场行情不佳时，也可能面临投资损失。

投资连结险要求投保人具备一定的风险承受能力和投资知识。投保人需要密切关注投资账户的表现，根据市场变化适时调整投资策略。同时，投保人也应该清楚地了解产品的费用结构，包括初始费用、管理费用等，以便更好地评估投资成本和收益。

总之，投资连结险是一种将保险保障与投资功能相结合的创新型产品，适合那些既希望获得一定保险保障又愿意参与市场投资、具有较高风险承受能力的投资者。

5.万能险

万能险是一种具有灵活性和多功能性的保险产品。

在保障功能方面，万能险通常提供一定程度的寿险保障，可以为被保险人及其家庭提供经济安全网。在被保险人不幸身故时，保险公司将按照合同约定给付保险金，帮助家人渡过难关。

万能险的突出特点在于其灵活性。投保人可以根据自己的实际情况和需求，在一定范围内调整保费的缴纳金额和时间。例如，在经济状况较好时，可以多缴纳保费，以增加保单的价值；而在经济状况紧张时，可以适当减少保费缴纳，甚至暂停缴纳，待经济状况改善后再恢复缴费。

万能险的保单现金价值具有一定的投资属性。保险公司会将保险费进行投资运作，通常会设立一个独立的投资账户，投保人可以根据自己的风险偏好选择不同的投资组合。随着投资收益的积累，保单现金价值也会相应增加。

此外，万能险还具有部分领取功能。当满足一定条件时，投保人可以根据自己的需要领取部分保单现金价值，用于应急、子女教育、养老补充等用途。

需要注意的是，万能险的投资收益具有不确定性，而且可能受到市场波动等因素的影响。投保人在选择万能险时，应充分了解产品的特点、费用结构和风险，结合自身的财务状况和风险承受能力，作出合理的决策。

总之，万能险以其灵活性、投资功能和保障作用，为投保人提供了一种综合性的保险解决方案。

6.分红险

分红险是一种兼具保障与收益分配功能的保险产品。

在保障层面，分红险通常提供一定的寿险保障，如身故保障、生存金等，为被保险人及其家庭在面临风险时提供经济上的支持。当被保险人不幸身故时，保险公司会按照合同约定向受益人支付保险金，帮助家庭度过困难时期。

分红险的独特之处在于收益分配。分红险的红利主要来源于保险公司的经营成果。保险公司在每个会计年度结束后，会根据自身的盈利情况，将可分配盈余以红利的形式分配给保险单持有人。红利分配方式通常有现金红利和增额红利两种。现金红利可以直接领取，也可以累计生息或抵交保费；增额红利则用于增加保险金额，使保障水平逐步提高。

分红险的收益具有一定的不确定性。虽然保险公司的经营状况总体较为稳定，但红利的多少受到多种因素的影响，包括市场环境、投资收益、经营管理水平等。因此，投保人在选择分红险时，应充分了解产品的特点和风险，不能将分红险的收益视为固定回报。

分红险适合那些既希望获得一定的保险保障，又期望在一定程度上参与保险公司经营成果分享的投资者。它为人们提供了一种相对稳健的理财方式，在实现风险保障的同时，也可能获得额外的收益。

理财故事

消费者在购买保险时要注意哪五个误区[①]

随着人们理财观念的逐渐成熟，保险已经成为大多数人理财配置中不可或缺的一部分，但当前仍有许多消费者在购买人身保险产品时容易进入一些误区，消费者在购买保险时主要存在以下五个误区：

误区一：只看投保回报率高不高

只冲着险种的投资回报情况或分红水平而购买保险是不正确的保险消费理念。购买保险产品应树立正确认识，应为满足自己对风险保障的需求购买，而不仅仅是为了投资回报情况及分红水平高低购买，应该根据自己对养老、疾病、子女成长、生存、死亡、伤残等方面的风险需求，来选择适合自己的人身保险。

投资回报情况及分红水平高低与经济环境、市场环境、公司经营状况、持有保单时间长短等诸多客观因素都有关系，投保者应始终把享有风险保障作为持有保险单的根本目的，尤其是不要因为投资回报率及分红水平没有达到预期而退保，从而使自己遭受不必要的退保损失。

误区二：收入稳定，不需要保险

在人的一生中，风险无处不在，应做好防范、抵御风险的准备，保险为大家提供了风险发生后的资金保障，保证自己和家人的生活质量不受影响。

误区三：我有社保，不需要商业保险

社会保险的特点是低水平、广覆盖。其中，医疗保险一般仅按一定比例赔付规

---

① 中国太平洋保险（集团）股份有限公司.消费者在购买保险时要注意哪五个误区［EB/OL］.（2021-05-31）［2025-01-30］.https://www.cpic.com.cn/c/2021-05-31/1684922.shtml.

定范围内的医疗费用，其余的将由个人承担。而商业保险的好处是可以在一定程度上补充社会保险的不足。

保险消费者可以在自己的预算范围内，根据自己的需求情况购买商业保险，以确保在发生重大保险事故时，不至于因为社保的保障程度不够而使自己和家庭陷入财务危机。

误区四：别人买什么，我就买什么

对自身及家人的情况和财务状况缺乏充足了解而盲目投保，就无法购买到合适的保险产品，也无法选择适当的保额。投保者可以自行分析自己可能面临的潜在风险，或者参考专业人士的意见，有针对性地购买保险，以使自己和家人获得充分的保障。

误区五：看合同太麻烦，告诉我要多少钱

投保者在决定投保之前，一定要仔细阅读保险条款，以了解将要购买的保险产品的具体保险责任范围、免责条款等，也要明确自己的告知义务和签订合同的具体流程。如果有不清楚的地方，可以拨打保险公司的咨询服务电话确认，以免给自己带来麻烦。

需要注意的是，个人信息一旦发生变化，要尽快去保险公司更新保险单上的个人信息，以保障在发生保险事故时获得保险金的权利。

五、任务实践

课前完成分组，小组内分配实践任务，并完成以下实践任务：
情景模拟实训：解读保险条款，并完成工作表9-3。

表9-3　　　　　**客户分红险咨询记录**

刘先生咨询记录

Q1：身故保险金具体是怎么赔付的？不同年龄段的赔付标准有何不同？

Q2：生存保险金多久给付一次？给付比例是多少？

Q3：红利是如何分配的？有哪些分配形式？

Q4：红利分配是确定的吗？大概能有多少收益？

六、任务完成评价

（一）自我评价

1.通过本次学习，我学到的知识点、技能点有：_____

不理解的有：_____

2.我认为在以下方面还需要深入学习并提升岗位能力：_____

3.在本次工作和学习过程中，我的表现可得到：□😎　□🙂　□🙁

（二）组员互相评价

表9-4　　　　　　　　　　　**任务完成评价表**

项目	评价内容：请在对应的考核项目 □打"√"或打"×"	学生评价等级（学生互评）		
		😎	🙂	🙁
学习态度与 职业素养测评	□能够保持良好的团队沟通和合作 □工作细致、态度端正			
职业技术与 技能评价	得分（每空1分，满分100分） □75~100分，优秀 □60~74分，合格 □0~59分，不合格			
小组评语与 建议		组长签名： 　　　　　　年　　月　　日		
教师评语与 建议		评价等级： 教师签名： 　　　　　　年　　月　　日		

任务二　人寿保险规划

一、任务导航

　　表9-5为人寿保险规划工作任务单，请查看本小组任务目标、任务知识点、任务技能点、学习时间节点及学习资源。

表9-5　　　　　　　　　　**人寿保险规划工作任务单**

任务基本描述：为客户制订人寿保险规划方案，并向客户介绍和展示方案				
任务目标	任务知识点	任务技能点	学习时间节点	学习资源
评估客户的 寿险需求	•了解寿险保额测算的 　三种方法 •了解三种测算方法的 　优缺点	•为客户测算寿险保额	•课前准备 •课堂展示	•微课资源
制订人寿保 险规划	了解寿险规划制订 流程	•撰写保险规划方案	•课堂小组合作 •课堂展示	•微课资源

二、前导知识和技能测试

1. 前导知识 9.2
2. 技能测试 9.2

三、任务案例

刘先生今年 30 岁，是一名公司职员，目前年收入 12 万元。刘先生预计在 65 岁退休，他的妻子今年 28 岁，在家照顾孩子，孩子今年 2 岁。刘先生家庭每月生活费 4 000 元，有房贷余额 80 万元，每月需还款 4 000 元。预计到孩子大学毕业还有 20 年，每年教育费用 1.5 万元。刘先生父母健在，都是 58 岁，他每月要给父母赡养费 1 500 元。假设刘先生不幸在当前去世，工资增长率为 3%，通货膨胀率为 2%，投资回报率为 5%。

要求：请为刘先生测算他的寿险应有保额。

四、任务知识殿堂

（一）寿险需求分析

选定了最适合自己需求的人寿保险险种之后，接下来就要确定保险金额。人身保险以家庭风险为基础，一般以家庭主要成员万一不幸作为分析背景，当家庭成员，尤其是主要家庭成员面临死亡、伤残、健康等风险时，家庭收入和支出，以及家庭理财目标的实现都将受到影响。因此，人身保险需求是考虑已有的风险保障、家庭生息资产状况后，为确保家庭实现既有理财目标所需的资源缺口。以下介绍三种寿险应有保额的测算方法。

1. 倍数法

倍数法是一种较为简单的测算方法，通常是根据被保险人的收入或支出情况，乘以一定的倍数来确定寿险保额。倍数的选择较为灵活，比如收入的 5~10 倍。

收入倍数法。收入倍数法一般以被保险人年收入的一定倍数作为寿险保额，例如可选择年收入的 5~10 倍作为保额。其原理是，在被保险人不幸身故后，家人可以依靠这笔保险金在一定时间内维持生活水平，同时有时间调整经济状况。假设被保险人年收入 10 万元，若选择年收入的 7 倍作为保额，那么寿险应有保额为 70 万元。

支出倍数法。支出倍数法就是根据家庭年支出金额乘以一定倍数来确定保额。一般情况下，倍数可以选择 10~20 倍。支出倍数法考虑到家庭在失去主要经济来源后，需要有足够的资金来维持日常开支。比如，家庭年支出为 8 万元，选择支出的 15 倍作为保额，那么应有保额为 120 万元。

双十法则。双十法则是倍数法的一种特殊情况。双十法则是指保费支出占家庭年收入的 10% 左右，保额达到家庭年收入的 10 倍。它是一种比较简单的进行保险规划的原则，在一定程度上体现了倍数法以收入为基础确定保额的思路，但相对来说比较固定和单一。

由以上介绍可知，倍数法的适用范围更广，双十法则可以看作倍数法的一种具体表现形式。

2.生命价值法

生命价值法是一种较为科学的测算寿险应有保额的方法。生命价值法主要是从被保险人对家庭的经济贡献角度来确定寿险保额的。其核心思想是衡量一个人在未来的工作时间内为家庭创造的经济价值总和，以此作为寿险保额的参考依据，确保在被保险人不幸离世后，家庭能够获得相应的经济补偿，以维持原有的生活水平。

使用生命价值法时，应考虑货币时间价值。由于货币具有时间价值，未来的收入和支出在当前的价值与它们在未来的名义价值是不同的。考虑折现可以更准确地反映被保险人未来经济贡献的当前价值。

例如，未来若干年后的一定金额的收入，在当前的价值可能会因为通货膨胀、利率等因素而降低，如果不进行折现，就可能高估被保险人的生命价值。

运用生命价值法的具体步骤如下：

第一，确定工作年限；

第二，计算未来工作期间收入的现值；

第三，计算未来工作期间支出的现值；

第四，计算净收入的现值。

| 示例9-1 | 赵女士今年28岁，在一家金融机构工作，目前年收入为18万元。赵女士预计62岁退休，每年个人生活费用和其他必要支出约为7万元。假设根据行业发展趋势和赵女士的职业前景，预计未来她的收入以每年4%的增长率增长，通货膨胀率为2%，投资回报率（折现率）为5%。请用生命价值法为赵女士测算寿险应有保额。

| 解析 |

第一，确定工作年限：

赵女士现在28岁，预计62岁退休，工作年限为34年。

第二，计算未来工作期间收入的现值：

收入一般被视作期初现金流。赵女士未来收入以每年4%的增长率增长，而投资回报率（折现率）为5%，因此，其收入的实际折现率为：（1+5%）÷（1+4%）−1=0.96%。赵女士未来工作期间收入的现值可以用Excel函数计算：PV（收入的实际折现率，工作年限，当前年收入，0，1）$=PV$（0.96%，34，−180 000，0，1）=5 250 412.89（元）。

第三，计算未来工作期间支出的现值：

支出一般被视作期末现金流。通货膨胀率为2%，投资回报率（折现率）为5%，因此，赵女士支出的实际折现率为（1+5%）÷（1+2%）−1=2.95%。赵女士未来工作期间支出的现值可以用Excel函数计算：PV（支出的实际折现率，工作年限，当前年支出，0，0）$=PV$（2.95%，34，−70 000，0，0）=1 489 841.94（元）。

第四，计算净收入的现值：

净收入的现值=收入的现值−支出的现值=5 250 412.89−1 489 841.94= 3 760 570.95（元）

　　赵女士的生命价值大约为376万元，即寿险应有保额为376万元，大概为被保险人当前年收入的20.89倍。

　　在这个案例中，我们综合考虑了收入增长率、通货膨胀率和投资回报率，使得生命价值法的测算更加贴近实际情况。需要注意的是，这些参数需要根据具体情况进行合理调整，并且随着时间的推移和情况的变化，应定期重新评估寿险保额，以确保其能够满足家庭的经济保障需求。

3.遗属需求法

　　遗属需求法相对复杂，是从需求的角度考虑某个家庭成员发生不幸后给家庭造成的现金缺口。遗属需求法考虑到被保险人离世后，其遗属在生活、债务偿还、子女教育、老人赡养等方面的经济需求，通过计算这些需求的总和来确定寿险保额，以确保遗属在失去主要经济来源后仍能维持一定的生活水平。

　　运用遗属需求法测算寿险保额的具体步骤如下：

　　第一，确定遗属生活费用需求；

　　第二，考虑债务偿还需求；

　　第三，计算子女教育费用需求；

　　第四，考虑老人赡养费用需求；

　　第五，确定寿险应有保额。

示例9-2 李先生今年35岁，是一名企业职员，年收入为15万元，预测其收入增长率为2%。李先生的妻子今年33岁，在家照顾儿子，儿子今年5岁。李先生家庭每月生活费5 000元；有房贷100万元，每月需还款5 000元。预计李先生的儿子到大学毕业还有18年，每年教育费用为2万元。李先生父母健在，每月需给父母赡养费2 000元。李先生预计65岁退休，假设李先生不幸在当前去世，通货膨胀率为3%，投资回报率（折现率）为4%。请用遗属需求法为李先生测算寿险应有保额。

解析

1.确定遗属生活费用需求

（1）李先生家庭每月生活费为5 000元，若李先生去世，家庭支出调整为70%，即年生活费为：5 000×12×70%=42 000（元）。

（2）假设李先生的儿子大学毕业后就能成为家里的主要经济来源，则生活费需求为18年。

（3）由于李先生年收入有3%的增长率，为简化计算，假设家庭生活费用也以3%的增长率增长。考虑到通货膨胀率，生活费用的实际折现率为（1+4%）÷（1+2%）−1=1.96%。

（4）使用现值公式计算未来生活费总需求，生活费一般被视作期初支出，用Excel的PV函数计算现值：PV（生活费用的实际折现率，抚养年数，年生活费，0，1）=PV（1.96%，18，−42 000，0，1）=644 270.37（元）。

2.考虑债务偿还需求

家庭房贷余额为100万元。

3.计算子女教育费用需求

（1）每年教育费用为2万元，儿子到大学毕业还有18年。

（2）考虑到通货膨胀率为3%，投资回报率（折现率）为4%，则教育费用的实际折现率为：（1+4%）÷（1+3%）−1=0.97%。

（3）使用现值公式计算未来教育费用总需求，教育费用一般被视作期初支出，用Excel的PV函数计算现值：PV（教育费用的实际折现率，抚养年数，年教育费用，0，1）=PV（0.97%，18，−20 000，0，1）=332 056.50（元）。

4.考虑老人赡养费用需求

（1）每月给父母赡养费2 000元，一年为24 000元。

（2）假设李先生需赡养父母到85岁，假设目前李先生父母为60岁，还需赡养25年。

（3）考虑到通货膨胀率为3%，投资回报率（折现率）为4%，则赡养费用的实际折现率为：（1+4%）÷（1+3%）−1=0.97%。

（4）使用现值公式计算未来赡养费用总需求，赡养费一般被视作期初支出，用Excel的PV函数计算现值：PV（赡养费用的实际折现率，赡养年数，年赡养费，0，1）=PV（0.97%，25，−24 000，0，1）=535 666.74（元）。

5.确定寿险应有保额

将上述各项需求相加：

66.4+100+33.2+53.6=253.2（万元）

根据遗属需求法，李先生的寿险应有保额约为253.2万元。若李先生不幸去世，这个保额可以确保他的妻子、儿子和父母在经济上能够得到一定的保障，维持基本的生活水平、偿还债务、支付子女教育费用和老人赡养费用。同时，由于考虑了收入增长率等因素，这个保额的测算更加符合实际情况。但在实际应用中，应根据家庭情况的变化及时调整保额。

（二）三种测算方法的对比

在测算寿险应有保额时，我们学习了以上三种方法，这三种方法各有优缺点。下面我们对倍数法、生命价值法和遗属需求法这三种寿险需求测算方法的优势与局限性进行对比，见表9-6。

表9-6 　　　　　　　　　　　三种寿险需求测算方法的对比

	优势	局限性
倍数法	简单直观、适用性强	缺乏个性化、准确性有限
生命价值法	个性化考量、注重经济贡献	计算复杂、不确定性较高、未考虑非经济因素
遗属需求法	全面考虑遗属需求、实用性强	估算具有不确定性、可能过于保守或激进、未考虑被保险人自身价值

1.倍数法

（1）优势

简单直观：不需要进行复杂的计算，将收入或支出乘以一个倍数就能快速得出寿险保额的大致范围，便于理解和操作。

适用性强：对于那些不擅长复杂财务计算或者对保险了解较少的人来说，倍数法是一种较为容易接受的方法。

（2）局限性

缺乏个性化：倍数的选择较为主观，不同的人可能会选择不同的倍数，而且没有充分考虑个人和家庭的具体情况，如债务结构、收入增长趋势、家庭成员的特殊需求等。

准确性有限：仅仅根据收入或支出的倍数来确定保额，可能会高估或低估实际的寿险需求，不能精准地反映家庭在失去主要经济来源后的实际状况。

2.生命价值法

（1）优势

个性化考量：考虑了被保险人的具体收入、支出和工作年限等因素，能够根据个人情况量身定制寿险保额，更加符合实际。

注重经济贡献：强调了被保险人对家庭的经济价值，通过计算未来工作期间的净收入现值来确定保额，有助于确保家庭在被保险人离世后能够获得与其经济贡献相匹配的经济补偿。

（2）局限性

计算复杂：需要进行较为复杂的计算，涉及工作年限的确定、收入和支出的估算、折现率的选择等，对于不熟悉财务知识的人来说有一定难度。

不确定性较高：在确定年收入、支出和工作年限时，可能存在一定的不确定性。未来收入可能会因职业发展、经济环境等因素发生变化，支出也可能随着生活状况的改变而有所不同，工作年限可能受到健康状况、行业变化等因素的影响。

未考虑非经济因素：主要从经济角度进行测算，没有充分考虑被保险人在家庭中的非经济价值，如情感支持、家务劳动等。

3.遗属需求法

（1）优势

全面考虑遗属需求：综合考虑了遗属在生活费用、债务偿还、子女教育、老人赡养等方面的需求，能够为受益人提供较为全面的保障规划，确保遗属在失去主要经济来源后仍能维持一定的生活水平。

实用性强：从遗属的实际需求出发，能切实反映家庭在面临不幸时的经济需求，为制订寿险计划提供了具体的目标和方向。

（2）局限性

估算具有不确定性：在确定各项需求时，可能存在一定的不确定性。例如，通货膨胀率、教育费用的增长、家庭生活费用的变化等因素难以准确预测。

可能过于保守或激进：如果对各项需求的估算过于保守，可能会导致保额不足，无法满足遗属的实际需求；如果对各项需求的估算过于激进，可能会导致保额过高，增加保费负担。

未考虑被保险人自身价值：主要关注遗属的需求，而相对较少地考虑被保险人自身的价值和贡献，可能会在一定程度上低估被保险人的重要性。

在实际应用中，可以综合使用这三种方法，结合个人和家庭的实际情况、风险偏好等，确定较为合理的寿险保额，并随着时间和家庭情况的变化定期调整。

理财故事

寿险理赔案例：黑暗中的曙光①

在一个普通的小镇上，生活着林先生一家。林先生今年35岁，是一家工厂的技术工人，月收入6 000元。他的妻子李女士在当地的超市作收银员，月收入3 000元。他们有一个可爱的8岁儿子，正在上小学二年级。

虽然家庭收入不高，但一家人生活得很幸福。为了给家人更好的生活保障，林先生具有较强的风险意识，早在3年前就购买了一份保额为50万元的定期寿险，年交保费3 000元，保险期限为20年。

天有不测风云。有一天，林先生在下班回家的路上遭遇了严重的交通事故。尽管医护人员全力抢救，但他还是因伤势过重不幸离世。这一突如其来的灾难让整个家庭陷入了巨大的悲痛之中。

李女士在悲痛之余，想起了丈夫购买的寿险。她强忍着泪水，拨打了保险公司的客服电话报案。保险公司接到报案后，迅速启动了理赔程序。理赔专员第一时间与李女士取得了联系，详细告知她需要准备的理赔资料，包括保险合同、死亡证明、交通事故认定书、户籍注销证明等。

李女士在亲戚朋友的帮助下，尽快准备好相关资料并提交给保险公司。保险公司收到资料后，进行了认真的审核。由于林先生的投保手续齐全，事故原因明确，符合保险合同的理赔条件，保险公司在较短的时间内作出了赔付50万元的决定。

这笔理赔金对于林先生的家庭来说，无疑是黑暗中的一道曙光。首先，李女士用其中的一部分还清了家里剩余的15万元房贷，减轻了家庭的债务负担。这样一来，每月不再需要支付房贷，家庭的经济压力顿时减轻了不少。

其次，李女士考虑到儿子的教育问题至关重要，拿出10万元作为儿子的教育基金，作为定期存款，每年的利息可以用于支付儿子的课外辅导费用、学习用品费用等。按照当时的利率计算，每年大约有3 000元的利息收入，这为儿子的教育提供了一定的经济保障，确保他能够继续接受良好的教育，不会因为家庭的变故而受到影响。

再次，李女士将15万元用于家庭的日常生活开销和应急储备。她知道，未来的日子还很长，家里的各项开支都需要足够的资金支持。有了这笔钱，她可以在一段时间内不用担心生活费用问题，能够安心照顾儿子和家庭。同时，她也预留了一部分资金作为应急储备，以应对可能出现的突发情况，比如家人的疾病等。

最后，剩下的5万元，李女士计划用于自己的职业培训和提升。她意识到，为了给儿子更好的生活，她需要提高收入能力。她打算利用业余时间参加一些与超市管理相关的培训课程，提升自己的专业技能，争取在工作中把握更好的发展机会，增加收入。

在经历了这场巨大的变故后，林先生的寿险理赔金为这个家庭提供了重要的经济支持，帮助他们度过了最为艰难的时期。虽然失去亲人的痛苦无法抹去，但这笔理赔金让李女士和她的儿子在经济上有了一定的保障，能够重新规划生活，勇敢地面对未来。

这个案例充分体现了寿险在家庭风险管理中的重要作用。林先生购买的不仅是

---

① 王丽娜. 人生灰暗时太平送温暖[EB/OL].（2023-03-29）[2025-01-30]. https://www.ytcutv.com/folder700/folder717/folder734/2023-03-29/nXCqeI9pthSMfwMg.html.

一份寿险，更是他对家人的爱与责任。当意外来临时，寿险能够为家庭提供经济上的缓冲，保障家人的生活质量，让爱得以延续。

五、任务实践

课前完成分组，小组内分配实践任务，并完成以下实践任务：

情景模拟实训：整理客户信息，测算客户的寿险应有保额，并完成表9-7。

表9-7　　　　　　　　　　　　　　**客户应有寿险保额测算**

一、倍数法
1.收入倍数法：_____元。
2.支出倍数法：
先计算家庭年支出。
每月房贷还款_____元，一年为_____元。
孩子每年教育费用_____元。
每月给父母赡养费_____元，一年为_____元。
家庭年支出总计=_____=_____元。
假设选择支出的_____倍作为保额，则寿险保额=_____元×_____=_____元。
二、生命价值法
1.确定工作年限：
刘先生现在_____岁，预计_____岁退休，工作年限为_____年。
2.估算未来年收入的现值：
年收入的实际折现率_____。
未来年收入的现值为_____元。
3.计算未来年支出的现值：
年支出的实际折现率_____。
未来年支出的现值为_____元。
4.计算净收入的现值：
确定生命价值为_____元。
三、遗属需求法
1.确定遗属生活费用需求：
（1）年生活费为_____元。
（2）生活费需求为_____年。
（3）生活费的实际折现率为_____。
（4）使用现值公式计算未来生活费总需求，生活费一般被视作期初支出，用Excel的*PV*函数计算现值_____。
2.考虑债务偿还需求：
家庭房贷余额_____元。
3.计算子女教育费用需求：
（1）每年教育费用_____元，需_____年。
（2）考虑通货膨胀率为_____，投资回报率（折现率）为_____，则教育费用的实际折现率为_____。
（3）使用现值公式计算未来教育费用总需求，教育费用一般视作期初支出，用Excel的*PV*函数计算现值_____元。
4.考虑老人赡养费用需求：
（1）每月给父母赡养费_____元，一年为_____元。
（2）假设赡养父母到李先生父母_____岁，还需赡养_____年。
（3）考虑通货膨胀率为_____，投资回报率（折现率）为_____，则赡养费用的实际折现率为_____。
（4）使用现值公式计算未来赡养费用总需求，赡养费一般被视作期初支出。用Excel的*PV*函数计算现值_____元。
5.确定寿险应有保额：
将上述各项需求相加：_____。

六、任务完成评价

（一）自我评价

1.通过本次学习，我学到的知识点、技能点有：＿＿＿＿＿＿＿＿＿＿

＿＿＿＿＿＿＿＿＿＿＿＿＿＿＿＿＿＿＿＿＿＿＿＿＿＿＿＿＿＿＿＿＿

不理解的有：＿＿＿＿＿＿＿＿＿＿＿＿＿＿＿＿＿＿＿＿＿＿＿＿＿＿＿

＿＿＿＿＿＿＿＿＿＿＿＿＿＿＿＿＿＿＿＿＿＿＿＿＿＿＿＿＿＿＿＿＿

2.我认为在以下方面还需要深入学习并提升岗位能力：＿＿＿＿＿＿＿＿＿

＿＿＿＿＿＿＿＿＿＿＿＿＿＿＿＿＿＿＿＿＿＿＿＿＿＿＿＿＿＿＿＿＿

3.在本次工作和学习过程中，我的表现可得到：□😎　□🙂　□😟

（二）组员互相评价

表9-8　　　　　　　　　　　任务完成评价表

项目	评价内容：请在对应的考核项目 □打"√"或打"×"	学生评价等级（学生互评）		
		😎	🙂	😟
学习态度与职业素养测评	□能够保持良好的团队沟通和合作 □工作细致、态度端正			
职业技术与技能评价	得分（每空1分，满分100分） □75~100分，优秀 □60~74分，合格 □0~59分，不合格			
小组评语与建议		组长签名：　　　　　　　年　　月　　日		
教师评语与建议		评价等级：　教师签名：　　　　　　年　　月　　日		

项目十　投资规划

项目导读

假设你有一笔数目可观的财富，合理利用这笔财富足以让你实现财务自由。然而，面对纷繁复杂的金融市场和众多的投资选择，你感到既兴奋又迷茫。你希望通过合理的投资规划，使这笔财富能够保值增值，同时又能满足你未来的生活和财务目标。那要如何进行投资规划才能达到自己的投资目标呢？

项目目标

思政目标：

➤投资规划教学中，引导学生树立"风险分散、长期稳健"的投资理念，反对短期投机行为，培养理性客观的财富管理思维，助力构建健康有序的金融市场生态。

➤通过资产配置与合规工具应用教学，强化学生法治意识与诚信准则，倡导依法投资、审慎决策的职业操守，筑牢金融安全与契约精神的实践根基。

➤在投资目标设定与风险管理中，渗透家国情怀与社会责任感，引导学生将个人理财规划与国家经济发展相联结，通过合规投资支持实体经济，实现个人财富与社会价值的双向提升。

知识目标：

➤理解资产配置的含义、意义、要素。

➤掌握资产配置的方法。

➤掌握投资规划的要素。

➤掌握投资目标的设定。

技能目标：

➤能够进行合理的资产配置。

➤能够设立合理的投资目标。

➤掌握投资规划的方法。

学习任务及课时分配

表 10-1　　　　　　　　　　　学习任务及课时分配

活动序号	学习活动	课时安排
1	认识资产配置方法	2课时
2	投资规划	2课时

任务一　认识资产配置方法

一、任务导航

表 10-2 为客户资产配置工作任务单，请查看本小组任务目标、任务知识点、学时时间节点及学习资源。

表 10-2　　　　　　客户资产配置工作任务单

任务基本描述：明确客户理财目标，为客户制订个性化资产配置方案				
任务目标	任务知识点	任务技能点	学习时间节点	学习资源
辨别投资者的风险类型	·理解投资者的风险类型	·区分投资者的风险类型	·课前准备 ·课堂展示	·微课资源
辨别资产的风险和收益特点	·掌握股票、黄金、债券等资产的概念 ·掌握股票、黄金、债券等资产的风险和收益特点	·能够选择合适的资产	·课前准备 ·课堂展示	·微课资源 ·百度搜索
辨别不同风险配置方法	·掌握风险属性法、"80 定律"、目标时间法、目标工具法的概念和流程	·能够进行资产配置	·课前准备 ·课堂展示	·微课资源

二、前导知识和技能测试

1. 前导知识 10.1
2. 技能测试 10.1

前导知识 10.1

技能测试 10.1

三、任务案例

理财经理金经理给刘先生发放了调查问卷，了解刘先生的家庭及投资信息，包括其家庭成员基本信息、风险偏好、计划达到的投资目标、投资时间等。请帮助金经理用适当的资产配置方法开展工作。

任务要求：进行投资分析，初步对刘先生的资产进行配置。

四、任务知识殿堂

（一）资产配置的基本概念

1.资产配置的含义

资产配置（Asset Allocation）是指根据投资需求将投资资金在不同资产类别之间进行分配。通常是将资产在低风险、低收益证券与高风险、高收益证券之间进行分配。投资者根据自身的风险承受能力、投资目标以及市场环境等因素，将资金分配到不同类型的资产上，以期达到风险与收益的最佳平衡。资产配置是投资决策过程中的一个重要环节，它涉及对各类资产（如股票、债券、现金、房地产、黄金等）的选择、比例分配以及动态调整。

2.资产配置的意义

（1）分散风险。通过将资金分配到不同类型的资产上，可以降低单一资产带来的风险。当某种资产价格下跌时，其他资产可能价格稳定或上涨，从而在一定程度上抵消损失，分散风险。在投资领域，分散风险通常意味着将资金分配到多种不同的资产上，如股票、债券、现金等价物、房地产等，以降低整个投资组合的风险。分散风险可以通过跨资产类别、跨地域、跨行业、跨市场等方式完成。

（2）提高收益。合理的资产配置可以在控制风险的前提下，提高投资组合的整体收益。不同类型的资产往往具有不同的收益特性和风险水平，通过合理配置通过不同的资产组合降低风险，实现资产的增值。

（3）满足投资目标。不同的投资者有不同的投资目标和风险偏好。风险偏好者追求高风险高收益，风险厌恶者追求低风险低收益。通过资产配置，可以根据客户的实际情况，量身定制投资方案，以满足特定的投资目标，如保值增值、教育基金、养老规划等。

（4）适应市场变化。市场环境是不断变化的，不同的资产类别在不同的市场环境下表现各异。通过定期审视和调整资产配置，投资者可以更好地适应市场变化，抓住投资机会，规避潜在风险。资产配置的意义如图10-1所示。

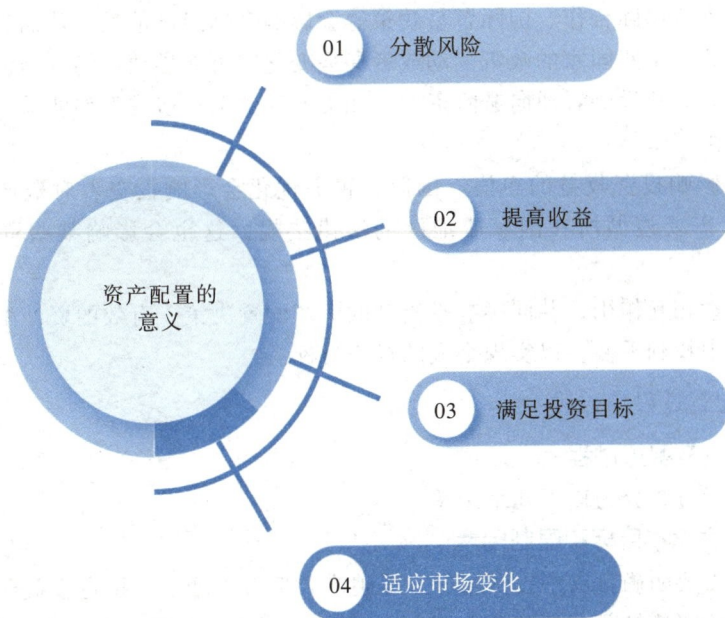

图10-1 资产配置的意义

（二）影响资产配置的要素

1.宏观经济

一般来说，利率的变化会直接影响债券市场和股票市场，从而影响资产配置策略。利率越高，人们的投资意愿越低。通货膨胀也是一个重要的因素，高通胀环境下，固定收益产品的实际回报可能减小，因此投资者可能更倾向于投资能够抵御通胀的资产，如股票和不动产。健康良好的宏观经济环境是进行投资决策的重要基础，高增长率通常伴随着良好的投资表现。

2.市场条件

市场的波动性会影响投资者的风险承受能力，进而影响资产配置。高波动时期，投资者可能会转向更稳定的资产。经济增长、通货膨胀、利率水平等都会影响市场条件。

3.个人投资者特征

个人投资者的风险偏好、投资目标和财务状况都会对资产配置产生重要影响。风险偏好是决定投资组合中风险资产比例的重要因素。风险偏好型投资者可能会配置更多的股票，而风险厌恶型投资者会偏好债券或现金。不同的投资目标，如退休规划、教育基金或购房储蓄，会产生不同的资产配置策略。个人的收入、负债、资产规模等也会影响其资产配置的灵活性和风险承受能力。

4.投资时间框架

长期投资者可能会选择更高风险的资产以追求更高的长期回报，而短期投资者则重视流动性和稳定性。同时也要满足阶段性需求，比如即将退休的投资者可能会调低股票持仓，增加债券和现金持仓，以减少风险。

5.地缘政治

国际冲突或国际合作、国际贸易政策等会影响全球经济前景，从而影响跨国投资和资产配置。某些国家的政策变动或者局势变化定可能导致市场剧烈波动，不确定性增加可能导致投资者涌向避险资产，如美元和黄金，造成汇率波动。

6.税务和法律环境

税收会影响投资收益的净值。因此，税务优化会影响投资者对资产类别的选择。投资者需要遵循所在国家或地区的法律法规，这也会影响某些资产的配置比例。

以上因素相互作用，共同影响投资者的资产配置决策。有效的资产配置需要在这些因素之中找到平衡，以实现个人的投资目标。

(三) 资产配置过程与方法

1.最优资产配置过程

资产配置过程分为以下几个步骤：

(1) 明确投资目标和限制因素

投资者需要明确自己的投资目标，是追求长期资本增值、稳定收益还是其他特定目标。投资者需要评估自己的风险承受能力，即能够承受多大程度的投资风险。这通常取决于投资者的财务状况、投资经验、年龄、职业等因素。通常需要考虑到风险偏好、流动性需求和时间跨度要求，还需要注意实际的投资限制、操作规则和税收问题。比如，货币市场基金就常被投资者作为短期现金管理工具，因为其流动性好，风险较低。

（2）明确资本市场的期望值

资本市场的期望值是一个综合了宏观经济、行业趋势、公司基本面、市场情绪与心理、估值、定价等多个因素的复杂概念。它随着时间和市场环境的变化而不断调整和更新，通过利用历史数据与经济分析来决定投资者对资产组合中所包括的资产在持有期内的预期收益率。

（3）明确资产组合中应包括的资产类别

通常考虑的几种主要资产类型有：货币市场工具（通常称为现金）、固定收益证券（通常称为债券）、股票、不动产、贵重金属和其他。在构建资产组合时，应充分考虑各资产类别之间的相关性，以实现风险的有效分散。同时，根据市场环境和个人情况的变化，定期审视和调整资产组合。

（4）确定有效资产组合的边界

找出在各种既定风险水平下可获得最大预期收益的资产组合。

（5）寻找最佳的资产组合

在保留限制条件的情况下，选择最能满足投资者风险收益目标的资产组合。

2.各类资产的风险与收益特征

（1）股票

长期来看，股票的年均收益率较高，但具体收益会因市场状况而异。股票市场波动性大，短期内可能出现大幅度波动。系统性风险和非系统性风险并存。

（2）债券

债券的主要风险包括信用风险、利率风险、流动性风险。信用风险是指债券发行人可能无法按时还本付息，特别是对于那些信用等级较低的公司债券。利率风险是指市场利率变化会影响债券的价格。流动性风险是指某些债券可能交易不活跃，买卖时可能面临成交量不足的风险。一般来说债券的收益包括利息收益和差价收益。

（3）黄金

黄金的主要风险包括市场风险和流动性风险。市场风险主要是因为黄金价格受多种因素影响，包括全球经济形势、地缘政治冲突、货币政策等。

黄金市场相对规模较大，但在某些极端情况下，买卖黄金时也可能面临一定的流动性问题，从而产生流动性风险。在经济不确定性增加时，黄金通常被视为避险资产，其价格可能上涨。长期来看，黄金价格可能随着通货膨胀等因素而上涨，为投资者带来资本增值。

（4）现金和现金等价物

现金本身几乎不产生风险，因为它是流动性最强的资产，可以立即用于支付或交易。但是现金也面临购买力风险，即通货膨胀导致的货币贬值。虽然现金本身无市场风险，但持有大量现金可能面临被盗、遗失等安全风险。

现金的收益率通常很低，甚至可能低于通货膨胀率，导致长期持有现金无法保值增值。例如，银行存款的利率往往较低，而且可能无法抵抗通货膨胀的影响。

（5）期权

期权面临杠杆风险、市场波动风险、流动性风险等。期权交易具有杠杆效应，投资者能以较小的资金撬动较大的投资组合。然而，这种杠杆效应也放大了投资者的风险，一旦市场行情不好，投资者可能会面临巨大的损失。

期权允许投资者以相对较小的初始投资（即期权费）来控制较大价值的资产。这种杠杆作用使得投资者有可能获得较高的收益潜力。对于期权购买方来说，最大的损失仅限于支付的期权费。如果期权到期时没有价值，买方损失的也只是期权费。这种有限风险的特性使得期权成为许多投资者管理风险的一种工具。期权还有无限盈利的特点，比如看涨期权，如果标的资产价格大幅上涨，盈利潜力可以是无限的。因为买方有权以固定价格购买标的资产，并以更高的市场价格出售，从而获得差价收益。

3.资产配置的方法

（1）风险属性法

风险属性法是风险管理中常用的一种方法，用来识别、评估和控制项目或企业中的各种风险。风险常常伴随着事件发生的不确定性，这种不确定性体现在风险发生的概率和潜在后果的不确定性上。正是这种不确定性导致了人们需要感知风险的大小并作出应对。尽管风险存在不确定性，但通过历史数据分析、专家分析等方法，可以对风险的发展趋势和可能后果进行一定程度的预测。这些预测有助于我们：①理解风险的本质和潜在影响，并据此制订应对策略。②对识别出的风险进行量化和评估，以确定其对项目或投资的影响程度。③通过分类、排序和优先级确定，可以更清晰地了解风险情况，为制订后续的风险应对策略提供参考。④采取有效的措施和方法，对项目或投资中的风险进行控制和管理。这包括风险规避、风险减轻、风险转移和风险自留等策略，旨在降低风险对项目或投资的影响。

在风险属性法的应用过程中，投资者或项目管理者需要根据自身的风险偏好、风险承受能力和风险管理目标，综合考虑风险的各个属性，选择适合的风险管理策略和技术。总体来说，风险属性法是一种系统、全面的风险管理方法，它通过对风险属性的深入分析和评估，帮助投资者或项目管理者更好地理解和应对风险，从而实现资产的有效配置。

（2）"80定律"

"80定律"是一种在资产配置和投资策略中常用的指导原则，主要用于确定投资者在不同年龄段应如何分配其资产中高风险资产的比例。这一定律的核心思想在于，随着年龄的增长，投资者应逐渐降低对高风险资产（如股票）的投资比例，以增加投资组合的稳定性并降低风险。"80定律"的公式为：

高风险投资比例上限=（80-投资者年龄）×100%

这意味着，一个30岁的投资者按照这一定律，其高风险资产的投资比例不应超过50%（（80-30）×100%）；而一个60岁的投资者，则应将高风险资产的比例控制在20%以下（（80-60）×100%）。

"80定律"并不是一种绝对的投资规则，而是一种指导性的原则。它基于投资者年龄的增长和随之而来的风险承受能力的变化，为投资者提供了一个相对合理的资产配置建议。在应用"80定律"时，投资者应结合自己的实际情况进行灵活调整。同时，也应注意到，虽然降低高风险资产的比例有助于降低投资组合的整体风险，但也可能牺牲一定的潜在收益。因此，在作出投资决策时，投资者需要综合考虑风险与收益的平衡，以及自己的投资目标和风险承受能力。

（3）目标时间法

目标时间法，也被称为目标时间计划管理或目标时间管理法，是一种时间管理方法，旨在帮助个人或团队在规定的时间内完成特定的目标。这种方法强调明确的目标、时间节点和计划，通过合理规划时间、减少浪费，以提高工作效率和目标实现的成功率。

目标时间法的核心要素包括明确目标、时间规划、优先级排序、执行与监控、反馈与调整等。目标时间法的优势包括提高效率、增强动力、促进合作、增强自我管理。总之，目标时间法是一种有效的时间管理方法，它可以帮助个人或团体在规定时间内高效地完成特定目标。

（4）目标工具法

目标工具法是根据一个具体的理财目标，选择一个相应的投资工具来进行资产配置的一种方法。在风险管理中，目标设定是至关重要的，因为它为风险管理活动提供了明确的方向和评价标准，而工具和方法则是实现这些目标的具体手段和策略。因此，可以将目标工具法理解为一种根据风险管理目标来选择和应用相应风险管理工具的方法。

目标工具法的流程包括：①明确风险管理目标，比如降低特定风险的发生概率、减轻风险事件的影响程度、提高组织的整体风险承受能力等。②风险识别与评估，通过风险识别工具（如风险清单、风险调查表等）全面识别组织面临的潜在风险，并利用风险评估工具（如风险矩阵、风险评分卡等）对风险进行量化评估，确定风险的优先级和重要性。③选择风险管理工具，根据风险管理目标和风险评估结果，选择合适的风险管理工具。④制订风险管理计划，将选定的风险管理工具和方法整合到风险管理计划中，明确各项任务的责任人、时间表和预算等资源需求。⑤实施与监控，按照风险管理计划执行各项任务，并持续监控风险的变化情况。如果发现新的风险或原有风险发生显著变化，则应及时调整风险管理策略和计划。⑥评估与改进，在风险管理活动结束后，对风险管理效果进行评估和总结，分析成功经验和不足之处，为未来的风险管理活动提供改进建议。

思政园地 ━━━━━━━━━━━━━━━━━━━━━━━━━━━━━

关注风险　谨慎投资①

巴林银行是一家历史悠久的英国老牌贵族银行，成立于1762年，由弗朗西斯·巴林爵士在伦敦创建。巴林银行曾是英国贵族最为信赖的金融机构，与英国皇室有着深厚的联系，并因此在英国历史上获得过五个世袭爵位。

---

① 资料来源：佚名. 巴林银行倒闭事件［EB/OL］.（2023-12-08）.https://baike.baidu.com/item/%E5%B7%B4%E6%9E%97%E9%93%B6%E8%A1%8C% E5%80%92%E9%97%AD% E4%BA% 8B% E4%BB% B6/8540375.

　　1995年，巴林银行因经营失误而倒闭。这一事件在金融界引起了强烈反响，对全球金融市场产生了深远的影响。该事件与一位名叫尼克·李森的交易员有很大关系。尼克·李森曾任巴林银行驻新加坡巴林期货公司总经理、首席交易员，他以稳健、大胆著称，在日经225股价指数期货上被誉为"不可战胜的李森"。

　　1994年下半年，李森大量买进日经225股价指数期货合约和看涨期权，认为日本经济将走出衰退，股市会有大涨趋势。然而，1995年1月16日，日本关西大地震导致股市暴跌，李森所持多头头寸遭受重创，损失高达2.1亿英镑。为了反败为胜，李森再次大量补仓日经225股价指数期货合约和利率期货合约，使头寸总量达到十多万手。随着日经225股价指数的继续下跌，李森的头寸损失迅速扩大，最终接近巴林银行集团资本和储备之和。

　　由于亏损巨大且没有新的融资渠道，李森畏罪潜逃。然而，他的逃亡生涯很快就结束了，几天后他便在德国法兰克福机场被捕。此时，巴林银行的损失已达14亿美元，远超其总资产价值，导致银行不得不宣布倒闭。巴林银行最终以象征性的1英镑价格被荷兰国际集团收购。

五、任务实践

　　课前完成分组，小组内分配实践任务，并完成以下实践任务：

　　情景模拟实训：完成家庭投资信息的整理，并完成表10-3。

表10-3　　　　　　　　　客户家庭投资信息记录

刘先生家庭投资信息记录

　　Q1：刘先生可以接受一定的风险，在风险承受范围内获取收益，但不能承担过大的风险。由此推测刘先生是（□风险偏好者、□风险中立者、□风险厌恶者）。

　　Q2：按照风险属性法，刘先生的家庭资产分配是（□20%债券、80%股票，□90%债券、10%股票）。

　　Q3：若以存款与股票两个工具为例，因紧急预备金随时可能被支用，所以资产配置应当全部为存款，而预计目标达成时间每增加1年，可配置股票的比例就增加5%。因此，为实现3年后的目标，应当配置股票15%，存款85%；对20年以上才要实现的目标，则可以将该部分资产全部配置在股票上。请填写下表中股票和存款的占比：

理财目标	年限	届时金额（元）	股票	存款
紧急预备金	0	30 000		
旅游	1	10 000		
购车	3	200 000		
购房	5	500 000		
子女教育	15	200 000		
退休	30	2 000 000		

六、任务完成评价

（一）自我评价

1.通过本次学习，我学到的知识点、技能点有：＿＿＿＿＿＿＿＿＿＿＿＿＿

＿＿＿＿＿＿＿＿＿＿＿＿＿＿＿＿＿＿＿＿＿＿＿＿＿＿＿＿＿＿＿＿＿＿＿＿

不理解的有：＿＿＿＿＿＿＿＿＿＿＿＿＿＿＿＿＿＿＿＿＿＿＿＿＿＿＿＿

＿＿＿＿＿＿＿＿＿＿＿＿＿＿＿＿＿＿＿＿＿＿＿＿＿＿＿＿＿＿＿＿＿＿＿＿

2.我认为在以下方面还需要深入学习并提升岗位能力：＿＿＿＿＿＿＿＿＿＿

＿＿＿＿＿＿＿＿＿＿＿＿＿＿＿＿＿＿＿＿＿＿＿＿＿＿＿＿＿＿＿＿＿＿＿＿

3.本次工作和学习过程中，我的表现可得到：□😎　□🙂　□🙁

（二）组员互相评价

表10-4　　　　　　　　　　任务完成评价表

项目	评价内容：请在对应的考核项目□打"√"或打"×"	学生评价等级（学生互评）		
		😎	🙂	🙁
学习态度与职业素养测评	□能够保持良好的团队沟通和合作 □工作细致、态度端正			
职业技术与技能评价	得分（每空1分，满分100分） □75~100分，优秀 □60~74分，合格 □0~59分，不合格			
小组评语与建议		组长签名： 　　　　　年　　月　　日		
教师评语与建议		评价等级： 教师签名： 　　　　　年　　月　　日		

任务二　投资规划

一、任务导航

表10-5为目标时间法资产配置表，请结合该表查看本小组任务目标、任务知识点、学时时间节点及学习资源。

表10-5　　　　　　　　　　　　目标时间法资产配置表

任务基本描述：参考相关资料为客户准确编制目标时间法资产配置表				
任务目标	任务知识点	任务技能点	学习时间节点	学习资源
为客户准确编制目标时间法资产配置表	•掌握目标时间法的概念	•能够准确编制目标时间法资产配置表	•课中小组合作 •课堂展示	•微课资源 •百度搜索

二、前导知识和技能测试

1.前导知识 10.2
2.技能测试 10.2

三、任务案例

刘先生和夫人彭女士结婚20年，他们的儿子今年18岁，正在上大学一年级。刘先生和妻子彭女士全年税后工资共计16.5万元；两人全年个人账户缴存额共计5.4万元，利息收入合计0.1万元。全年转让多项投资性资产合计2.5万元，实现资本利得总计1万元，资本损失总计2万元。此外，刘先生获得税后稿费0.5万元。如果将资产分为储蓄、债权投资、股权投资三大类，则预估报酬率分别为2%、5%、10%。

通过沟通和分析，刘先生的理财目标有紧急备用金、子女教育、养老金。其中紧急备用金需要20 000元，子女教育需要200 000元，养老金需要500 000元。

任务要求：请用目标时间法为客户进行投资规划。

四、任务知识殿堂

（一）投资目标设定影响因素分析

投资规划的核心问题为风险与收益权衡，影响个人投资者风险评价与收益的基本因素是投资者所处的生命周期及其对风险的偏好。

1.生命周期与组合管理

（1）在生命周期形成期的初期，由于没有足够的资产积累，收入来源单一（主要是薪金收入）且收入能力有限，投资能力较弱，投资者往往定位于稳健增值策略，将资产存入银行或购买基金；在形成期的后期，可供投资资产总量达到一定的投资门槛时，投资目标转变为财富的快速增长。

（2）在成长期，子女教育成为家庭的主要目标，除满足日常的生活支出外，根据子女教育资金需求建立投资组合成为家庭投资的主要目标，随着子女年龄的增长，子女教育需求弹性逐年下降，投资组合日益稳健。

（3）在成熟期，子女独立生活，为自身积累退休基金成为投资的主要目标，投资者越接近退休年龄，风险承受能力就越低，也就越倾向于低风险投资组合。

（4）在衰老期，投资者没有工作收入，生活来源完全依赖理财收益（含养老金），其投资目标是获得稳定收益，应建立低风险甚至无风险投资组合。

|示例10-1| 李先生48岁，任某科技公司经理，钟太太43岁，银行职员，女儿18岁读高中三年级。请根据李先生的家庭生命周期提出合理的资产组合建议。

|解析| 按照家庭生命周期理论，李先生和钟太太两人收入相对稳定，家庭处于成长期。女儿18岁，读高中三年级，即将面临大学教育或职业选择的重大决策，这将是一笔较大的支出。考虑到家庭成员的年龄和孩子的未来教育需求，李先生家庭具备一定的风险承受能力，需要在保证资金安全的同时，寻求一定的收益增长以应对未来的支出。李先生的家庭在资产组合上应注重稳健与收益的平衡，确保资金的安全性和流动性，同时关注女儿的教育储蓄与规划以及家庭成员的保险保障。

2.风险评价与风险投资组合

投资者的风险承受能力取决于客户年龄、收入、财富等，风险承受能力评估与风险容忍态度评估相结合，用来综合评价客户的风险属性，投资组合根据风险属性评价结果建立。风险投资组合报酬率RATE小于等于风险属性评价结果。

3.投资组合目标的制约因素

（1）个人财务状况

①收入与支出。个人的收入水平、支出结构以及可投资资金额度是设定投资目标的基础。投资者需要对自己的财务状况进行全面梳理，确保投资计划不会影响到日常生活和紧急备用金。

②资产与负债。投资者还需要考虑自己的资产状况，包括现有资产的价值、流动性以及负债情况。这有助于确定可用于投资的资金规模以及投资期限。

（2）投资期限

投资期限的长短直接影响投资者的风险承受能力和投资目标的选择。长期投资者可以承受更高的风险，追求更高的收益，而短期投资者则更注重资金的流动性和安全性，更倾向于选择低风险的投资产品。

（3）风险承受能力

风险承受能力是投资者在设定投资目标时必须考虑的重要因素。不同的投资者对风险的认知和承受能力不同，这决定了他们愿意承担的风险水平以及适合的投资产品也有所不同。风险承受能力较低的投资者可能更倾向于选择稳健的投资产品，如债券、基金等；风险承受能力较高的投资者可能更愿意尝试股票、期货等高风险高收益的投资产品。

（4）投资目标

投资目标包括短期、中期和长期目标。这些目标可能涉及购房、子女教育、退休养老等方面。不同的投资目标对应着不同的投资期限和风险承受能力，因此投资者需要根据自己的实际情况来设定合理的投资目标。

（5）市场环境

市场环境的变化对投资目标的设定具有重要影响。投资者需要关注宏观经济政策、行业发展趋势、市场波动等因素，以便及时调整自己的投资策略和目标。例如，在经济繁荣时期，投资者可能会选择更加激进的投资策略，而在经济衰退时期，则需要更加谨慎地选择投资产品。

（6）政策法规

政策法规的变化也可能对投资目标的设定产生影响。例如，税收政策的调整、行业监管的加强或放松等都可能改变投资者的投资成本和风险水平。因此，投资者需要密切关注政策法规的变化，以便及时调整自己的投资计划。

（7）投资者个人因素

投资者的个人因素，如年龄、职业、家庭状况等也可能对投资目标的设定产生影响。例如，年轻人可能更注重长期收益和成长潜力，而临近退休的老年人则可能更注重资金的稳定性和安全性。

综上所述，投资目标的设定受到多种因素的影响，投资者需要综合考虑自身财务状况、投资期限、风险承受能力、市场环境、政策法规以及个人状况等多方面因素来制订合理的投资目标。同时，投资者还需要根据市场变化和个人情况的变化及时调整自己的投资目标和策略。

（二）投资目标设定

投资规划是实现理财目标的手段，投资目标应服从于理财目标，投资目标的设定依托于理财目标的确立。

1.确立理财目标的原则

确立理财目标时，应遵循以下几个原则，以确保理财规划的合理性和有效性：

（1）明确性。理财目标必须具体而明确，避免模糊或笼统的表述。例如，不应仅仅说"我要变得富有"，而应设定具体的金额、时间点和实现方式，如"我计划在5年内通过稳健投资积累到100万元人民币的紧急备用金"。

（2）可衡量性。目标应该是可衡量的，即能够用具体的数值或指标来衡量进度和成果。这样有助于监控理财计划的执行情况，并根据实际情况进行调整。

（3）可实现性。目标需要基于个人或家庭的财务状况、风险承受能力、市场状况等因素来设定，确保是实际可行的。过于理想化或不切实际的目标可能会导致挫败感，影响理财计划的执行。

（4）相关性。理财目标应与个人或家庭的整体财务规划、生活目标紧密相关。例如，如果计划在未来几年内购房或投资于子女教育，那么相应的理财目标应围绕这些需求来设定。

（5）时限性。设定明确的时间限制对于实现理财目标至关重要。时间限制可以促使人们采取行动，并保持对理财计划的持续关注。同时，它也有助于评估理财计划的效果。

（6）风险与收益平衡。在确立理财目标时，要充分考虑风险与收益的平衡，不同的理财目标可能需要不同的投资策略和风险水平。例如，短期目标可能需要更保守的投资策略以确保资金安全，而长期目标则可以考虑更高的风险以追求更高的收益。

（7）灵活性。虽然理财目标需要明确和具体，但也要保持一定的灵活性。市场环境、个人财务状况等因素都可能发生变化，因此理财计划需要适时调整以应对这些变化。

（8）优先级排序。如果有多个理财目标，则需要进行优先级排序。根据重要性和紧急性来确定哪些目标需要优先实现，以便合理分配有限的财务资源。

2.确立理财目标的要素

理财目标的确立应考虑理财目标准备时间、金额、实现目标所需年限及目标之间的重要性，具体包括以下内容。

（1）理财目标准备时间

理财目标准备时间的长短取决于家庭成员情况、家庭财务状况、市场认知以及投资经验等多个因素。一般来说，如果对理财市场有一定的了解，并且已经制订了明确的理财计划和投资策略，那么准备时间可能会相对较短。但如果对理财市场还不太熟悉，或者需要更多的时间来评估自己的财务状况并进行市场研究，那么准备时间可能会相对较长。因此，在设定理财目标之前，需要充分做好准备工作，确保自己能够作出明智的投资决策。比如，1年后购房，2年后购车等。

（2）实现理财目标所需要的资金金额

①估算目标成本。收集与目标相关的费用信息，例如：买房需要了解房价、税费、装修费用等；教育需要了解学费、生活费用等。②评估现有财务状况。盘点当前的资产和负债，包括现金储蓄、投资、房地产、债务等，确定每月或每年可以用于投资的金额。③估计必要的投资回报率。根据家庭的风险承受能力和投资偏好，选择合适的投资工具（如股票、债券、基金、不动产等）。估算这些投资工具的预期年化回报率。④考虑通货膨胀因素。长期的理财目标需要考虑通货膨胀对购买力的影响。通货膨胀会减小未来资金的实际价值，通常以历史平均通货膨胀率（2%~3%）为基础进行调整。

（3）实现理财目标所需要的年限

实现理财目标要设定时间框架，希望在多少年内达到这个目标。时间框架会显著影响投资策略和投资金额。有些目标实现年限是确定的，如子女大学教育需要4年、读到硕士需要6年；有些目标实现年限需要根据客户具体情况设定，在确立理财目标时，应依据谨慎原则，保守估计各项不确定因素，如养老金的领取年限和人的寿命相关，在估计客户寿命时，除结合客户家庭遗传因素、社会平均寿命状况外，应尽量客观地估计客户寿命。

（4）理财目标的重要性

理财目标的重要性由客户自身的理财价值观所决定，直接关系到客户生息资产的配置，如对于偏子女型客户，进行资产配置时应首先考虑确保子女教育金的安全性。

3.依据理财目标设定投资目标

在设定理财目标时，首先应依据理财目标所需的准备时间，将投资期限划分为短期、中期和长期理财目标。短期目标（1~3年），比如储备一笔紧急备用金，以应对不时之需，建议将这笔资金配置于流动性和安全性较高的产品，像储蓄账户或者货币市场基金。购车、旅游等目标，可以选择定期存款、大额存单或短期债券基金。中期目标（3~10年），比如准备未来几年内购房准备资金，可以考虑风险较低但收益相对稳定的投资，如债券基金或优质蓝筹股。再比如准备子女教育费用，可以通过教育储蓄计划或专门的教育基金进行投资，这些工具通常提供较为稳健的回报，并能抵御通货膨胀。长期目标（10年以上），长期投资需要兼顾增长和风险管理。股票、混合型基金或指数基金是不错的选择，因为它们有潜力提供高于通胀的长期回报。如果希望为后代积累财富，可以考虑多元化投资组合，包括房地产、股票、债券和其他金融产品，以平衡收益与风险。

其次，需依据客户的理财价值观，对理财目标的重要性予以排序，明确各目标依次达成的先后顺序，以此作为资源配置顺序的依据。

紧急备用金：要确保拥有充足的流动资金，用以应对紧急医疗、失业等突发事件。一般建议一个家庭储备 3 至 6 个月的生活费用作为紧急备用金，并存放于易于支取的账户中。①债务偿还：应优先偿还信用卡欠款、个人贷款等高利息债务，以此减少财务负担与利息支出。制定债务偿还计划时，优先处理利率高且期限短的债务，其重要性为高。②基本生活保障：需确保住房、食物、教育、医疗等基本生活需求得到满足。通过合理规划家庭预算，稳定保障基本生活开支，重要性为高。③退休规划：为退休后的生活积累足够资金，保障晚年生活品质。可通过养老金计划、个人储蓄、投资等方式进行长期规划，重要性为中到高。④子女教育：对子女的学费、生活费等教育费用进行规划。可设立教育基金，借助定期储蓄、教育保险等方式积累资金，其重要性视家庭情况而定。

最后，由于投资风险性资产的结果具有不确定性，所以要依据理财目标实现所需的金额来确定投资目标。对于理财目标金额缺乏弹性的情况，如子女教育，应将理财目标作为投资效果的最低标准；而对于弹性较大的理财目标，比如购车，可将其理财目标设定在投资目标实现区间内。

（三）资产配置与调整

1.资源配置的流程

资产配置与调整服务于理财目标，在明确理财目标并设定预期报酬率后，资产配置与调整便成为实现理财目标的执行环节。资产配置的流程如下：

第一，依据理财目标的需求，将现有的生息资产以及未来的储蓄，逐一分配到各个理财目标之中。第二，运用特定方法，将配置给各个理财目标的资源，合理分配至基金、股票、债券、不动产等大类理财工具。第三，综合考量客户的风险属性评价结果、理财目标特性等制约因素，挑选具体的投资工具，构建投资组合。第四，对客户当前已有的投资组合进行调整。第五，定期检查投资组合的执行状况，并及时作出相应调整。

2.资源配置的原则

在资源配置过程中应坚持以下几个原则：

（1）可运用储蓄需扣除保险规划中应增加的保费，确保保费支出不会对日常储蓄计划造成冲击，保障保险规划的稳步推进。同时，可运用生息资产需扣除紧急预备金的预留额度，保证在面临突发状况时，有足够的应急资金可供调配，维持家庭财务的稳定性。资源配置流程如图10-2所示。

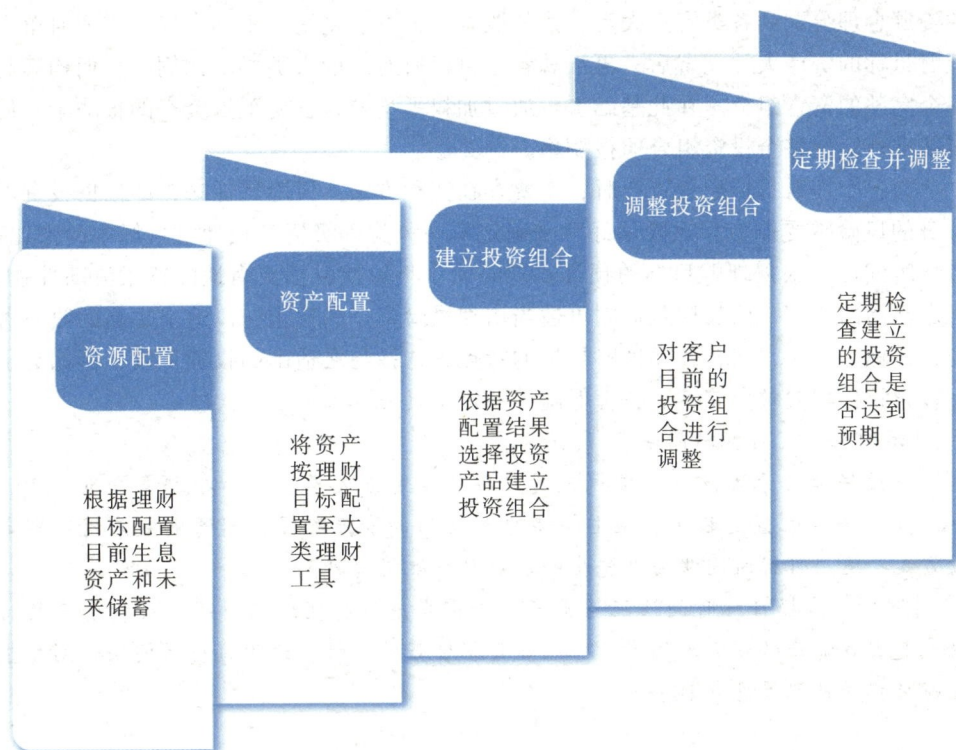

图 10-2 资源配置流程

（2）若在生息资产尚未充分筹备的情况下便有购车、购房计划，除可动用生息资产用于支付首付款外，还需综合评估未来的储蓄能力，确保其足以承担贷款还款压力，以避免陷入财务困境。

（3）可采用目标并进法或目标顺序法，秉持分别设立信托账户的理念，合理分配可运用资金与未来储蓄资源，为每一项理财目标构建专属信托，以此保障理财目标的有序推进与资金的安全管理。

（4）依据客户的理财价值观对目标进行优先级排序。当可运用资金无法同时满足所有目标需求时，应将生息资产优先配置于重要程度较高的目标，其余目标则依靠未来储蓄来实现。若储蓄也无法满足全部需求，则对于优先顺序靠后的理财目标，需审慎权衡是否放弃、延期执行，或者降低目标金额，从而在有限资源下实现财务效益最大化。

（5）当所有既定理财目标均能实现且仍有资源剩余时，这些剩余的生息资产或未来储蓄便成为真正意义上的自由资金。这部分资金可用于提升生活品质，或是投入高风险投资。若投资成功，则有望达成原本难以实现的额外目标。即便投资失败，也不会对原有理财计划造成实质性影响。此外，还需高度重视财产传承问题，根据客户的意愿，通过分年赠与子女、购置高额终身寿险保单、设立遗产信托、赠与配偶分散资产等经济、有效的方式，提前制定完善的财产转移规划，尤其在预期未来可能征收遗产税的情况下，提前规划更显必要。

3.资产配置

资产配置是理财规划中的关键环节。具体而言，是先将为每个理财目标所配置的资源合理分配到各类资产大类，诸如股票、债券、基金、不动产等。完成对单个理财目标的资产大类配置后，再汇总各个目标所对应的大类资产比例，从而构建起一个完整的资产组合。在此基础上，通过加权平均各目标所配置资产的报酬率，便能精准计算出整个投资组合的报酬率。

为各个理财目标配置资产时，主要存在三种方法。风险属性法，即依据投资者自身的风险承受能力和风险偏好，来确定不同风险等级资产在理财目标中的占比；目标时间法，根据理财目标的预计实现时间，将短期目标更多地配置于流动性强、稳定性高的资产，而长期目标则可适当增加风险资产的比重，以追求更高的收益潜力；目标工具法，结合各类理财目标的特点，选择与之适配的投资工具，例如为子女教育目标配置教育储蓄、教育保险等特定工具。

示例10-2 目标时间法

假设将资产分为储蓄、债权投资、股权投资三大类，预估报酬率分别为2%、5%、10%。在配置过程中，应首先考虑可运用的资产配置，储蓄则宜采用定期定投方式。运用目标时间法为刘先生的理财目标配置资产。

解析 依据目标时间法配置资产，除需考虑目标实现的时间，目标资产的特性也是配置资产必须考虑的因素，结合目标资产的特性，运用目标时间法，刘先生理财目标资产配置见表10-6。

表10-6　　　　目标时间法资产配置表　　　　金额单位：元

序号	A	B	C	D	E	F	G	H
1	理财目标	实现年限（年）	应配置资源现值	资源配置现值		资产配置		
2				可运用资金	储蓄	储蓄存款	债权投资	股权投资
3	紧急备用金	0	100 000	100 000	0	100%		
4	购车	2	200 000	200 000	0	20%	80%	
5	购房	5	1 000 000	700 000	30 000		70%	30%
6	子女教育	10	500 000	500 000			60%	40%
7	养老金	20	1 000 000		1 000 000		20%	80%
8	合计		2 800 000	1 500 000	1 300 000			
9	可运用资金配置比例					9.33%	63.34%	27.33%
10	可运用资金配置额					140 000	950 000	410 000
11	可运用资金投资报酬率					F9×2%+G9×5%+H9×10%=6.09%		
12	储蓄配置比例					0	31.54%	68.46%
13	储蓄配置额					0	410 000	890 000
14	储蓄投资报酬率					=F12×2%+G12×5%+H12×10%=8.42%		

其中，可运用资金配置如下：

储蓄存款配置比例 F9=（$D3×F3+$D4×F4+$D5×F5+$D6×F6+$D7×F7）/$D8=9.33%

债权投资配置比例 G9=（$D3×G3+$D4×G4+$D5×G5+$D6×G6+$D7×G7）/$D8=63.34%

股权投资配置比例 H9=（$D3×H3+$D4×H4+$D5×H5+$D6×H6+$D7×H7）/$D8=27.33%

储蓄存款配置金额 F10=$D8×F9=140 000（元）

债权资产配置金额 G10=$D8×G9=950 000（元）

股权资产配置金额 H10=$D8×H9=410 000（元）

储蓄配置如下：

债权投资配置比例 G12=（$E4×G4+$E5×G5+$E6×G6+$E7×G7+$E3×G3）/$E8=31.54%

股权投资配置比例 H12=（$E3×H3+$E4×H4+$E5×H5+$E6×H6+$E7×H7）/$E8=68.46%

债权资产配置金额 G13=$E$8×G12=410 000（元）

股权资产配置金额 H13=$E$8×H12=890 000（元）

│示例 10-3│目标工具法

根据案例 10-3 相关数据，运用目标工具法为刘先生各理财目标配置资产。

│解析│依据一个目标配置一个资产，并按目标实现年限短、中、长期分别配置投资工具见表 10-7。

表 10-7 　　　　　　　　　　目标工具法资产配置表 　　　　　　　金额单位：元

序号	A	B	C	D	E	F	G	H
1	理财目标	实现年限（年）	应配置资源现值	资源配置现值		资产配置		
2				可运用资金	储蓄	储蓄存款	债权投资	股权投资
3	紧急备用金	0	100 000	100 000	0	100%		
4	购车	2	200 000	200 000	0		100%	
5	购房	5	1 000 000	700 000	300 000		100%	
6	子女教育	10	500 000	500 000				100%
7	养老金	20	1 000 000		1 000 000			100%
8	合计		2 800 000	1 500 000	1 300 000			
9	可运用资金配置比例					6.67%	60.00%	33.33%
10	可运用资金配置额					100 000	900 000	500 000
11	可运用资金投资报酬率					6.47%		
12	储蓄配置比例					0.00	23.08%	76.92%
13	储蓄配置额					0	300 000	1 000 000
14	储蓄投资报酬率					8.85%		

其中，紧急备用金属短期目标，应配置流动性最强的储蓄存款；购车、购房应保障安全性，属于中期目标，应配置债权类资产；子女教育和养老金期限较长，应配置股权类投资项目。

可运用资金和储蓄配置比例与配置额度计算说明同目标时间法。

4.建立投资组合

依据资产配置的结果，理财规划师应分析目前市场趋势，为客户选择合适的金融产品，建立投资组合。选择金融产品应当考虑的因素如下：

(1) 风险承受能力

投资者在选择金融产品时，首先要考虑自己的风险承受能力。不同的金融产品具有不同的风险等级，如股票、期货等高风险产品可能带来高回报，但也可能面临较大损失。因此，投资者应根据自己的风险承受能力，选择适合自己的金融产品。

(2) 收益与风险匹配

投资者应追求风险与收益的平衡。高收益往往伴随着高风险，而低风险产品则可能带来相对稳定的收益。投资者应根据自己的投资目标和风险偏好，在收益和风险之间找到一个平衡点。

(3) 资金流动性需求

投资者还应考虑自己的资金流动性需求。有些金融产品（如定期存款）在到期前可能无法提前支取，而有些产品（如货币市场基金）则具有较高的流动性。投资者应根据自己的资金安排和使用需求，选择具有适当流动性的金融产品。

(4) 产品特点与需求匹配

投资者应了解不同金融产品的特点和功能，如股票投资可以带来资本增值，而保险产品则主要提供风险保障。投资者应根据自己的投资目标和需求，选择具有相应特点和功能的金融产品。

(5) 多元化投资

为了降低投资风险，投资者应考虑多元化投资策略。通过将资金分散投资于不同类型的金融产品（如股票、债券、基金等），可以降低单一产品带来的风险。

(6) 了解产品信息和风险

在选择金融产品时，投资者应仔细了解产品的相关信息和风险，包括产品说明、收益计算方式、风险等级等。这有助于投资者作出明智的投资决策，并避免不必要的损失。

(7) 合规性和信誉

投资者应选择合规的金融机构和合法的金融产品。在选择产品时，可以关注金融机构的信誉、历史业绩以及客户评价等信息，以确保自己的投资安全和合法权益。

5.调整投资组合

(1) 调整资产组合时机

调整资产组合的时机通常取决于多个因素：

①市场变化。市场的动态变化是触发调整的关键因素。当宏观经济环境发生重大转变，比如经济增长放缓、通货膨胀上升、利率调整或政策变动时，这些变化可能会影响到投资组合中的各类资产表现。此时，投资者需要重新评估各资产的预期收益和风险，并据此作出调整。

②资产表现。投资组合中各个资产的表现也是调整的重要依据。如果某一资产的价格大幅上涨，导致其在投资组合中的权重过高，则可能增加整体风险，此时需

要适当减持以平衡风险。反之，如果某一资产持续表现不佳，且未来前景不乐观，那么也应考虑进行替换。

③个人财务状况和目标变化。投资者自身的财务状况和投资目标的变化也会影响资产组合的调整策略。比如投资者即将退休，那么可能需要增加固定收益类资产的比重，以降低风险并保障资金的稳定性。又比如投资者的风险承受能力发生变化，也需要对资产组合进行相应的调整。

④行业与板块轮动。某些行业在特定时期可能表现出色，而在其他时期则可能表现欠佳。投资者需要关注行业和板块的轮动情况，以便在合适的时机进行资产配置的调整。例如，在经济复苏阶段，周期性行业往往有较好的表现，而在经济不稳定时期，防御性行业如消费必需品和医疗保健可能更具稳定性。

⑤定期再平衡。资产再平衡是一种调整投资组合配置的常用方法。它涉及定期（如每年或每季度）重新评估投资组合，并根据初始目标重新分配资产。这有助于确保投资组合始终符合投资者的风险承受能力和投资目标。

总体来说，调整资产组合的时机是一个复杂而多维的决策过程，需要投资者综合考虑市场变化、资产表现、个人财务状况和目标变化以及行业与板块轮动等多个因素。同时，保持长期视角和耐心也是非常重要的。

（2）资产组合调整策略

资产配置可以分为战略资产配置和战术资产配置，战略资产配置比战术资产配置的投资期限更长。

战略资产配置是基于投资人的风险回报偏好作出的长期的配置。这里的"长期"一般是10年以上，甚至更长。这一配置不随市场情况而变化，是跨周期的，其核心假设是长期来看，市场会趋于中值回归。战略资产配置的目的是在满足投资者风险与收益目标的前提下，作出长期的资产配比规划。

相比之下，战术资产配置则是短期的、动态的配置，是投资人基于当前市场情况而作出的相对于长期配置目标的偏离。战术资产配置的时限通常较短，在发达国家，一般为2~3年，而在新兴市场国家，由于资本市场相对不够成熟、整体投机性偏高，所以战术性配置的时限可能更短，普遍为半年至1年。

总体来说，战略资产配置和战术资产配置各有其特点和适用场景，投资者应根据自身的风险承受能力、投资目标和市场环境等因素，灵活运用这两种资产配置策略，以实现资产的最优配置和收益的最大化。

理财故事

普通人的理财梦

小金是个普通上班族，毕业才几年，每日忙于工作，过着"月光族"的生活。但在他内心深处，始终怀揣着一个梦想：通过努力实现财务自由，拥有更多选择的权利。

一天，小金回想起上学时学过的理财知识，现值、终值、复利、资产配置、长期投资等概念一一浮现在脑海。这使他意识到，自己或许找到了实现财务自由梦想的途径。于是，小金决定重新学习理财知识，就此踏上了他的理财之路。

　　小金首先制定了明确的理财目标。他期望通过十年努力，积累足够财富，支撑自己进行一次环球旅行，并设定了具体的金额目标。紧接着，小金着手学习规划个人财务状况。他详细记录每月收入与支出，仔细分析自身消费习惯，找出不必要的开支并加以削减。通过这一系列举措，小金成功将每月储蓄率提升至 30% 以上。

　　积累了一定储蓄后，小金开始尝试投资。起初，他选择了一些低风险理财产品，如货币市场基金和定期存款，以此确保资金安全。随着对市场了解的逐步深入，小金开始尝试风险稍高的投资方式，比如股票和债券基金。他深知，想要获取较高收益，就必须承担一定风险。

　　小金还十分注重资产的多元化配置。他了解到，不同资产类别之间通常存在一定相关性，通过合理配置能够降低整体投资组合的风险。于是，他将资金分散投资于股票、债券、黄金等多种资产类别。

　　在投资过程中，小金始终秉持冷静、理性的态度。他不受市场短期波动干扰，坚守长期投资理念。他坚信，只要持之以恒，终有一天能实现自己的财务目标。经过几年努力，小金的财富逐步增长。他不仅实现了环球旅行的梦想，还借助理财收获了更多财富与自由。他深刻体会到，理财并非复杂之事，只要我们愿意学习、规划、坚持，就一定能够实现自己的财务目标。

　　小金的故事告诉我们，理财并非遥不可及，它就存在于我们的日常生活中。只要我们树立正确的理财观念，掌握正确的理财方法，就能逐步迈向财务自由之路。

五、任务实践

　　课前完成分组，小组内分配实践任务，并完成以下实践任务：

　　情景模拟实训：运用目标时间法，完成表10-8。

表10-8　　　　　　　　　目标时间法资产配置表

序号	A	B	C	D	E	F	G	H
1	理财目标	实现年限	应配置资源现值（元）	资源配置现值（元）		资产配置（%）		
2				可运用资金	储蓄	储蓄存款	债权投资	股权投资
3	紧急备用金	0						
4	子女教育	7						
5	养老金	20						
6	合计							
7	资产配置比例（%）							
8	资产配置额（元）							
9	可运用资金投资报酬率（%）							
10	储蓄配置比例（%）							
11	储蓄配置额（元）							
12	储蓄投资报酬率							

六、任务完成评价

（一）自我评价

1.通过本次学习，我学到的知识点、技能点有：_____

_____

不理解的有：_____

_____

2.我认为在以下方面还需要深入学习并提升岗位能力：_____

_____

3.本次工作和学习过程中，我的表现可得到：□😎 □🙂 □🙁

（二）组员互相评价

表 10-9　　　　　　　　　　任务完成评价表

项目	评价内容：请在对应的考核项目□打"√"或打"×"	学生评价等级（学生互评）		
		😎	🙂	🙁
学习态度与职业素养测评	□能够保持良好的团队沟通和合作 □工作细致、态度端正			
职业技术与技能评价	得分（每空1分，满分100分） □75~100分，优秀 □60~74分，合格 □0~59分，不合格			
小组评语与建议		组长签名： 　　　　　年　　月　　日		
教师评语与建议		评价等级： 教师签名： 　　　　　年　　月　　日		

项目十一　个人收入解析与税务合规计划

项目导读

在当今复杂多变的经济环境下，个人收入已成为衡量生活质量与财务健康状况的关键指标，对其进行管理与规划尤为重要。随着税收制度持续完善、税收政策频繁调整，怎样合法且合理地规划个人收入，实现税后收益最大化，减轻不必要的税务负担，已成为每位纳税人关注的焦点。

假设你是职场新人小李，面对第一份稳定的薪资收入，你开始思考如何有效地管理自己的财务。与此同时，你也察觉到，随着收入逐步增加，税务问题日益凸显，如何优化税务结构成了你关注的重点。另外，你还打算在未来几年内购置房产、进行投资等，而这些决策都离不开对当前收入状况以及未来税务影响的全面分析。

项目目标

思政目标:

➢在个人所得税计算教学中，强化学生法治意识，引导其理解依法纳税是公民基本义务，树立 "诚信纳税、合规守矩" 的职业准则。

➢通过专项附加扣除政策解析，培养学生对国家税收民生关怀的认同感，激发 "税收取之于民、用之于民" 的社会责任感，助力构建公平和谐的税收生态。

➢在税务合规计划设计中，倡导合法合规的财务规划理念，反对偷税漏税等违法行为，培育学生 "公正透明、审慎负责" 的财富管理价值观。

知识目标:

➢全面了解个人收入的来源和分类，包括工资薪金、投资收益、财产性收入等，理解不同收入来源的税务处理方式。

➢深入理解我国现行的个人所得税制度，包括税率结构、起征点、专项扣除项目等，以及国家税收政策的最新动态和变化趋势。

➢学习税务合规计划的基本概念、原则和方法，理解税务合规计划在优化个人财务结构、合理承担税负义务方面的作用。

技能目标:

➢能够根据个人收入情况，进行收入结构的分析与未来收入的合理预测，为税务合规计划提供数据支持。

➢掌握税务合规计划的基本技巧，能够针对个人实际情况，设计合法、合理的税务合规计划方案，以优化税务结构，实现个人财务利益最大化。

➢能够灵活运用税收政策，如利用专项扣除、税收优惠等政策，减少税务负担，提高个人财务管理水平。

学习任务及课时分配

表11-1

学习任务及课时分配

活动序号	学习活动	课时安排
1	个人所得税的计算	2课时
2	个人所得税的简单合规计划	2课时

任务一 个人所得税的计算

一、任务导航

表11-2为个人所得税工作任务单，请查看本小组任务目标、任务知识点、学时时间节点及学习资源。

表11-2　　　　**个人所得税工作任务单**

任务基本描述：针对综合所得中的工资、薪金部分，进行个人所得税的计算

任务目标	任务知识点	任务技能点	学习时间节点	学习资源
认识纳税人识别号	•了解纳税人识别号	•帮助客户认知纳税人识别号	•课前准备 •课堂展示	•微课资源
计算综合所得的范围	•掌握综合所得的概念	•能够正确计算综合所得的范围	•课前准备 •课堂展示	•微课资源
计算综合所得应纳税额	•理解基本扣除 •了解专项扣除 •理解专项附加扣除 •了解其他扣除	•为客户测算应纳税所得额	•课前准备 •课堂展示	•微课资源
计算应纳税额	•掌握计算公式	•查找税率表 •使用应纳税额公式	•课堂小组合作 •课堂展示	•微课资源 •百度搜索

二、前导知识和技能测试

1. 前导知识11.1
2. 技能测试11.1

三、任务案例

前导知识11.1

技能测试11.1

背景信息：

假设你是一家公司的财务专员，负责计算并申报员工的个人所得税。你需要根据员工提供的信息，计算其应缴纳的个人所得税额。

案例资料：

员工姓名：张三。

税前月工资：人民币 18 000 元。

三险一金（社会保险和住房公积金）：人民币 3 000 元。

专项附加扣除（子女教育、赡养老人等：抚养 1 个女儿，作为独生子女赡养自己的母亲）：人民币 5 000 元。

依法确定的其他扣除（如年金、商业健康保险等）：人民币 500 元。

四、任务知识殿堂

（一）纳税人识别号

纳税人有中华人民共和国公民身份号码的，以中华人民共和国公民身份号码为纳税人识别号；纳税人没有中华人民共和国公民身份号码的，由税务机关赋予其纳税人识别号。扣缴义务人扣缴税款时，纳税人应当向扣缴义务人提供纳税人识别号。纳税人示意图如图 11-1 所示。

图 11-1　纳税人示意图

（二）综合所得范围

个人所得税的综合所得，是指居民个人取得的工资、薪金所得，劳务报酬所得，稿酬所得，特许权使用费所得四项。这些所得在纳税年度内合并计算个人所得税，具体包括：

（1）工资、薪金所得。个人因任职或者受雇取得的工资、薪金、奖金、年终加薪、劳动分红、津贴、补贴以及与任职或者受雇有关的其他所得。

（2）劳务报酬所得。个人从事设计、装潢、安装、制图、化验、测试、医疗、法律、会计、咨询、讲学、新闻、广播、翻译、审稿、书画、雕刻、影视、录音、录像、演出、表演、广告、展览、技术服务、介绍服务、经纪服务、代办服务以及其他劳务取得的所得。

（3）稿酬所得。个人因其作品以图书、报刊形式出版、发表而取得的所得。

（4）特许权使用费所得。个人提供专利权、商标权、著作权、非专利技术以及其他特许权的使用权取得的所得。

（三）综合所得应纳税额的计算

综合所得应纳税额的计算公式为：

应纳税额=应纳税所得额×适用税率-速算扣除数

其中，应纳税所得额的计算公式为：

$$\text{应纳税所得额} = \text{年度收入额} - \text{基本扣除费用（6万元）} - \text{专项扣除} - \text{专项附加扣除} - \text{依法确定的其他扣除}$$

纳税人需要根据自己的综合所得情况，对照税率表确定适用税率和速算扣除数，进而计算出应纳税额。应纳税所得额的计算如图11-2所示。

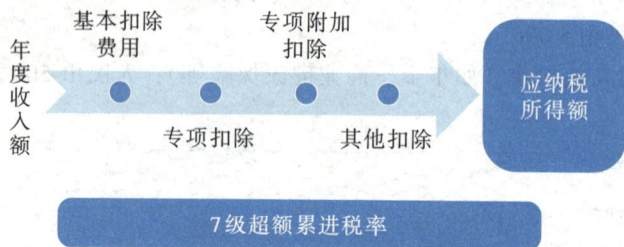

图11-2　应纳税所得额的计算

（四）综合所得扣除范围

综合所得扣除项目如图11-3所示。

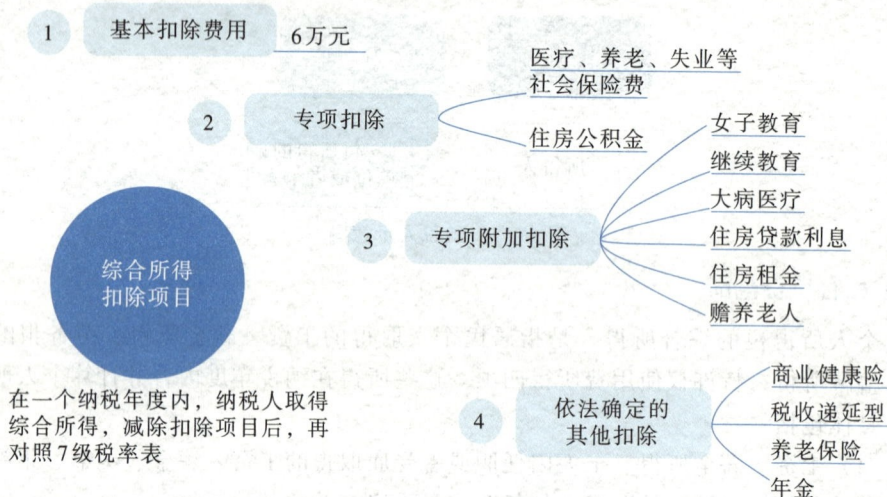

图11-3　综合所得扣除项目

依据《中华人民共和国个人所得税法》（简称《个人所得税法》）规定在年度汇算清缴时，允许纳税人从收入额中扣除以下项目：

1.基本扣除费用（综合所得减除费用）

允许每年从综合所得中扣除6万元，作为基本扣除费用（或称"综合所得减除费用"）。

2.专项扣除

居民个人按照国家规定的范围和标准缴纳的基本养老保险、基本医疗保险、失业保险等社会保险费和住房公积金等，允许在计算应纳税所得额时全额扣除。

3.专项附加扣除

①子女教育。纳税人的子女接受全日制学历教育的相关支出，按照每个子女每

月2 000元的标准定额扣除。

②继续教育。纳税人在中国境内接受学历（学位）继续教育的支出，在学历（学位）教育期间按照每月400元的定额扣除，不超过48个月。取得技能人员职业资格继续教育、专业技术人员职业资格继续教育的支出，在取得相关证书的当年，按照3 600元定额扣除。

③大病医疗。纳税人本人或其配偶、未成年子女发生的与基本医保相关的医药费用支出，在扣除医保报销后个人负担累计超过15 000元的部分，由纳税人在办理年度汇算清缴时，在80 000元限额内据实扣除。

④住房贷款利息。纳税人本人或配偶单独或共同使用商业银行或住房公积金个人住房贷款为本人或其配偶购买中国境内住房，发生的首套住房贷款利息支出，在实际发生贷款利息的年度，按照每月1 000元的标准定额扣除，扣除期限最长不超过240个月。

⑤住房租金。纳税人在主要工作城市没有自有住房而发生的住房租金支出，可以按照标准定额扣除。

⑥赡养老人。纳税人赡养60岁（含）以上的父母，或子女均已去世的祖父母、外祖父母，独生子女按照每月3 000元的标准定额扣除；非独生子女与其兄弟姐妹分摊每月3 000元的扣除额度，每人分摊的额度不能超过每月1 500元。

3岁以下婴幼儿照护：纳税人照护3岁以下婴幼儿子女的支出，按照每名婴幼儿每月2 000元的标准定额扣除。

4.依法确定的其他扣除

依法确定的其他扣除包括个人缴付符合国家规定的企业年金、职业年金，个人购买符合国家规定的商业健康保险、税收递延型商业养老保险的支出，以及国务院规定可以扣除的其他项目等。这些扣除项目需要符合相关法律法规的规定，并经过税务部门认可。

（五）应纳税额的计算

计算公式为：

应纳税额=应纳税所得额×税率-速算扣除数

案例任务计算过程如下：

（1）计算应纳税所得额。

应纳税所得额=收入-基本扣除费用-专项扣除-专项附加扣除-其他

=18 000-5 000-5 000-3 000-500=4 500（元）

（2）确定税率和速算扣除数。根据个人所得税税率表（见表11-3），我们可以找到对应的税率和速算扣除数。由于张三应纳税所得额为每月4 500元，一年即54 000元，我们查看税率表确定税率和速算扣除数，54 000元落在"超过36 000元至144 000元的部分"，对应的税率为10%，速算扣除数为2 520元。

（3）计算应纳税额。我们可以计算张三的个人所得税应纳税额如下：

应纳税额=（4 500×10%）-2 520÷12=450-2 520÷12=240（元）

表 11-3 个人所得税税率计算表

累计预扣预缴应纳税所得额	税率（%）	速算扣除数
不超过 36 000 元部分	3	0
超过 36 000 元至 144 000 元部分	10	2 520
超过 144 000 元至 300 000 元部分	20	16 920
超过 300 000 元至 420 000 元部分	25	31 920
超过 420 000 元至 660 000 元部分	30	52 920
超过 660 000 元至 960 000 元部分	35	85 920
超过 960 000 元部分	45	181 920

自 2024 年 3 月 20 日起，纳税人虚报专项附加扣除进行虚假纳税申报，属于《刑法》第二百零一条第一款规定的"欺骗、隐瞒手段"，构成犯罪的，最高可处 7 年有期徒刑。所以，纳税人一定要如实申报专项附加扣除；不能超额、超比例填报专项附加扣除金额；不能通过伪造证明材料等方式，来享受专项附加扣除。

理财故事

我国个人所得税的发展历史

个人所得税是中国税收体系中的重要组成部分，它起源于汉代，但现代个人所得税制度的建立是在中华人民共和国成立后。1980 年 9 月，我国正式颁布了《中华人民共和国个人所得税法》（简称《个人所得税法》），标志着现代个人所得税制度的确立。该法律的征税对象包括中国公民和中国境内的外籍人员，但由于免征额较高，大多数国内居民不在征税范围内。

随着社会经济的发展，个人所得税制度也在不断完善。2005 年、2007 年和 2011 年，中国的个人所得税免征额经历了三次调整，以适应居民基本生活消费支出的增长，减轻了中低收入者的纳税负担。2018 年，中国进行了一次重大的个人所得税改革，引入了综合所得税制，并提高了起征点（至每月 5 000 元）。同时，增加了专项附加扣除，如子女教育、大病医疗等，以进一步合理减轻纳税人的税负。

在实际操作中，个人所得税的计算和申报需要遵循相关法律法规。然而，仍有不少纳税人因为对《个人所得税法》理解不足或故意逃税而面临税务部门的处罚。例如，税务部门公开曝光了一些典型涉税违法案件，包括网络主播通过虚假纳税申报手段少缴个人所得税，以及企业员工未依法办理个人所得税综合所得汇算清缴等。

这些案例强调了依法纳税的重要性，提醒所有纳税人必须遵守《个人所得税法》，及时、准确地申报和缴纳个人所得税。同时，税务部门也在不断加强税收监管，提升纳税人的《个人所得税法》遵从度，以营造一个公平法治的税收环境。

五、任务实践

课前完成分组，小组内分配实践任务，并完成以下实践任务：

1.完成表11-4中个人所得税的相关计算；

2.分角色扮演财务专员，向员工讲解个人所得税的计算方法。

表11-4　　　　　　　　　　　　个人所得税计算

> 李四的工资收入为8 000元/月，三险一金每月扣除500元，在广州租房住，租金为1 000元/月，并且正在攻读在职本科学位。那么，李四的专项扣除是_____（元）；专项附加扣除是_____（元）；应纳税所得额是_____（元）；应纳税额是_____（元）

六、任务完成评价

（一）自我评价

1.通过本次学习，我学到的知识点、技能点有：_____

_____

不理解的有：_____

_____

2.我认为在以下方面还需要深入学习并提升岗位能力：_____

_____

3.本次工作和学习过程中，我的表现可得到：□😺　□😊　□😞

（二）组员互相评价

表11-5　　　　　　　　　　　　任务完成评价表

项目	评价内容：请在对应的考核项目□打"√"或打"×"	学生评价等级（学生互评）		
		😺	😊	😞
学习态度与职业素养测评	□能够保持良好的团队沟通和合作 □工作细致、态度端正			
职业技术与技能评价	得分（每空1分，满分100分） □75~100分，优秀 □60~74分，合格 □0~59分，不合格			
小组评语与建议		组长签名： 　　　　年　　月　　日		
教师评语与建议		评价等级： 教师签名： 　　　　年　　月　　日		

任务二 个人所得税的简单合规计划

一、任务导航

表11-6为制订现金规划方案工作任务单，请查看本小组任务目标、任务知识点、任务技能点、学习时间节点及学习资源。

表11-6　　　　　　　　　　　　制订现金规划方案工作任务单

任务基本描述：为客户制订个性化现金规划方案，并向客户介绍和展示方案				
任务目标	任务知识点	任务技能点	学习时间节点	学习资源
工资薪金所得合规计划	·认识现金规划的意义和目的	·帮助客户制订现金规划目标	·课前准备 ·课堂展示	·微课资源
专项附加扣除最大化	·区分客户非财务信息和财务信息	·获取客户信任，收集客户财务信息	·课前准备 ·课堂展示	·微课资源

二、前导知识和技能测试

前导知识11.2

技能测试11.2

1.前导知识11.2

2.技能测试11.2

个人所得税合规计划旨在合法合规的前提下，通过合理安排收入与支出，优化税负结构，实现个人财富的最大化。本案例实训将通过具体案例，展示个人所得税合规计划的过程、计算方法及结果，帮助学习者掌握税务合规计划技巧。

三、任务案例

│示例11-1│ 工资薪金所得合规计划

背景描述：王五是一名企业员工，一月份工资为25 000元，公司按月发放工资，并为其缴纳五险一金（假设五险一金个人缴纳比例为工资总额的20%，即5 000元/月）。王五涉及子女教育、赡养老人两项专项附加扣除，每月扣除额分别为2 000元和3 000元。

（1）合规计划前分析。

王五每月应纳税所得额=月工资（25 000元）-基本扣除费用（5 000元）-专项扣除（5 000元）-

专项附加扣除（5 000元）

=10 000（元）

查阅税率表，可以发现王五适用的税率为3%，速算扣除数为0元，个人所得税计算公式如下：

合规计划前每月应缴个人所得税=10 000×3%-0= 300（元）

（2）合规计划方案。

王五可以考虑与公司协商，将部分奖金或补贴以非货币形式发放，如提供交通补贴、餐费补贴等福利，这些福利在符合《个人所得税法》规定的情况下，可不计入应纳税所得额。

（3）合规计划后假设。

假设公司通过调整福利政策，每月减少现金工资发放至20 000元，同时增加2 000元的非货币性福利（不计入应纳税所得额）。

（4）合规计划后计算。

合规计划后每月应纳税所得额=20 000-5 000-5 000-3 000=7 000（元）

合规计划后，王五适用的税率为3%，速算扣除数为0，个人所得税计算公式为：

合规计划后每月应缴个人所得税=7 000×3%-0=210（元）

（5）合规计划效果。

每月节税金额=300-210=90（元）

全年节税金额=90×12=1 080（元）

┃示例11-2┃专项附加扣除最大化

背景描述：张七是一名自由职业者，年收入为240 000元，且为独生子，需赡养一位60岁以上的父母。张七同时育有两个子女，均在上小学。

（1）合规计划前分析。

张七未充分利用专项附加扣除政策。

（2）合规计划方案。

确保所有符合条件的专项附加扣除项目均已申报，包括子女教育（每个子女每月2 000元）、赡养老人（独生子女每月3 000元）。

（3）合规计划后计算。

假设张七年收入均匀分布于每个月，即每个月收入20 000元。

每月应纳税所得额=20 000-5 000-0（假设无五险一金）-

7 000（专项附加扣除，包括子女教育和赡养老人）

=8 000（元）

合规计划后适用税率为10%，速算扣除数为210元。

合规计划后每月应缴个人所得税=8 000×10%-210=590（元）

全年应缴个人所得税=590×12=7 080（元）

（4）合规计划效果。

由于充分利用了专项附加扣除政策，张七的全年税负显著降低。具体节税金额需根据合规计划前的实际税负计算得出，但一般情况下会有明显减少。

理财故事

专项附加扣除的民生福祉

个人所得税（简称个税）专项附加扣除政策的出台，体现了国家对民生问题的关注和对税收公平的追求。这一政策源于2018年《中华人民共和国个人所得税法》

的第七次修订，旨在减轻纳税人的税负，尤其是对教育、医疗、住房和养老等基本生活支出的税收减免。

专项附加扣除政策允许纳税人在计算应纳税所得额时，除了基本扣除费用外，还可以扣除包括子女教育、继续教育、大病医疗、住房贷款利息、住房租金和赡养老人等六项与民生密切相关的支出。这些扣除项目覆盖了人们从教育到养老的各个阶段，体现了税收制度对个人生活负担的关怀和支持。

随着社会的发展和人民生活成本的变化，专项附加扣除的标准也在不断调整。例如，2023年8月，国务院发布了《关于提高个人所得税有关专项附加扣除标准的通知》（国发〔2023〕13号），进一步提高了3岁以下婴幼儿照护、子女教育和赡养老人的专项附加扣除标准，以更好地适应社会发展，减轻家庭负担。这些调整不仅体现了税收政策的灵活性和适应性，而且反映了国家对提高人民生活质量的持续努力。

四、任务实践

课前完成分组，小组内分配实践任务，并完成以下实践任务：

1.为客户配置现金规划工具，并完成表11-7中相应任务；

2.分角色扮演客户及理财经理，向客户展示税务合规计划方案。

表11-7 简单税务合规计划

任务描述	1.掌握专项附加扣除项目； 2.计算专项扣除减税的效果。
任务信息	小陈是一名已婚的上班族，在北京市工作，年收入为20万元。他与妻子育有一个上小学的孩子，并在北京租房居住。小陈每月为父母支付一定的赡养费（小陈与姐姐各自负责一位老人的赡养费用），同时自己也在参加职业资格认证方面的继续教育，假设小陈适用的税档在10%

五、任务完成评价

（一）自我评价

1.通过本次学习，我学到的知识点、技能点有：_____

_____

不理解的有：_____

_____

2.我认为在以下方面还需要深入学习并提升岗位能力：_____

_____

3.本次工作和学习过程中，我的表现可得到：□😎 □🙂 □🙁

（二）组员互相评价

表 11-8　　　　　　　　　　　任务完成评价表

项目	评价内容：请在对应的考核项目 □打 "√" 或打 "×"	学生评价等级（学生互评）		
		666	☺	☹
学习态度与 职业素养测评	□能够保持良好的团队沟通和合作 □工作细致、态度端正			
职业技术与 技能评价	得分（每空1分，满分100分） □75~100分，优秀 □60~74分，合格 □0~59分，不合格			
小组评语与 建议		组长签名： 　　　　　年　　月　　日		
教师评语与 建议		评价等级： 教师签名： 　　　　　年　　月　　日		

项目十二　财富传承规划

项目导读

随着我国经济的不断发展，居民个人收入和家庭可支配财产日益增多，但正所谓"打江山易守江山难"，想要更好地将辛苦积累的财富一代代传承下去，需要专业的财富传承工具协助，理财经理将运用专业的知识和分析工具，针对客户的具体情况和预期收益进行分析比较，帮助客户理解不同方案的综合价值，从而助其作出明智的财富传承决策。

项目目标

思政目标：
  ➤ 在财富传承工具教学中，强化学生法治观念，引导其遵循《中华人民共和国民法典》等法规设计传承方案，树立"合法合规、程序正当"的财富传承意识。
  ➤ 通过家族信托与保险工具应用，培养学生社会责任与财富伦理，倡导"财富向善、代际共益"的价值观，助力构建和谐家庭关系与社会财富生态。
  ➤ 在遗产分配与风险防控教学中，渗透公平正义理念，引导学生平衡个人意愿与家庭责任，培育"审慎规划、守正创新"的财富管理职业素养。

知识目标：
  ➤ 掌握财富传承规划的基本概念。
  ➤ 理解不同财富传承工具的功能和适用场景。
  ➤ 了解风险管理在财富传承中的作用。

技能目标：
  ➤ 能够准确描述客户财富传承需求。
  ➤ 能够准确分析客户财务状况，识别关键资产和潜在风险。
  ➤ 能够运用专业工具和方法，为客户制订个性化的财富传承方案。

学习任务及课时分配

表 12-1　　　　　　　　　　　学习任务及课时分配

活动序号	学习活动	课时安排
1	认识财富传承工具	4课时
2	财富传承案例实训	2课时

任务一　认识财富传承工具

一、任务导航

表 12-2 为客户财富传承规划工作任务单，请查看本小组任务目标、任务知识点、学时时间节点及学习资源。

表 12-2　　　　　**客户财富传承规划工作任务单**

任务基本描述：了解财富传承的定义和重要性，掌握财富传承工具的概念、特点及适用场景				
任务目标	任务知识点	任务技能点	学习时间节点	学习资源
理解财富传承的重要性	·掌握财富传承的定义 ·认知财富传承的重要性	·能够解释财富传承的定义，并能够阐述其重要性	·课前准备 ·课堂展示	·微课资源
掌握财富传承工具的概念和特点	·掌握信托、保险、赠与、法定继承等财富传承工具的基本概念 ·了解财富传承工具的优点和局限性	·区分不同的财富传承工具 ·明确各财富传承工具的优缺点	·课前准备 ·课堂展示	·微课资源

二、前导知识和技能测试

前导知识 12.1

技能测试 12.1

1.前导知识 12.1

2.技能测试 12.1

三、任务案例

李某，55 岁，是一位身价上亿的私营企业家。李某有一个再婚家庭，长子为前妻所生，与现妻育有一女，女儿即将结婚。李某准备花 500 万元买别墅，同时给女儿现金 500 万元作为嫁妆。但李某对女婿并不满意，担心嫁妆不但容易发生婚姻资产混同，且会给女儿带来人身风险。此外，对于未来企业的经营，李某考虑由长子接班但女儿可以作为小股东享受企业分红，担心未来因遗产分配不均导致家庭矛盾，影响个人的养老生活。

面对李某的诸多顾忌，我们该如何规划才可以让李某避免以上担忧，保障家庭资产的安全、李某与儿女的关系、女儿的婚姻幸福，以及李某的个人养老生活？

四、任务知识殿堂

（一）财富传承概述

1.财富传承的定义

广义上来说，家庭财富传承包括了家庭物质财富、家族权利、社会地位以及家族文化的传承；狭义上来说，家庭财富传承仅指家庭物质财富的传承。换句话说，财富传承指的是将个人或家庭的财产在世代之间进行有计划的转移与分配，以确保财富的保值、增值和延续。这一过程通常涉及法律、税务、金融等多个领域，涵盖了如遗嘱、信托、保险、赠与等多种工具和手段。财富传承不仅仅是财产的简单分配，更是对后代进行财富管理、价值观传承的重要方式。

2.财富传承的重要性

财富传承不仅关系到财富的安全与传递，还直接影响到家庭的和谐与未来的发展。通过科学、合理的财富传承规划，可以确保财富在世代之间的顺利转移，实现财富的保值增值，保障家族的长远利益。具体包括以下几个方面。

（1）保障家庭财产安全与延续

财富传承规划可以帮助个人和家庭在面对意外事件（如死亡或突发疾病）时，确保财产按照设定的方式分配，避免家庭财产的流失或被不当使用。此外，通过合理的财富传承规划，还可以规避一些不必要的法律纠纷和税务负担。

（2）实现财务目标与价值传承

财富传承不仅仅是财务的传递，更是价值观的延续。通过科学的财富传承规划，个人可以在满足家庭成员财务需求的同时，传递家族的财富观念、教育理念和文化价值。

（3）有效应对法律和税务挑战

每个国家和地区都有不同的遗产税、赠与税等税务规定，合理的财富传承规划可以帮助减少税务负担，避免因为不当的财富分配而产生的法律纠纷。通过提前规划，可以最大程度地确保财产的合理分配和继承人的合法权益。

（4）维护家庭和谐

没有妥善的财富传承规划可能导致继承人之间产生纠纷，影响家庭关系的和谐。通过明确的财富传承安排，可以有效减少因为财产分配不均引发的家庭矛盾，维护家族的团结和稳定。

3.财富传承规划定义

财富传承规划是指通过制订详细的财富传承方案，合理选择和运用各类财富管理工具，安排个人或家庭拥有或控制的资产和负债，它可以帮助后代或其他指定受益人实现既定目标。

在财富传承规划中，需要着重研究以下几点：一是确定财富传承方式，选择适当的传承手段以确保财富能够顺利传递。二是确保资产流动性，尤其是在涉及遗产时，确保资产能够提供足够的流动性，以应对偿还债务和处理遗产过程中的各项开支。三是控制成本，在不影响财富传承目标的前提下，尽量降低传承过程中的成本，包括相关的税费等支出。四是保持财富传承计划的灵活性，确保在情况变化时，可以根据需要对传承方案进行调整。

（二）财富传承的工具

1.信托

信托是一种以信任为基础的，"受人之托，代人理财"的财产管理制度。委托人将其财产所有权转移给受托人，由受托人按照信托合同的约定，代替委托人管理和处分这些财产，以实现特定目的或为指定的受益人谋取利益。

信托具有自由性和多样性的特征，只要在合法合规、不违背公共利益的前提下，信托可以根据委托人的各种意愿设立，以满足其个性化需求和特定目标。作为财富传承工具的信托，通常指民事信托或公益信托。

（1）选择信托作为财富传承工具的原因

①财产保护。

信托能够隔离和保护资产，避免因债务纠纷或法律诉讼导致财产损失，确保财产安全传递给指定的受益人。利用自益信托还可以为自己提供资产安全保障，比如将婚前财产转移到信托机构可以避免婚姻风险导致个人财富的流失。

②控制与灵活性。

通过信托，委托人可以在合同设定的规则下控制财产的使用和分配方式，即使在去世后仍能影响财产的传承过程，灵活实现特定的家庭或个人目标。

③税务优化。

在一些税负较重的国家和地区，信托可以帮助当事人减轻遗产税和赠与税负担，通过精心设计的信托结构，有效降低税务成本，为受益人保留更多财富。

④隐私保护。

信托关系因涉及当事人的财产委托，其中涵盖私人商业秘密与个人隐私，且与相关人员存在利害关系。为防止信托事务及相关资料泄露进而造成损害，维护各方合法权益，受托人依法负有保密义务。凭借这一特性，信托能够有效保护家族财产的隐私，避免在运用其他财产传承工具时可能产生的纠纷。同时，委托人需将信托财产过户到受托人名下，信托方能成立。在大多数国家和地区，法律并未规定信托信息必须公开披露，信托信息也不会公开供公众查询。因此，受益人的个人财产数据及所获利益都能得到绝对保密。

⑤长期保障。

信托可以为未成年子女、年迈父母或其他特定受益人提供长期的财务支持，确保他们在不同的生命阶段都能获得稳定的经济保障。

⑥公益目的。

通过公益信托，委托人可以将部分财产用于社会公益事业，既实现了个人财富的有效传承，又为社会贡献了力量。

（2）信托的局限性

在财产传承应用上，信托的局限性主要体现在以下几个方面。

①设立信托往往需承担较高的法律、管理等费用。一方面，聘请专业受托人和律师会增加成本支出；另一方面，更灵活且专业性更强的财产管理方式对应着更高的信托报酬。因此，设立信托存在一定的财富门槛要求。

②信托的管理涉及多项法律和财务事务，要求受托人具备较高的专业能力和经验。对于家庭成员缺乏相关知识的情况，信托的管理可能变得复杂且耗时。

③一旦信托被设立并投入运行，变更其条款或撤销信托就很有可能受到法律限制，缺乏灵活性。根据《中华人民共和国信托法》有关规定，当出现不利于实现信

托目的或者不符合受益人的利益时，委托人和受益人才有权使用信托管理办法调整权，但需要一定时间并取得当事人一致同意，因此在面对未来不可预测的变化时可能难以迅速调整，因而造成财产的损失。

④设立信托后，委托人即丧失对信托财产的直接控制权，财产被视为独立于委托人和受益人的财产，可能导致委托人对财产管理的参与感下降。

⑤受托人承担着信托管理职责，若管理不善或出现道德风险问题，极有可能降低信托财产的价值，甚至致使财富遭受损失。所以，挑选可靠的受托人极为关键。不过，即便如此，信托过程中仍存在着不可忽视的风险。

案例阅读

洛克菲勒家族的百年传承①

洛克菲勒（John Davison Rockefeller）是标准石油公司（Standard Oil）的创始人，通过多年的经营积累了巨额财富。然而，真正的传承不仅仅是财富的积累，更在于如何将这些财富代代相传，洛克菲勒家族信托基金便是这一传承的关键。

洛克菲勒积累起巨额财富后，敏锐地意识到保护与传承财富的重要性。于是，他设立了多个家族信托基金，旨在确保财富能够稳定增长且合理分配。这些信托基金如同为家族成员编织了一张财务安全网，使其免受诸如离婚、诉讼等个人风险的冲击。凭借专业的资产管理，洛克菲勒家族的信托基金实现了长期资本增值，让家族始终保持着旺盛活力。

一方面，信托基金为家族成员提供了稳定可靠的收入来源；另一方面，借助信托条款，引导家族成员养成理性的消费与投资习惯。洛克菲勒家族通过信托，不仅完成了财富的代际传承，更将勤俭、创新以及慈善等家族价值观传承下去。洛克菲勒家族借助信托基金开展了大量慈善活动，对全球的教育、健康和环境保护事业贡献巨大。

洛克菲勒家族信托基金的成功，不单体现于财富的有效保护与增值，更彰显在对社会产生的积极影响上。这一经典案例充分展现了家族信托基金在财富传承领域的关键作用，以及如何依托信托实现家族价值观的延续。从洛克菲勒这位创始人算起，洛克菲勒家族财富已成功传承至第七代。

2.保险

保险是一种保障机制，用于规划人生财务，是市场经济中管理风险的基本手段，也是金融体系和社会保障体系的重要支柱。保险作为财富传承工具，主要指人寿保险和年金保险。

在被保险人去世后，保险公司将向指定的受益人支付一笔保险金，这种保险被称为人寿保险。该保险金通常免遗产税，可以用于补偿受益人因失去被保险人的经济支持而产生的生活开支、教育费用或偿还债务。

年金保险能够提供定期或者一次性支付的年金收入，常被应用于退休规划领

① 资料来源：戴维森．揭秘洛克菲勒家族:打破富不过三代魔咒［EB/OL］．（2017-03-23）.https://caijing.chinadaily.com.cn/2017-03/23/content_28651433.htm。

域。在财富传承场景里，年金保险可保障指定的继承人在特定的固定时期内，持续获得稳定的财务支持，从而有效满足其长期经济需求，助力继承人维持稳定的生活水准与财务状况。

（1）选择人寿保险作为财富传承工具的原因

以被保险人死亡为给付条件的人寿保险合同，主要发挥以下作用：

其一，被保险人一旦去世，人寿保险能够迅速支付保险金，让受益人即刻获得资金支持，有效规避因遗产处理耗时过久引发的经济困境。比如，家庭支柱突然离世，遗产分割可能需要数月甚至数年，但保险金可马上到账，保障家人的日常生活开销。

其二，人寿保险合同赋予投保人明确指定受益人的权利，确保财富依照个人意愿，直接传递给指定的家庭成员或其他受益人，避开繁杂的遗产分配流程，减少潜在的法律纠纷。举例来说，某人可以直接指定子女为受益人，保险金无须经过复杂的遗产清算，直接支付给其子女，避免家族内部因遗产分配产生矛盾。

其三，投保人在生前可依据家庭状况或财务需求的变化，灵活调整保单条款或受益人安排，使保险金的分配契合个人和家庭的长期财务目标。比如，家庭新添成员或经济状况改变时，投保人能及时调整受益人的受益比例等。

其四，可事先确定受益金额。被保险人能事先通过风险评估，确定应对风险所需保额，或按照财富传承的期望数额确定保额，精准实现财富传承。例如，若想给子女留下一笔特定数额、用于教育的资金，可通过确定相应保额，让保险金精准满足这一需求。

（2）选择年金保险作为财富传承工具的原因

①长期稳定的财务支持

年金保险能够按照合同约定，为受益人提供定期的收入给付，确保受益人无论是在退休之后，还是处于其他特定时期，都可获得稳定的财务支撑。这种稳定的资金流入，能够充分满足受益人长期的生活开销，尤其是在养老方面的资金需求，帮助受益人在相应阶段维持稳定且有质量的生活。

②保障退休生活

借助年金保险，投保人能够为自身或受益人构建起一份持续稳定的退休收入来源。这能有效保障他们在步入老年阶段后，依然能够维持较高的生活质量，规避因寿命超出预期，或者其他突发状况而致使的经济不稳定问题，为老年生活筑牢坚实的经济后盾。

③分散财富传承

年金保险具有独特优势，它允许将财富分阶段、逐步地分配给受益人，避免受益人因一次性遗产继承而在短时间内掌握大量财富，进而避免了可能由此引发的挥霍风险。如此一来，财富得以更持久、稳健地支持受益人的生活，实现财富传承的长效价值。

④税务优势

在特定情形下，年金保险能够享受税务递延的政策优惠。这意味着投保人和受益人在进行税务规划时，可从中获取切实的好处，通过合法合规的方式，延缓税务支出的时间节点，甚至降低税务支出的金额，最大限度地实现财富的留存与保值增值。

（3）保险的局限性

保险作为财富传承工具，虽具备税务优惠、死亡保障及潜在投资收益等优势，却也存在诸多局限性。其一，长期保费成本可能偏高，给部分投保人带来沉重经济负担。而且保险核保对投保人和被保险人的要求极为严格，会全面审核健康状况、财务状况等多方面信息，并非所有人都能顺利选择保险用于财富传承，例如身患重病或财务状况复杂的人群，极有可能无法通过核保。其二，保险功能主要聚焦于保障层面。从长期投资角度分析，其收益相对较低，有时甚至低于通货膨胀率，致使保险产品投资回报效益受限。此外，在一些情况下，保单的现金价值与流动性也会受到限制，比如提前退保往往会让投保人承受较大损失，资金难以灵活周转。

鉴于上述原因，保险作为财富传承工具，通常需要与其他金融工具相互结合，通过优势互补，进而更高效地实现财富传承，满足多元化的财富规划需求。

思政园地

保险的责任与价值

在当下复杂多变的现代社会，未来充满着不确定性，保险早已超越了单纯财务工具的范畴。当风险突如其来，保险能够为我们自身及家人构筑起一道安心的防护网。保险的深远意义，不仅体现在意外降临时能切实减轻经济重压，更在于它引领我们学会以理性的思维规划未来，勇敢地扛起对家庭、对社会应尽的责任。

不妨设想这样的场景：家庭的经济顶梁柱因突发意外骤然离世，此时保险金恰似一场"及时雨"，助力家人平稳度过艰难时期，维系生活的稳定。这绝不仅仅是冰冷数字般的补偿，而是对家庭深沉且无形的守护。每一份保险，都是我们为自己谋划未来的有力之举，更是为家人筑牢避风港、为社会增添一份稳定力量的切实行动。

保险时刻警醒着我们，必须具备长远的财务规划眼光以及敏锐的风险意识，切不可沉溺于当下短暂的享乐，或是陷入盲目消费的误区。它让我们深刻领悟到，真正意义上的财富并非短暂的物质堆砌，而是长久持续的经济安稳与生活的宁静祥和。这种强烈的责任感与高瞻远瞩的智慧，于个人成长而言，是不可或缺的养分；于社会的和谐稳定而言，更是稳固的基石。

所以，我们要深入学习、透彻理解保险知识，这不仅仅是掌握一种财务管理的实用工具，更是在培育一种勇于担当、对生活负责的积极态度。它指引着我们在面对未来的重重未知时，能够作出睿智、正确的抉择，全方位保护自己与家人的切身利益，从而实现个人价值与社会价值的双丰收。

3.赠与

赠与是指财产所有人（赠与人）自愿将其财产无偿转移给他人（受赠人），并由受赠人接受的一种法律行为。赠与可以是即时的（赠与财产立即转移）或延迟的

（在赠与人去世后生效）。赠与人与受赠人双方必须满足法律所规定的行为能力，且赠与人具有明确的自愿赠与意图，自愿放弃赠与财产的所有权和控制权。在征收遗产税和赠与税的国家，如在规定的赠与扣除额内赠与，则可降低遗产税。

（1）选择赠与作为财富传承方式的理由

①赠与具备独特优势，能够规避遗嘱检验环节可能出现的遗嘱无效风险，同时可减少甚至避免遗产处理过程中的管理费用及其他成本。当事人于生前完成的赠与，特别是金融资产的赠与，一般不存在转移成本与风险。不过，不动产赠与则需办理变更登记手续，此过程可能涉及相关税费。

②赠与还具有保护个人隐私的功能，能够避开遗产检验程序。若有人期望将特定资产转让给特定受赠人，却担忧引发家庭矛盾，那么生前赠与便是达成这一目的的关键方式，能有效防范继承人因争夺财产而产生纠纷的风险。

③赠与对培养受赠人的财务管理能力大有裨益。赠与人在生前可指导受赠人如何管理财产，助力他们积累财富管理经验。尤其是在受赠人最需要经济支持的阶段，比如创业初期，赠与能够缩短创业资金的筹备时间，使受赠人提前实现创业目标。

④当赠与人认为自身无法有效管理某些资产时，赠与可将这些财产转移给更具管理能力的受赠人，以此保全财产价值。例如，企业股权可在生前赠与有能力管理企业的子女，从而确保家庭企业得以持续发展。通过赠与，赠与人能够更为灵活地规划财富传承，满足个人及家庭的财务规划需求，实现财富的高效传递。

（2）赠与的局限性

赠与作为一种财富传承工具，尽管存在诸多优势，然而其局限性也较为明显：

其一，赠与具有不可撤销的特性。一旦完成赠与行为，赠与人一般情况下无法撤销赠与，也难以收回已转移的财产。这就表明，若赠与人过早地将财产赠与受赠人，极有可能丧失对该财产的控制权。倘若受赠人未能按照赠与人的期望管理和使用财产，赠与人也无法再次对已赠与的财产施加控制。特别是当赠与人自身经济状况出现变动时，极有可能陷入资金短缺的困境。

其二，存在资产管理方面的风险。若受赠人缺乏足够的财务管理经验与能力，过早地获取大量财产，极有可能导致财产被不当使用甚至挥霍一空。如此一来，不仅会造成财产损失，还违背了赠与人的初衷，致使赠与的财产未能实现有效的传承。

其三，面临税务负担问题。赠与行为可能引发赠与税或其他相关税费，尽管能够借助免税额度来减轻部分税务负担，可一旦涉及大额赠与，仍可能产生高额的税务成本，进而降低了赠与所能带来的经济效益。

4.法定继承

法定继承是指当一个人离世时，若其没有留下具有法律效力的遗嘱来明确资产的分配方式，那么其遗产将依据法律规定，由法定的继承人按照既定的先后顺序并遵循特定的遗产分配原则进行继承的一种方式，它具有鲜明的法定性和强行性特征。

（1）法定继承的规定

《中华人民共和国民法典》（简称《民法典》）规定，遗产按照下列顺序继承：第一顺序：配偶、子女、父母；第二顺序：兄弟姐妹、祖父母、外祖父母。继承开始后，由第一顺序继承人继承，第二顺序继承人不继承；没有第一顺序继承人继承的，由第二顺序继承人继承。具体如图12-1所示。

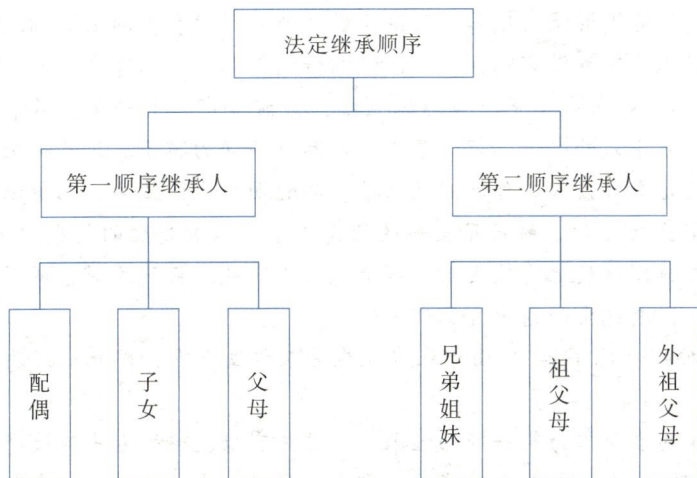

图12-1　法定继承

①关于继承人身份认定。子女包括婚生子女、非婚生子女、养子女和有扶养关系的继子女；父母包括生父母、养父母和有扶养关系的继父母；兄弟姐妹包括同父母的兄弟姐妹、同父异母或同母异父的兄弟姐妹、养兄弟姐妹以及有扶养关系的继兄弟姐妹。

②关于丧偶儿媳、女婿继承权认定。根据法律规定，丧偶儿媳对公婆，丧偶女婿对岳父母，若在逝者生前尽了主要赡养义务的，可作为第一顺序继承人参与遗产继承。若未履行赡养义务，则不享有法定继承权。

③关于代位继承。在继承关系中，若某一继承人先于被继承人死亡，那么该去世继承人的子女有权代位继承其父母依法应得的遗产份额。需要注意的是，代位继承人一般仅能继承其父亲或者母亲有权继承的那部分遗产份额。也就是说，当存在两个或两个以上的代位继承人时，他们只能共同继承其父或母原本应继承的一份遗产，而不能按照人数平均分配被继承人的遗产。

④关于胎儿继承权。在进行遗产分割时，应当视为胎儿具有继承能力，并为其保留相应的应继份额。若胎儿出生后不幸死亡，则这部分预留的遗产将由胎儿的法定继承人进行继承；若胎儿出生时即为死体，那么为其保留的遗产份额由被继承人的其他法定继承人依法继承。

（2）法定继承遗产配额分配

同一顺序继承人继承遗产的份额，一般应当均等。不过，对于生活存在特殊困难且缺乏劳动能力的继承人，在分配遗产时，应当给予照顾。那些对被继承人尽了主要扶养义务，或者与被继承人长期共同生活的继承人，分配遗产时，可适当多分。而有扶养能力和扶养条件，却不尽扶养义务的继承人，分配遗产时，应当不分或者少分。当然，如果继承人之间协商一致，那么遗产分配也可不均等。

关于夫妻共同财产，仅指夫妻在婚姻关系存续期间所得的共同所有财产（除双方另有约定的情况外）。若进行遗产分割，则应当先将共同财产的一半划分给配偶，剩余部分才作为被继承人的遗产。考虑到社会公益以及人道主义等因素，对于继承人以外，依靠被继承人扶养，且缺乏劳动能力又没有生活来源的人，或者继承人以外对被继承人扶养较多的人，可以酌情分给他们适当的遗产。

示例12-1 张老先生是一位退休教授，生前育有一子一女。不幸的是，儿子在一次交通事故中意外去世，留下了妻子和两个年幼的孩子。儿子去世后，儿媳决定不再婚，而是全心投入工作和照顾孩子。尽管面临生活压力，儿媳依然经常带孩子去看望张老先生夫妇，维持了良好的亲情关系。张老先生的健康状况一直很好，直到一次意外摔倒导致他突然去世。张老先生生前并未留下遗嘱，留下了一笔存款和一些房产，张老先生的遗产应如何分配？

解析 按照《民法典》，由于张老先生并未订立遗嘱，因此采用法定继承方式处理其遗产：

张老先生的妻子作为第一顺序继承人，首先有权获得张老先生遗产中属于夫妻共同财产的部分。在正式分配遗产前，需先从张老先生的全部遗产中分割出其与妻子的共同财产，一般情况下，这部分共同财产占遗产的一半，归妻子所有。完成共同财产分割后，剩余的遗产才由张老先生的法定继承人继承。在本案中，存在第一顺序继承人，所以由第一顺序继承人继承剩余遗产。

第一顺序继承人包括张老先生的配偶、女儿，以及因儿子先于张老先生去世，由儿子的子女（即张老先生的孙子女）代位继承儿子应得份额。此外，儿媳在其丈夫去世后，承担起赡养张老先生的责任，且时常带孩子看望老人，尽到了主要赡养义务，依据《民法典》，儿媳同样可作为第一顺序继承人参与遗产继承。

不过，遗产并非绝对平均分配。通常情况下，同一顺序继承人继承遗产的份额，一般应当均等。但对生活有特殊困难又缺乏劳动能力的继承人，分配遗产时，应当予以照顾；对被继承人尽了主要扶养义务或者与被继承人共同生活的继承人，分配遗产时，可以多分；有扶养能力和有扶养条件的继承人，不尽扶养义务的，分配遗产时，应当不分或者少分。所以，张老先生的遗产应在配偶、女儿、儿媳和孙子女之间，综合考虑各继承人的实际情况进行分配，并非每个继承人必然获得相等的遗产份额。

（3）法定继承的局限性

法定继承作为一种默认的遗产分配方式，在被继承人未订立遗嘱的情形下，提供了一套基础的遗产分配规则。然而，它也存在着一些缺点与局限性：

①缺乏灵活性。法定继承难以体现被继承人的个人独特意愿，无法依据家庭成员各自的具体状况，诸如经济条件、对家庭的贡献程度、特殊需求等，来实施个性化的财产分配方案。如此一来，最终的遗产分配结果，极有可能无法契合家庭财富实现长久传承的需求，难以确保财富在传承后得到合理运用与持

续增值。

②可能引发矛盾。尽管法定继承旨在追求公平公正，但在实际家庭环境中，各成员对家庭的贡献大小不一，经济需求也千差万别。若单纯依照法定比例进行遗产分配，极有可能无法满足部分家庭成员基于自身贡献或需求所产生的心理预期，进而在家庭内部引发矛盾冲突，破坏家庭关系的和谐稳定。

5.遗嘱继承

遗嘱继承，是指遗产的分配依照遗嘱订立人的意愿来执行，而非遵循法定继承的规则。遗嘱是遗嘱人在生前以书面形式清晰且明确地表达其去世后财产分配方式的法律文件。当家庭因法定继承极易产生矛盾、纠纷时，订立遗嘱能够妥善地化解这些问题。

(1) 遗嘱继承的形式

根据《民法典》的规定，遗嘱主要有自书遗嘱、公证遗嘱、代书遗嘱、录音遗嘱、口头遗嘱、打印遗嘱、录像遗嘱七种主要形式，具体如图12-2所示。

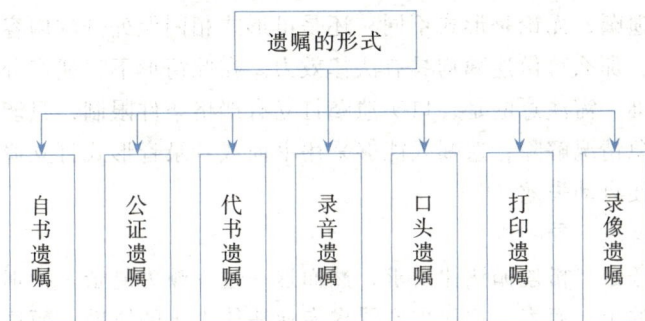

图12-2 遗嘱的形式

自书遗嘱，是指由遗嘱人亲自书写全部内容、并签名注明日期的遗嘱。只要所涉财产属于遗嘱人的个人合法财产，自书遗嘱仅需遗嘱人本人签名并注明日期即可，无需见证人在场见证。

公证遗嘱，是指遗嘱人通过公证机关办理的遗嘱，在各类遗嘱形式中，公证遗嘱具有最高法律效力。在公证程序中，公证机关会对遗嘱人是否具有完全民事行为能力、遗嘱内容是否合法合规、遗嘱人对遗嘱所处分的财产是否拥有合法所有权等方面进行严格审查，经审查无误后才会出具公证书。

代书遗嘱，是指由遗嘱人口述内容，他人代为书写的遗嘱。订立代书遗嘱时，必须有两个及以上见证人全程在场见证。这些见证人须具备完全民事行为能力，且不能是与继承人或者受遗赠人存在利害关系的人。遗嘱完成后，需由代书人、其他见证人和遗嘱人共同签名。

录音遗嘱，是指遗嘱人借助录音设备记录内容而形成的遗嘱。与代书遗嘱一样，录音遗嘱也需要两个及以上见证人在场见证。遗嘱录制完成后，应当场将录音遗嘱封存，并由见证人签名，注明立遗嘱的年、月、日。

口头遗嘱，是遗嘱人在紧急情况下，如生命垂危之际所订立的口头形式遗嘱。订立口头遗嘱时，需要有两个及以上见证人在场见证。一旦紧急情况解除，遗嘱人能够采用书面或录音形式重新订立遗嘱的，此前所立的口头遗嘱即告无效。

打印遗嘱，是指遗嘱人将遗嘱内容打印出来后，需亲自在打印的遗嘱每一页上签名，并注明立遗嘱的日期。同时，为符合法定要求，还必须有两个及以上见证人在场见证，且见证人也要在遗嘱的每一页上签名。

录像遗嘱，是指遗嘱人利用录像设备记录自己口述遗嘱过程的遗嘱形式。同样，录像遗嘱需要两个及以上见证人在场见证，并且见证人应在录像中清晰记录自己的姓名（或肖像）以及见证行为。

打印遗嘱和录像遗嘱是 2021 年《民法典》新增的遗嘱形式，它们顺应了现代社会技术发展的潮流，为遗嘱人提供了更为丰富、多样化的遗嘱制作选择。

（2）遗嘱的法律效力

当存在多份遗嘱且均为遗嘱人真实意思表示时，若遗嘱内容相互抵触，依据《民法典》规定，以最后所立遗嘱的内容为准，这充分体现了对自然人意思自治原则的尊重。

若有多份遗嘱，无论是形式不同，还是虽形式相同但处分的内容并不冲突，且彼此相互补充，那么每份遗嘱均具有法律效力。在此情形下，遗产分配以最后所立的有效遗嘱为准。需注意的是，口头遗嘱订立有严格条件限制，只能在危急情况下订立。一旦危急情况解除，遗嘱人能够采用书面或者录音形式订立遗嘱时，之前所立的口头遗嘱便自动失效。

（3）遗嘱继承的局限性

订立遗嘱务必严格遵循法律要求，然而这一过程颇为复杂。特别是对于那些不熟悉法律知识的个人而言，往往需要寻求专业法律人士的协助，而这无疑会涉及一定金钱支出。

倘若遗嘱不符合法律规定，例如遗嘱形式不规范，像自书遗嘱未签名或未注明日期，代书遗嘱缺少必要见证人的签名等；或者立遗嘱人在订立遗嘱时无行为能力，如处于神志不清、被胁迫等状态下所立遗嘱，均可能致使遗嘱被认定无效，进而使得原本精心规划的继承安排无法顺利实现。

此外，若遗嘱内容有失公平，未能全面考量所有继承人的合理利益，例如过度偏袒某一继承人，对缺乏劳动能力又没有生活来源的继承人未保留必要份额等，极有可能在家庭内部引发激烈争议，甚至导致法律诉讼，破坏家庭的和谐氛围，让原本的亲情在利益纷争中受到严重冲击。

知识拓展 ────────────────────────

遗嘱继承与法定继承，哪个优先

在现实生活中，不少老人会提前订立遗嘱，以便清晰且明确地表达自身遗愿。但问题来了，当被继承人在订立遗嘱时，明确表示将财产留给某一位继承人，这样的遗嘱具有法律效力吗？

张先生是一名退休工程师，育有两个儿子，分别是大明和小力。张先生在去世前立下一份遗嘱，明确表明希望把自己的房产与存款留给长期悉心照料他的小儿子小力，而大儿子大明因多年未曾回家探望父亲，在遗嘱中未获任何遗产。张先生去世后，大明对遗嘱中的财产分配方案表示不满，他觉得自己作为法定继承人，理应享有平等的继承权，遂向法院提起诉讼，要求分割遗产。

本案的焦点在于遗嘱继承与法定继承的冲突及协调问题。依据《中华人民共和国民法典》的相关规定，继承开始后，一般按照法定继承办理；若存在遗嘱，则按照遗嘱继承或者遗赠办理；若有遗赠扶养协议，则应按照协议办理。

在本案中，张先生已立下遗嘱，且遗嘱内容是其真实意思的体现，同时不存在致使遗嘱无效的情形。所以，继承开始后，应优先依据遗嘱进行遗产分配。虽然大明作为法定继承人，依据《中华人民共和国民法典》，本有权继承父亲的遗产，但在本案里，由于存在合法有效的遗嘱，遗嘱继承优先于法定继承，法定继承原则不再适用，遗产分配必须按照遗嘱执行。最终，法院依法驳回了大明的诉讼请求。

公民有权依照自己的意愿，通过遗嘱对个人财产的分配作出安排，只要遗嘱符合法律规定的条件，就会受到法律保护。这也警示人们，订立遗嘱时务必慎重，确保遗嘱内容真实、合法，从而避免引发不必要的家庭纠纷。对于法定继承人而言，了解继承相关法律规定并尊重遗嘱人的意愿，是维护家庭和谐的关键所在。

五、任务实践

课前完成分组，小组内分配实践任务，并完成以下实践任务：

情景模拟实训：

1.针对客户李总，设计一套全面的婚姻财产安排方案，同时规划与之适配的养老方案。

2.为客户李总制定公司股权传承策略，并筛选、推荐契合其需求的财富传承工具。

六、任务完成评价

（一）自我评价

1.通过本次学习，我学到的知识点、技能点有：＿＿＿＿＿＿＿＿＿＿＿＿＿

＿＿＿＿＿＿＿＿＿＿＿＿＿＿＿＿＿＿＿＿＿＿＿＿＿＿＿＿＿＿＿＿＿＿＿＿

不理解的有：＿＿＿＿＿＿＿＿＿＿＿＿＿＿＿＿＿＿＿＿＿＿＿＿＿＿＿

＿＿＿＿＿＿＿＿＿＿＿＿＿＿＿＿＿＿＿＿＿＿＿＿＿＿＿＿＿＿＿＿＿＿＿＿

2.我认为在以下方面还需要深入学习并提升岗位能力：＿＿＿＿＿＿＿＿＿

＿＿＿＿＿＿＿＿＿＿＿＿＿＿＿＿＿＿＿＿＿＿＿＿＿＿＿＿＿＿＿＿＿＿＿＿

3.本次工作和学习过程中，我的表现可得到：□😎　□🙂　□🙁

（二）组员互相评价

表 12-3　　　　　　　　　　　　任务完成评价表

项目	评价内容：请在对应的考核项目□打"√"或打"×"	学生评价等级（学生互评）		
		😀	😊	😞
学习态度与职业素养测评	□能够保持良好的团队沟通和合作 □工作细致、态度端正			
职业技术与技能评价	得分（每空1分，满分100分） □75~100分，优秀 □60~74分，合格 □0~59分，不合格			
小组评语与建议		组长签名： 　　　年　　月　　日		
教师评语与建议		评价等级： 教师签名： 　　　年　　月　　日		

任务二　财富传承案例实训

一、任务导航

　　表 12-4 为客户财富传承案例实训工作任务单，请查看本小组任务目标、任务知识点、学时时间节点及学习资源。

表 12-4　　　　　　　　　客户财富传承规划实训工作任务单

任务基本描述：理解财产分配与财富传承中存在的风险，掌握财产分配与传承规划的步骤，通过案例实训深入理解财富传承工具的应用				
任务目标	任务知识点	任务技能点	学习时间节点	学习资源
明确财富传承中存在的风险	·掌握婚姻风险、继承人风险、监护人道德风险、企业经营风险、法律和税务风险对财产规划和财富传承的影响	·准确剖析客户财富传承面临的风险	·课前准备 ·课堂展示	·微课资源
掌握财产分配与传承规划步骤	·掌握财产分配的框架和传承规划的基本步骤 ·了解财富传承工具的优点和局限性	·准确评估客户财产价值 ·能够为客户制订财产分配与传承规划方案	·课前准备 ·课堂展示	·微课资源
财富传承工具的应用	·通过案例实训，深入理解信托、保险、赠与、法定继承等财富传承工具的应用	·能够应用财富传承工具分析案例	·课前准备 ·课堂展示	·微课资源

二、前导知识和技能测试

　　1.前导知识 12.2

　　2.技能测试 12.2

技能测试 12.2

三、任务案例

　　70 岁的客户杨先生订立了一份遗嘱，并委托律师进行了公证。遗嘱内容明确写道，其遗产的 40% 由儿子杨乐继承，剩余 60% 则由妻子陈欣继承。杨先生的资产情况如下：（资产均为夫妻共同财产，单位：元）

　　现金：6 000　　　　　　　　活期存款：25 000

　　股票：300 000　　　　　　　房产：4 000 000

　　汽车：900 000

　　杨先生的负债情况如下：（负债均为夫妻共同负债，单位：元）

　　住房贷款：550 000　　　　　消费贷款：39 000

　　其他负债：7 000

　　任务要求：

　　1.确定杨先生的遗产继承人；

　　2.界定杨先生的遗产范围；

　　3.制订杨先生的遗产分配方案。

四、任务知识殿堂

（一）财产分配与财富传承中存在的风险

　　人生是变化的，市场是波动的，在财富传承的过程中，风险与收益是并存的。有些风险可能来源于家族内部，有些风险可能来自投资的方式，识别风险，化解风险才能更好地使财富更多、更长久地传承下去。

1.婚姻风险

　　在财富传承进程里，婚姻风险是一个不可忽视的关键考量因素，这在高净值家庭、家族企业以及重组家庭的财富传承中表现得尤为突出。

　　倘若婚前财产界定模糊不清，一旦婚姻出现变故，婚前个人财产便极有可能与婚后共同财产相互混淆，难以精准区分。如此一来，势必对财富的分配与继承产生重大影响。离婚极有可能致使家族财富大量流失。特别是当涉及家族企业的分割时，不仅会对企业的稳定运营造成冲击，甚至还可能动摇家族企业的股权结构，威胁到企业的控制权。

　　再婚同样会带来一系列复杂问题，新成员的加入以及随之产生的新财产关系，会让原本的财富传承规划变得更为错综复杂。与此同时，子女婚姻状况的变化，也会对家族财富传承产生影响。尤其是在面临夫妻共同财产分割的情形时，这将直接关乎整个家族财富传承的连贯性与稳定性。

案例阅读

媒体帝国的财产分割①

鲁珀特·默多克（Rupert Murdoch），身为全球媒体巨头，其个人生活同样备受瞩目。1998年，默多克与第二任妻子安娜·默多克的婚姻画上了句号，结束了长达32年的夫妻关系。在这场离婚事件中，安娜·默多克获得了一笔巨额和解金，据媒体报道，金额高达1.7亿美元。在当时，这无疑是一笔巨款，从侧面彰显了默多克作为媒体大亨所拥有的雄厚财富。

在离婚协议里，安娜放弃了对默多克家族信托的所有权诉求。该家族信托持有默多克媒体帝国的大量股份，对于企业的未来发展以及控制权起着至关重要的作用。尽管安娜放弃了对信托的所有权，但她成功确保了他们的子女在信托中保留了一定权益，为孩子们的经济利益提供了保障。

离婚后不久，默多克便与第三任妻子邓文迪（Wendi Deng）步入婚姻殿堂，然而这段婚姻最终也于2013年宣告结束。此次离婚所涉及的财产分割数额相对较小，这是因为吸取了之前高昂离婚代价的教训后，默多克采取了一系列行之有效的财产保护举措，诸如设立家族信托、签订婚前协议等方式来守护自身财产。

案例启示：默多克的离婚案例生动地展现了在巨额财产面前，离婚协议的复杂性以及对家族财富传承所产生的深远影响。它警示我们，即便是最为富有的家庭，也不可避免地要直面财产保护与分配的现实难题。理性的财产管理与规划，对于维系家族和谐以及实现财富传承而言，至关重要。

2.继承人风险

若继承人尚未成年，或是欠缺财务管理经验，极有可能难以妥善打理所继承的财富，甚至会致使财富快速流失。此外，继承人之间可能因财产分配不均，或是其他种种缘由引发争议，进而可能诉诸法律，这无疑会严重损害家庭关系。再者，部分继承人可能利用所继承的遗产从事不道德活动，甚至涉足非法活动，如此一来，不仅会损害家族声誉，还会对家族财富造成负面影响。还有一种情况是，继承人若缺乏正确的财富观念，未接受良好的理财教育，便无法有效地对遗产进行管理与增值。

|示例12-2| 李氏家族企业的创始人骤然离世，身后留下巨额遗产与家族企业，悉数由其唯一的儿子继承。然而，这位继承人因自身缺乏企业管理经验，且在个人投资方面频频失误，生活中又极为奢侈，短短数年之间，不仅将所继承的遗产挥霍殆尽，更是让家族企业深陷财务危机。这一案例淋漓尽致地凸显出，当继承人管理能力匮乏、缺乏理财规划时，极有可能导致财富迅速流失。

诸多现实案例给予我们深刻启示：若期望财富能够在继承人之间实现更优传承，长久延续家族财富，借助信托等手段对财产实施专业管理与监督不失为良策。通过精心设定一些条款，可有效约束继承人对资产的不当使用行为。同时，寻求专业人士的助力，开展周全细致的财富传承规划，同样是至关重要的一环。

---

① 资料来源：佚名.默多克邓文迪分家 成离婚经济学经典案例[EB/OL].（2013-06-16）.http://finance.people.com.cn/n/2013/0616/c70846-21853200.html.

3.监护人道德风险

在财富传承中，特别是涉及未成年继承人或特殊需要的受益人时，可能会指定监护人来管理和保护受益人的财产和利益。然而，监护人可能因个人利益、不当行为或滥用职权而损害受益人的权益，例如挪用受益人的财产进行个人投资或消费。为了预防这种情况，最好通过法律文件明确继承人的权益，指定监护人时，明确其职责和义务，确保其了解并遵守法律规定和道德标准。

| 示例 12-3 | 企业家陈先生离世后，留下巨额遗产给未成年的儿子。陈先生的妻子早年因病去世，因此陈先生的亲弟弟成为了陈先生儿子的法定监护人，负责管理这笔遗产。然而，这位监护人却滥用职权，私自将部分遗产挪作个人投资，并用于满足自己奢侈的生活需求，且资金使用过程缺乏透明度。这一行为引发了其他亲人对其管理动机的强烈怀疑，最终，亲人们不得不采取法律措施，以此来保障继承人的财产安全。这一案例说明，当面对不具备民事行为能力的继承人时，其所继承的财产存在极大风险，对财产的处置权极有可能遭到监护人的滥用。

4.企业经营风险

企业经营风险，指的是在企业所有权实现代际交接的过程中，可能对企业运营、财务状况、市场地位等方面造成的负面影响。具体表现如下：

（1）管理层变动。企业传承可能导致管理层的重大变动，新任管理者可能缺乏必要的经验或管理能力，影响企业运营效率。

（2）战略方向调整。企业新领导者可能改变企业的长期战略方向，这些改变可能不符合企业的实际情况或市场趋势。

（3）家庭内部冲突。如果涉及家族型企业，家族成员之间在企业经营方向、管理权分配上的分歧可能导致内部冲突，影响企业决策和运营。

（4）企业人才外流。企业传承期间可能出现关键管理人员或技术人员的流失，这些人才的离开可能对企业的核心竞争力造成损害，同时原有的企业文化可能发生变化，影响员工的归属感和团队协作。

（5）市场信任度下降。客户、供应商和合作伙伴可能对新管理层的能力和企业的未来持观望态度，影响企业的市场信任度。

为切实降低企业经营风险，企业所有者和管理者应尽早制定详尽的企业传承计划，主要包含以下方面：

（1）管理层选拔与培养。建立科学选拔机制，提前挖掘人才潜力，定制涵盖知识、实践、领导力培养的方案，让新任管理层具备丰富的经验、卓越的决策力与敏锐的市场洞察力，保障企业高效运营。

（2）家族成员职责界定（家族企业适用）。制定完善的制度，明确家族成员在战略决策、经营管理、财务、人事等关键环节的权限和义务，避免家族内部矛盾干扰企业运营，推动企业规范化发展。

（3）企业文化传承强化。通过培训讲座、案例研讨、主题竞赛等活动，让员工深刻理解并认同企业文化，增强归属感与忠诚度，营造积极协作氛围，提升团队效能。

（4）市场信任度维护。及时向客户、供应商、合作伙伴传递企业传承计划、发展战略等关键信息，通过举办答谢会、交流会等活动，深化合作关系，消除疑虑，稳固市场信任，助力业务拓展。

5.法律和税务风险

若遗嘱在形式或内容上不符合法律规定，例如，缺少必要的签名、见证人，或者立遗嘱人不具备民事行为能力，遗嘱便可能被判定为无效，致使财产无法依照遗嘱人的预期进行分配。倘若遗嘱或信托未能涵盖所有资产，则部分资产就有可能依照法定继承规则进行分配，这显然违背了遗嘱人的真实意愿。在某些国家或地区，遗产继承或赠与可能面临高额税负，使得继承人实际到手的财产有所减少。而且，若缺乏有效的税务合规计划，还可能产生额外的税收负担，甚至错失本可享受的税收优惠。

为有效降低法律与税务风险，当事人应寻求专业律师和税务顾问的协助，确保财富传承计划既符合法律规定又满足税务要求。与此同时，应当定期对财富传承计划进行审查与更新，以顺应法律和税务环境的动态变化。

(二) 财产分配与传承规划的步骤

1.计算和评估客户的财产价值

进行财产分配和传承规划的第一步是计算和评估客户的财产价值，首先通过计算和评估，客户可以对自己的财产种类和价值有一个总体的了解。理财经理应收集客户的财产数据并对其进行归纳和计算，见表12-5。

表12-5　　　　　　　　　　　　客户财产评估表

资产		负债	
种类	金额	种类	金额
流动性资产		负债	
现金及现金等价物		消费贷款	
货币市场基金		汽车贷款	
其他现金及其等价物		住房贷款	
流动性资产合计		投资贷款	
投资性资产		其他负债	
股票		负债合计	
债券			
基金			
其他金融资产			
投资性资产合计			
自用性资产			
房地产			
汽车			
其他自用性资产			
自用性资产合计			
资产合计		净值合计	

在评估财产时，有两点尤其需要注意：其一，资产价值应依据当前市场价值，而非历史价值。这是因为只有市场价值才能精准反映当下真实的财富水平。举例来说，一处房产多年前购入价较低，但随着周边配套完善、房地产市场波动等，当前市场价值可能已出现明显变化，若以历史价值评估，便无法真实体现其实际财富量。其二，绝不能忽视负债项目。众多客户对自身财务状况缺乏深入了解，在填写相关内容时，极易遗漏诸如未还清的房贷、车贷、信用卡欠款等负债项目，进而导致对财产价值的高估或低估。例如，客户忽略了尚有一笔大额商业贷款未还清，在计算财产价值时，就会因少算了负债而高估自身实际财富。

理财经理在开展财富传承规划工作时，除要求客户填写相关个人资料外，还需提醒客户准备各类相关文件。常见的文件包含：①出生证明，用于确认客户身份及亲属关系；②结婚证明，明确婚姻状况及财产归属情况；③保险单据，展示保险资产及受益情况；④银行存款证明，直观呈现银行储蓄资产；⑤有价证券证明，体现持有的股票、债券等有价证券价值；⑥房产证明，证明房产所有权及价值；⑦社保证明，反映社保账户资产及权益状况等。这些文件对于全面、准确地规划财富传承至关重要，能够帮助理财经理深入了解客户资产全貌，从而制定出更贴合客户需求的财富传承方案。

2.确定财产分配和传承的规划目标

在完成对客户财产的估值后，理财经理此时应已对客户当下的财产状况有了较为清晰的整体认知。接下来的关键步骤，便是助力客户明确财富传承的规划目标，这一环节可通过让客户填写调查表的形式推进。然而，考虑到财富传承规划管理工作具有较强的专业性与特殊性，建议理财经理优先采用与客户进行面对面深入交谈的方式，以此更全面、精准地了解客户的规划目标。在交谈过程中，若发现客户在表达自身意愿时有所顾虑，理财经理可依据专业经验与对客户的已有了解，进行合理推测，并及时向客户求证，征求客户意见。通过这种互动方式，既能打破客户可能存在的表达障碍，又能确保所推测内容符合客户的真实想法，进而为客户量身定制出切实可行、贴合需求的财富传承规划方案。

3.制订财产分配与传承规划方案

由于每位客户的财务状况、家庭结构、财富目标、风险承受能力等具体情况千差万别，因此在为客户进行财产规划时，所选用的工具和策略也必然存在显著差异。

4.定期检查和修改

客户的财务状况并非一成不变，其财富目标也会随着人生阶段的推进、市场环境的波动等因素发生动态变化。因此，财产规划需具备高度的灵活性，以契合客户在不同时期的多样化需求。对财产分配和传承规划方案进行定期检查至关重要，只有如此，才能确保规划具备适时调整的可变性，持续贴合客户实际状况。基于此，理财经理应当建议客户每年或者每半年对规划进行一次全面的重新审视与修订，以便及时优化规划内容，精准对接客户当下的财务实力、目标愿景以及市场形势，让财产规划切实发挥保障财富稳健传承与合理配置的作用。

五、任务实践

课前完成分组，小组内分配实践任务，并完成以下实践任务。

情景模拟实训：完成客户杨先生的财产分配与传承规划表单。

（一）确定继承人

表 12-6   确定继承人

序号	与本人的关系	继承人名称	年龄	继承人顺序
示例	配偶	张艺	38	第一顺位继承人
1				
2				
3				
4				
5				

（二）遗产种类与价值计算

表 12-7   遗产种类与价值计算

资产		负债	
种类	金额	种类	金额
现金及现金等价物		消费贷款	
股票、债券、基金等金融资产		汽车贷款	
房地产		住房贷款	
汽车		其他负债	
收藏品、珠宝等		负债合计	
资产合计		净值合计	

（三）遗产分配方案

表 12-8   遗产分配方案

序号	与本人的关系	继承人名称	继承遗产总额（元）
1			
2			
3			
4			

六、任务完成评价

（一）自我评价

1.通过本次学习，我学到的知识点、技能点有：_____

_____

不理解的有：_____

_____

2.我认为在以下方面还需要深入学习并提升岗位能力：_____

_____

3.本次工作和学习过程中，我的表现可得到：□😎666　□🙂　□🙁

（二）组员互相评价

表12-9　　　　　　　　　　　任务完成评价表

项目	评价内容：请在对应的考核项目 □打"√"或打"×"	学生评价等级（学生互评）		
		😎666	🙂	🙁
学习态度与 职业素养测评	□能够保持良好的团队沟通和合作 □工作细致、态度端正			
职业技术与 技能评价	得分（每空1分，满分87分） □60~87分，优秀 □35~59分，合格 □0~34分，不合格			
小组评语与 建议		组长签名： 　　　　　年　　月　　日		
教师评语与 建议		评价等级： 教师签名： 　　　　　年　　月　　日		

主要参考文献

[1] 北京当代金融培训有限公司. 金融理财原理 [M]. 北京：中国人民大学出版社，2019.

[2] 张旺军. 个人理财规划 [M]. 北京：科学出版社，2020.

[3] 张慧兰，安伟娟. 投资与理财 [M]. 北京：北京理工大学出版社，2022.

[4] 古洁，陈慧芳. 个人理财 [M]. 3 版. 大连：大连理工大学出版社，2024.

[5] 廖旗平. 个人理财 [M]. 3 版. 北京：高等教育出版社，2019.

[6] 李洁，张然. 家庭理财规划 [M]. 西安：西安电子科技大学出版社，2021.

[7] 罗斯等. 公司理财 [M]. 11 版. 北京：机械工业出版社，2017.

[8] 马杜拉. 个人理财 [M]. 6 版. 北京：机械工业出版社，2018.

[9] 段登辉，余敏，董耀武. 个人理财 [M]. 成都：西南财经大学出版社，2021.

[10] 黎元生. 个人理财规划 [M]. 北京：经济科学出版社，2018.

[11] 佚名. 默多克邓文迪分家 成离婚经济学经典案例 [EB/OL]. （2013-06-16）.http://finance.people.com.cn/n/2013/0616/c70846-21853200.html.

[12] 张弘一. 揭秘洛克菲勒家族：打破富不过三代魔咒 [EB/OL]. （2017-03-23）. https://caijing.chinadaily.com.cn/2017-03-23/content_28651433.htm.